T0269988

BIBLIOTECA **BO**

DIRECTOR DE COLECCIÓN
Raúl López López

El cambio climático en
la historia de la humanidad

BO

BENJAMIN LIEBERMAN & ELIZABETH GORDON

EL CAMBIO CLIMÁTICO EN LA HISTORIA DE LA HUMANIDAD

Desde la Prehistoria al presente

Traducción de Ignacio Alonso Blanco

ALMUZARA

Director de colección: Raúl López López

Primera edición: octubre de 2021

Editorial Almuzara • Biblioteca Bo

Director editorial: Antonio Cuesta
Edición: Ana Cabello

www.editorialalmuzara.com
pedidos@almuzaralibros.com - info@almuzaralibros.com

Imprime: Gráficas La Paz
I.S.B.N: 978-84-18578-81-6
Depósito Legal: CO-563-2021
Hecho e impreso en España - *Made and printed in Spain*

Contenido

LA VIDA ES LA RESPUESTA A TODAS LAS PREGUNTAS 11

AGRADECIMIENTOS 13

INTRODUCCIÓN 15

INTRODUCCIÓN A ESTA EDICIÓN 29

1. UN COMIENZO DELICADO 33

2. EL NACIMIENTO DE LA AGRICULTURA 65

3. AUGE Y CAÍDA DE LAS CIVILIZACIONES 97

4. EL CLIMA Y LAS CIVILIZACIONES MEDIEVALES 135

5. LA PEQUEÑA EDAD DE HIELO 181

6. LOS HUMANOS TOMAN EL PODER 233

7. EL FUTURO ES AHORA 271

8. LAS CONTROVERSIAS DEL CAMBIO CLIMÁTICO 307

NOTAS 333

ÍNDICE ONOMÁSTICO Y CONCEPTUAL 361

PRESENTACIÓN BIBLIOTECA BO
LA VIDA ES LA RESPUESTA A TODAS LAS PREGUNTAS
Raúl López López

> *Es un mundo circense, falso de principio a fin.*
> *Pero todo es real cuando crees en mí.*
> *It´s only a paper moon* (1933)
> Arlen, Harbur y Rose

El infinito carece de interrogantes que no nazcan del desasosiego, y toda solución posee como puertos de embarque el sueño y el deseo. Si eres un ser humano en camino, con toda la certeza que me da la verdad, puedo afirmarte que, en el viaje, un mar tranquilo mece la embarcación hacia una soleada y tumultuosa costa en la que la mayoría se detiene. Mucho más allá —pero, a la vez, ¡tan cerca!—, antiguas leyendas narran cómo audaces navegantes cruzaron el istmo de la Verdad sin sucumbir al canto numérico de las sirenas de la Razón. La mayoría de los navegantes, encallaron en un arrecife de pueriles interrogantes y desasosiegos vanos. Mientras que escasos, insuficientes, son los que han llegado a ser los únicos náufragos en la isla de Ayer Unsinsentido. En el centro de la isla, rodeado de un páramo desolador, se erige enhiesto, cual obelisco, un atemporal y frondoso árbol al que llaman Bo o Bodhi. Las personas que se sientan serenos bajo él, a la sombra de esa madera vida que en su invidualidad unívoca contiene la multiplicidad de un inmenso bosque, adquieren la luz del conocimiento. Si eres uno de los elegidos en el cobijo de la sombra y la luz del conocimiento, en la inmaculada arena de la playa inmolarás a tu padre, el mundo del que viniste, para abrir las puertas a un universo desconocido que destruirá quien eras ayer y el mundo del que viniste, para protagonizar, a partir de entonces, un futuro.

Ser humano, ¡qué se puede esperar de ti! Niño que podría casarse de blanco frente a las rudezas de la vida. La realidad ha golpeado su cincel con colérica furia contra el mármol de Carrara del que parecía que estaban conformados tus sueños, para reducirlos a un atisbo de serrín que desearía ser la arena de una cala solitaria bañada por un mar frío. Así actúa con todos, con la otredad. No estás solo.

¿Y si todo esto, toda poesía, toda filosofía, el arte que yace ante el espectador abúlico, no es más que un pasatiempo de eunucos mandarines? Entonces, todos los suicidios por amor, todas las muertes por la causa, todos los sacrificios intelectuales, son las insuficientes bocanadas de aire de un futuro ahogado. Los anormalmente apasionados encuentros sexuales que preludian una ruptura, el fin. Las manifestaciones escenográficas del sibarita vital al que abruma la cotidianeidad del mundo, su sorda elementalidad, su burda obviedad y la crudeza desapasionada e inmutable con la que nos demuestra que siempre, siempre…, tiene razón.

Pero, a pesar de ello, si algo hubiera que salvar de este entramado de significados y sentidos que es la vida, sería la esperanza que emana con cada mirada de un recién nacido, un grupo de notas que revolotean en la mano y nos hacen danzar, un libro… Aunque el escenario en que la vida se pone en escena, el aparentemente gélido y mudo universo, no entiende de poemas, ni de rosas blancas, ni de lágrimas.

Eso es lo que tienes entre tus manos, eso es la Biblioteca Bo que comienza con este libro: lo que salvaríamos y lo que nos salva. Lo que en verdad somos, lo que la verdad es.

Biblioteca Bo, a la sombra del conocimiento.

AGRADECIMIENTOS

Como autores, en primer lugar deseamos dar las gracias a nuestros alumnos de las clases de Historia Humana y Cambio Climático. Este libro les debe mucho a sus preguntas y entusiasmo.

También queremos agradecer al Servicio de Personal Docente e Investigador de la Universidad Estatal de Fitchburg por su ayuda al progreso de este proyecto mediante la concesión de permisos académicos.

Y a la plantilla de la biblioteca Amelia V. Gallucci-Cirio, de la Universidad Estatal de Fitchburg, por su apoyo profesional y la consecución de materiales.

También queremos agradecer los comentarios y consejos de Daniel Lieberman, así como a Isabel Lieberman por la fotografía.

Además, hemos recibido comentarios externos muy valiosos que nos han ayudado a aumentar el ámbito de este libro.

Por último, queremos agradecer a Emma Goode, a la editorial Bloomsbury y a su plantilla la ayuda prestada a lo largo de los diversos estadios de edición.

INTRODUCCIÓN

Todo empezó hace diez mil años, con un clima templado y agua en abundancia, cuando los campesinos domesticaron el cereal y expandieron sus campos. El aumento del excedente alimenticio sostuvo el crecimiento de población. Las sociedades se hicieron más complejas: los nuevos pueblos y ciudades alentaron la necesidad de una mayor variedad de artesanos y especialistas. La prosperidad económica permitió a dirigentes políticos y religiosos la construcción de elaborados palacios y monumentos: pirámides, zigurats e incluso una esfinge. Las sociedades y civilizaciones complejas situadas en otras partes del mundo siguieron un patrón similar al surgir también durante un largo y cálido periodo acaecido tras la última glaciación, popularmente conocida como «Edad de Hielo».

Consideremos una tendencia climática diferente: la otrora fértil región se agostó con el cambio de los vientos preponderantes, que se llevaron las lluvias habituales en el pasado. Aumentó la salinidad del suelo. Los recursos alimenticios disminuyeron. El excedente de comida que permitió la existencia de grandes ciudades desapareció. La población se desplazó y, al hacerlo, abandonó los complejos urbanos y la cultura y sociedad vinculadas a sus ciudades perdidas. Largos periodos de severas sequías ya han ocasionado resultados similares en el pasado histórico, llevando al colapso o al retraso a civilizaciones enteras; megasequías relacionadas con el cambio climático amenazan con grandes desafíos al bienestar de las sociedades humanas actuales y futuras.

Otra sociedad compleja se enfrentó a un cambio del clima. Tormentas más fuertes, con precipitaciones más copiosas, causaron mayores y más frecuentes inundaciones y aumentaron el riesgo de las hambrunas. Inviernos más fríos disminuyeron la cota de los terrenos de cultivo en las zonas elevadas. En algunos casos, los habitantes de las regiones extremas abandonaron sus poblados; pero en otros, recurrieron a sistemas de calefacción más eficientes y las autoridades políticas mejoraron su capacidad para proveer alivio frente a la carestía. Las sociedades que en el pasado se enfrentaron a un cambio climático en su territorio siguiendo estas líneas de actuación sufrieron pérdidas, pero en algunos casos también se adaptaron a los cambios.

Cada uno de estos escenarios muestra la interacción entre el cambio climático y la historia humana. En el primer caso, un clima con condiciones favorables para el cultivo contribuyó al auge de una floreciente civilización dependiente de la consecución de un gran excedente de productos agrícolas. En el segundo, el brusco cambio en la pluviosidad fue tan severo que obligó a la población a abandonar sus hogares. El tercer escenario es un ejemplo de los desafíos que pueden suponer las variaciones climáticas y la resistencia y capacidad de una sociedad para adaptarse a ellas. Desde una época anterior a la civilización humana hasta el presente, el clima ha influido en la historia de la humanidad de muchas maneras. Este libro presenta y esboza la importante, compleja y, a veces, cambiante interacción entre el clima y las sociedades humanas.

MÉTODOS CIENTÍFICOS E HISTÓRICOS

Tradicionalmente, los historiadores han dedicado mayor atención al amplio abanico conformado por los fenómenos históricos más importantes que al clima. El convencional enfoque histórico verticalista describe los logros y fracasos de élites y dirigentes, de profetas, emperadores, reyes, jefes militares y presidentes; o de imponentes personajes que comandaron acciones de protesta. Con el fin de modificar este enfoque en los dirigentes, los historiadores han adoptado múltiples sistemas para abordar la historia desde diferentes perspectivas. Así, han dedicado disciplinas enteras al estudio de la historia social, económica y de género. Algunos historiadores han cambiado por completo el enfoque verticalista para observar la historia a ras de suelo, es decir, desde la perspectiva de los grupos oprimidos o marginados. No obstante, y salvo honrosas excepciones, hasta hace bien poco los historiadores apenas tuvieron en cuenta la función del clima, pues asumían de modo implícito que las condiciones climáticas solo proporcionaban un marco o base general donde acaecían sucesos o se desarrollaban tendencias. Gracias al creciente interés por la investigación del clima, durante las últimas décadas los historiadores han tenido cada vez más en cuenta las condiciones climáticas como importante factor de influencia en la historia.

A excepción de unos pocos casos, ningún acontecimiento histórico se puede achacar a una sola causa. Por citar algunos sucesos importantes, ni la Revolución francesa, ni la subida de Hitler al poder ni el colapso de la Unión Soviética son fruto de un solo factor. Como sucede con los desastres naturales más extremos, o con las catástrofes bélicas, casi cualquier suceso o tendencia importante es resultado de múltiples factores. Como se muestra en este libro, el cambio climático ha influido en muchos aspectos fundamentales de la historia humana, aunque es importante tener en cuenta que el clima ha interactuado con otras circunstancias que también afectaron al devenir de los acontecimientos. Así, debemos concentrarnos en los efectos del clima, pero no debemos suponer que cualquier variación climática haya determinado un acontecimiento histórico concreto sin la influencia de otras causas.

Tanto la historia como la meteorología son ciencias sujetas a evolución. Esto puede parecer más evidente en el caso de la meteorología, pues las fuentes escritas de muchas sociedades humanas continúan siendo escasas o inexistentes. La arqueología proporciona información adicional pero, en muchos casos, el estudio del clima y la historia humana han presentado más de un posible escenario. Un ejemplo bien conocido es el abandono de los asentamientos vikingos en esa enorme isla situada en el Atlántico Norte llamada Groenlandia. En vez de buscar una única explicación, este libro pretende demostrar que la investigación del clima y la historia humana han proporcionado más de una interpretación o posible escenario. En muchos casos, incluido este groenlandés, las investigaciones en marcha pueden favorecer o descartar escenarios, e incluso crear nuevos modelos de interacción entre el clima y la historia humana.

Tanto la meteorología como la investigación histórica pueden llegar a un consenso mientras se abandonan o crean nuevos campos de estudio y debate. Las preguntas planteadas acerca de la interacción entre múltiples y poderosos factores permiten la posibilidad de llegar a más de una posible respuesta. No obstante, tanto la historia como la meteorología han establecido muchas conclusiones firmes. Por parte de la historia, poseemos una información cada vez más sólida para fechar las migraciones humanas. Sabemos cuándo nacieron las sociedades y civilizaciones más importantes y, en muchos casos, también cuándo se desmoronaron. A menudo, también podemos realizar buenas estimaciones respecto a la cantidad de población, y tenemos un conocimiento razonable acerca de las diferentes fuentes de combustible y del nacimiento de nuevas tecnologías. También poseemos una detallada cronología política de muchas civilizaciones.

Paradójicamente, el registro histórico disponible para la investigación de los efectos del cambio climático es denso y a la vez, según la época y el lugar, escaso. Así, disponemos de muchas más pruebas directas de unas sociedades, normalmente aquellas que dejaron restos escritos y abundantes asentamientos, que de otras, como las que carecían de escritura o gobiernos complejos.

A partir de la perspectiva meteorológica, hemos combinado el conocimiento de distintas disciplinas, como la astronomía, la geología y la climatología, para comprender el avance y posterior retroceso de las capas de hielo durante los últimos tres millones de años, y hemos establecido una metodología que nos permite medir la composición del aire hace la mitad de ese tiempo. Hemos realizado representaciones metódicas a partir de registros geológicos que concretan las condiciones climáticas terrestres en momentos concretos del pasado, y el surgimiento de nuevas tendencias en esta disciplina nos ayudará a abordar preguntas hasta ahora sin respuesta. En general, todavía contemplamos el Holoceno, es decir, los últimos 11.700 años de la historia de la Tierra, como un periodo estable respecto al clima, pero también hemos comenzado a detectar inestabilidades en las condiciones climáticas a corto plazo que pueden influir en la civilización humana. También existe un abrumador consenso entre la comunidad científica respecto al impacto de la actividad humana en las condiciones meteorológicas actuales… La tendencia a un calentamiento sin precedentes desde que nuestros ancestros hollaron el planeta por primera vez.

LAS ESCALAS TEMPORALES DEL CAMBIO CLIMÁTICO

Abordamos las interacciones entre el clima y los seres humanos atendiendo a distintas escalas temporales que van desde los cambios a largo plazo acaecidos en las condiciones climáticas globales que influyeron en la evolución humana, y en sus primeras innovaciones tecnológicas, hasta oscilaciones puntuales que dejaron huellas y consecuencias de carácter local. Al discutir el tema del cambio climático es importante distinguir entre factores externos que dan como resultado un calentamiento o un enfriamiento, los llamados «forzamientos climáticos», y procesos internos que potencian o contrarrestan el cambio inicial, las llamadas «retroalimentaciones». Tanto los forzamientos como las retroalimentaciones interactúan haciendo que cambie nuestro clima. Existen otros procesos que redistribuyen la energía por todo el planeta pero que no suponen un impacto duradero en la temperatura global; estos representan más variabilidades climáticas que cambios en el clima. Tanto la variabilidad en el clima como el cambio climático han influido en la historia humana.

Los factores causantes de un cambio en el clima implican alteraciones en el equilibrio térmico de la Tierra, es decir, cuánta energía recibimos del Sol y cuánta devolvemos al espacio. Si hay un equilibrio entre la recibida y la devuelta, entonces la temperatura media permanece constante. Las temperaturas medias globales cambian cuando se altera la cantidad de luz solar que llega a la Tierra o la cantidad reflejada al espacio. Además de la luz solar, nuestra atmósfera sirve como fuente de calor del planeta. La cantidad de energía aportada al equilibrio térmico terrestre está determinada por la magnitud del efecto invernadero. Gases atmosféricos como el dióxido de carbono (CO_2), el vapor de agua (H_2O), el metano (CH_4) y el óxido nitroso (N_2O) permiten que la luz solar atraviese la atmósfera, pero también son muy eficaces absorbiendo el calor procedente de abajo, el emitido por la superficie terrestre. Esto es lo que los hace gases de efecto invernadero; son casi transparentes por completo a la energía que percibimos con los ojos, la luz visible, pero eficientes absorbentes de la energía calorífica. En su conjunto, nuestra atmósfera se calienta debido a esta absorción, que a su vez emite en todas direcciones... Alguna la devuelve al espacio, pero la mayor parte la refleja sobre el planeta, manteniéndonos unos 30 ºC más calientes de lo que estaríamos sin nuestra (preindustrial) atmósfera. Tras el vapor de agua, el CO_2 es el gas de efecto invernadero más abundante. Otros gases de efecto invernadero, como el metano y el óxido nitroso, son más escasos, aunque también muy eficientes a la hora de absorber calor. Los climatólogos tienen en cuenta la concentración y la capacidad para absorber calor de estos gases al cuantificar sus efectos sobre el clima terrestre.

Son varios los factores que producen un cambio climático en escalas de tiempo geológicas. Por ejemplo, el lento proceso de meteorización química de la superficie terrestre, que arrastra el CO_2 de la atmósfera, influyó en la magnitud del efecto invernadero a lo largo de millones de años. Un incremento de la meteorización asociado con el surgimiento de la cordillera del Himalaya, iniciado hace unos cincuenta millones de años, se ha presentado como hipótesis para explicar la tendencia general al enfriamiento observada desde entonces. El movimiento de las placas tectónicas terrestres también afecta al clima de otros modos, entre ellos los diferentes cambios que tienen lugar según las posiciones que ocupan los continentes, circunstancia que obliga a una reorganización de las corrientes oceánicas. Este es un aspecto fascinante de la historia terrestre que recibirá solo un somero trato en este libro pues, aunque el movimiento de las placas desempeña una importante función en el cambio climático, opera demasiado despacio y a lo largo de periodos de tiempo demasiado extensos, de modo que su influencia en la historia humana es mínima.

En escalas de tiempo menores, durante los millones de años que vivieron nuestros ancestros humanos, las variaciones del clima influyeron en la disponibilidad de alimentos y la deriva de la evolución. El cambio climático en esta escala de tiempo, decenas o cientos de miles de años, está asociado principalmente a los ciclos glaciales e interglaciales debidos a las variaciones de la órbita terrestre. Milutin Milankovitch, un astrofísico serbio, propuso en la década de 1920 que esos cambios climáticos estaban vinculados a las alteraciones de la órbita terrestre alrededor del Sol. Estos ciclos de Milankovitch, así se llaman, se han relacionado principalmente con el avance y el retroceso de grandes capas de hielo durante los últimos millones de años, pero también han influido en la historia humana durante el Holoceno al afectar la fuerza de los monzones.

La mayoría de los forzamientos climáticos del Holoceno se pueden atribuir a la actividad volcánica, variaciones solares y cambios en la concentración de gases de efecto invernadero. Las variaciones solares durante el Holoceno se vinculan fundamentalmente con la actividad de las manchas, que en la actualidad siguen ciclos de once años. Los pequeños cambios en las emisiones solares relacionados con las manchas pueden tener efectos adversos en el clima si provocan retroalimentaciones internas en el sistema climático. Del mismo modo, enfriamientos a corto plazo causados por grandes erupciones volcánicas pueden tener efectos duraderos al potenciar los procesos terrestres. Las variaciones climáticas se hacen más evidentes en estas escalas temporales que abarcan periodos de miles de años o menos. Por ejemplo, las alteraciones en los movimientos de agua abisal se han relacionado con rápidos cambios climáticos ocurridos en el pasado, como el repentino enfriamiento del Dryas Reciente, acaecido hace doce mil años. Otras perturbaciones en el sistema climático terrestre, como El Niño-Oscilación del Sur y la Oscilación del Atlántico Norte, afectan al clima y al tiempo atmosférico a lo largo y ancho del mundo durante escalas temporales que pueden ser estacionales, anuales o durar decenios.

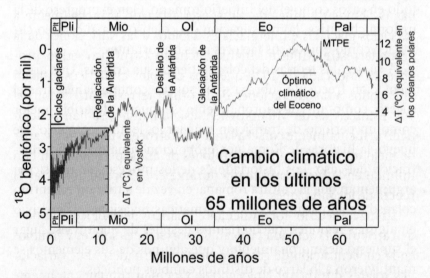

El cambio climático a lo largo de los últimos 65 millones de años. *Fuente*: Trabajo de Robert A. Rhode para el proyecto Global Warming Art. Disponible en línea: https://commons.wikimedia.org/wiki/File:65_Myr_Climate_Change-es.svg.

COLAPSO Y RESISTENCIA

La interacción entre el clima y la historia humana puede seguir varios derroteros. Como concepto básico, podemos decir que es indispensable un clima adecuado para la existencia humana. Un breve ejercicio intelectual lo explica con claridad: es difícil imaginar el desarrollo de sociedades humanas durante las circunstancias de frío o calor extremo ocurridas hace muchos millones, en un lejano pasado geológico. En escalas de tiempo menores, durante los millones de años que vivieron nuestros ancestros, las variaciones climáticas influyeron en la disponibilidad de alimentos y la deriva de la evolución.

Y en escalas de tiempo aún menores, desde el Neolítico, o el periodo acerámico, el clima pudo contribuir al desarrollo de sociedades al permitir un entorno abundante en recursos alimenticios, por un lado, y por otro pudo coartar o debilitar el crecimiento de sociedades complejas. Durante siglos, el estudio del colapso de civilizaciones se ha ganado el interés de los historiadores, sobre todo en casos como el del Imperio romano. Con el progreso de la historia climática, la investigación del colapso cita al cambio climático como uno de sus factores más importantes.[1]

A su vez, las teorías del colapso tienen sus críticas. Una argumentación frecuente subraya que eso que contemplamos tras el suceso como un desmoronamiento se puede describir mejor como un periodo de transición más largo, lento y complejo. De nuevo, la historia de Roma nos proporciona una magnífica ilustración del caso. Los historiadores de los procesos de transición argumentan que la cultura romana, en vez de sufrir un repentino colapso debido a una serie de dramáticas invasiones, sobrevivió en algunas regiones mucho tiempo después de que tuviese lugar el supuesto desmoronamiento y que algunos de sus elementos se mantuvieron a lo largo de distintos cambios políticos.

Un debate similar entre colapso y transición lo encontramos en la historia climática. Así, en vez de buscar las causas del colapso, un nuevo enfoque se concentraría en subrayar la resistencia y capacidad de adaptación demostrada por las diferentes sociedades. Merece la pena tener en cuenta que concentrarse demasiado en el fenómeno del colapso puede llevar a identificar como causa cualquier tendencia o suceso importante, y que el mismo riesgo corre el estudio de la resistencia. Las sociedades han resistido tiempos de crisis, pero esa capacidad de aguante no es ilimitada. Por tanto, este libro tiene en cuenta la resistencia y la capacidad de los humanos para adaptarse a las crisis, e incluso a los colapsos.

ORGANIZACIÓN DE LA OBRA

El capítulo 1 se dedica a las causas naturales de las variaciones climáticas en escalas de tiempo de decenas de miles de años, o superiores, además de ciclos de cambios más cortos; y describe cómo el cambio climático ha influido en la historia del *Homo sapiens*. Los impulsores climáticos más importantes de este periodo fueron los ciclos de Milankovitch combinados con largos enfriamientos causados por una disminución del CO_2. Las variaciones orbitales causaron patrones de enfriamiento y calentamiento que dieron como resultado el avance y el retroceso de las capas de hielo continental. Las condiciones climáticas durante el Último Máximo Glacial (UMG, para abreviar) estaban caracterizadas por el gran volumen de agua oceánica atrapada en las enormes capas de hielo, lo cual causó un descenso del nivel del mar y un aumento de la superficie de tierra firme.

El cambio climático durante este periodo afectó a cómo y dónde vivieron los humanos. Periodos de aridez y fases húmedas influyeron en la dispersión de nuestros ancestros. El cambio climático, sobre todo durante el periodo glacial, también presentó desafíos a los pobladores. Este capítulo discute el surgimiento y dispersión de los primeros homínidos y nuestros ancestros humanos, el destino de linajes como el del hombre de Neandertal y las migraciones de nuestra especie, el *Homo sapiens*.

El capítulo 2 describe el cambio climático durante el final de la glaciación, la cúspide de la dispersión humana y la aparición de la agricultura. Pero hace unos doce mil años, cuando la Tierra comenzaba a calentarse y las condiciones glaciales empezaron a declinar, tuvo lugar un corto y súbito regreso de una situación similar a la época glacial llamada Dryas Reciente. La retroalimentación climática, que también es importante en la actualidad, favoreció el regreso del frío. No obstante, el clima global ha mostrado un periodo de relativa estabilidad desde hace diez mil años.

La tendencia al calentamiento tras el UMG proporcionó mejores oportunidades para los cazadores-recolectores. Al final del Dryas Reciente, el regreso de esta tendencia creó condiciones favorables para la agricultura y el auge de las sociedades agrícolas y, en muchos casos, facilitaron el modelo básico para el crecimiento a largo plazo de la población humana y la creación de variadas y complejas sociedades.

El capítulo 3 discute la interacción entre el cambio climático y las civilizaciones o sociedades complejas. Oscilaciones regionales, más que globales, han dominado el cambio climático durante siglos o milenios. Este capítulo aborda las sequías, concentrándose en las condiciones que caracterizan y llevan a la aridez generalizada. En general, este periodo fue favorable a los humanos, pero el capítulo también trata cómo las fluctuaciones climáticas presionaron, y en ocasiones debilitaron, a las sociedades. Por ejemplo, un gran periodo árido acaecido hace unos cuatro mil años contribuyó a la desaparición de la civilización del valle del Indo. Este capítulo discute los desafíos presentados por las variaciones climáticas durante el Bronce Tardío y termina subrayando las interacciones entre el clima y la historia de Roma y la dinastía Han, en China.

El capítulo 4 presenta las variaciones climáticas regionales ocurridas entre los años 500 y 1300 e. c. y los efectos de las fluctuaciones climáticas durante este periodo. El capítulo describe una época de relativo calor, entre los años 900 y 1300 e. c., conocida como la Anomalía Climática Medieval (MCA, según sus siglas en inglés), que aparece en varios registros climáticos e históricos en la zona del Atlántico Norte. Muchas sociedades europeas florecieron durante este periodo. El capítulo también esboza las fluctuaciones climáticas regionales, sobre todo las sequías en Asia y las Américas, y la interacción entre estas variaciones y las sociedades de China, el sudeste asiático y el norte y centro de América, incluida la civilización maya.

El capítulo 5 proporciona una visión general de la fluctuación climática a menudo conocida como Pequeña Edad de Hielo. La causa de esta Pequeña Edad de Hielo todavía es fuente de debates científicos. Una menor actividad solar, originada por la escasez de manchas solares durante este periodo, pudo haber desempeñado una función importante en el enfriamiento. La coincidencia de una serie de erupciones volcánicas con el comienzo del enfriamiento también se ha propuesto como posible causa, pues suponen una alteración en el movimiento de las aguas abisales. El enfriamiento durante la Pequeña Edad de Hielo supuso la mayor de las amenazas para las sociedades situadas en los márgenes de las áreas de cultivo. Sin embargo, en otras regiones, como los Países Bajos, las sociedades se adaptaron al enfriamiento.

El capítulo 6 aborda ciertos devenires históricos cruciales para hacer de la humanidad el principal agente del cambio climático. A finales del siglo XVIII y principios del XIX, Gran Bretaña creó un nuevo sistema de producción que rompió todas las trabas de crecimiento existentes; fue la llamada Revolución Industrial. El empleo preferente de combustibles fósiles proporcionó una capacidad hasta entonces inaudita para explotar fuentes generadoras de energía, creando así un asombroso ritmo de migración a las ciudades y un gran cambio en la vida urbana. La posterior difusión del proceso industrializador durante los siglos XIX y XX, llevado a cabo a través de diversas fases de globalización, exportó el modelo industrial a otras regiones del globo. Por su parte, la expansión de una industria alimentada por combustibles fósiles alteró de manera mesurable la composición de la atmósfera terrestre. Este capítulo también proporciona una visión general de las primeras investigaciones científicas del efecto invernadero y el calentamiento global. Ya en el siglo XIX, científicos como John Tyndall y Svante Arrhenius describieron el potencial calorífico de los gases de efecto invernadero en la atmósfera.

El capítulo 7 lleva la discusión del cambio climático y las sociedades al presente. Los registros actuales del cambio climático, como las tendencias de las temperaturas regionales y globales, los cambios en las precipitaciones, el aumento del nivel del mar y la disminución de las capas de hielo reflejan el alcance de unos cambios en el clima que ya se pueden observar. Entre los impactos del cambio climático en las sociedades se encuentran el aumento del nivel del mar, que supone una amenaza inmediata para las regiones costeras, y las variaciones en la pluviosidad, que afecta a la agricultura y al suministro de agua. El capítulo esboza una serie de medidas destinadas a una posible adaptación y las consecuencias de los conflictos sociales y políticos que el cambio climático puede provocar.

El capítulo final presenta las controversias del cambio climático. En él se discuten tanto los obstáculos en la actuación como las posibles respuestas ante el incremento del cambio climático. Se presentan modelos, además de descripciones de futuros escenarios empleados para presentar y diseñar medidas. En él también se discuten estrategias destinadas a reducir el impacto humano en el calentamiento. Además de los intentos internacionales por reducir las emisiones de gases de efecto invernadero, este capítulo presenta opciones de cambio hacia nuevas formas de energía y la polémica de la geoingeniería.

El libro emplea la crónica y el desarrollo de la investigación climática para presentar la relación entre el cambio climático y la historia humana en diversas circunstancias a lo largo de miles de años. Al mismo tiempo, las investigaciones actuales continúan proporcionando conocimientos acerca del cambio climático y la historia de muchas regiones. Así, la historia del cambio climático y la historia humana tienden a hacerse aún más globales.

INTRODUCCIÓN A ESTA EDICIÓN

Durante la década de 2020 hubo un incremento de la cantidad de pruebas de la existencia del cambio climático, de las amenazas que conllevaba ese cambio y también de las posibles respuestas al problema. Las señales del cambio climático son asonmbrosas. Desde 2021 no ha habido un mes en el que la temperatura media global fuese inferior a la media presentada a partir de febrero de 1985. No hay niño, adolescente o joven adulto que haya vivido un mes con tales características. Pronto, ni siquiera habrá personas de mediana edad que hayan experimentado dichas condiciones. Estamos perdiendo, a pasos agigantados, el clima que modeló la historia humana y sus culturas.

Tendemos a concebir el cambio climático como un proceso lento, pero su impacto ya es dramático. En 2019, incendios de escala inaudita arrasaron ciertas regiones árticas y lo mismo volvió a suceder en 2020. En 2019, el humo de los incendios forestales se extendió por buena parte de Siberia, Alaska, Canadá y Groenlandia. El grosor de las capas de nieve acumulada en regiones montañosas ha disminuido y, aunque nieva, unas primaveras más calidad aceleran el deshielo e intensifican las sequías. Y precisamente se han sufrido sequías severas y prolongadas en los cuatro puntos cardinales de la región del sudoeste de Estados Unidos que comprende Utah, Colorado, Nuevo México y Arizona.

Las fuertes sequías y las precipitaciones extremas han ejercido una fuerte presión en personas, plantas y animales de muchas partes del mundo. En Europa se han sufrido grandes incendios forestales que han dañado extensas regiones, también las mediterráneas. El azote de los incendios forestales golpeó Australia entre los años 2019 y 2020, obligando a la evacuación de ciertas comunidades. 2019 también fue un año de grandes incendios en el cinturón tropical, desde la Amazonía hasta el Sudeste Asiático.

Además, el impacto del cambio climático es cada vez más evidente en el calentamiento oceánico. El aumento de la temperatura de las aguas ha originado corrientes cálidas. El calor oceánico está causando cambios en la vida marina y, en algunas áreas, acabando con los bosques de algas laminariales (como el *kelp*). Los arrecifes de coral han disminuido debido al calentamiento de las aguas y a la acidificación del océano, que es otro de los problemas causados por nuestras emisiones de carbono.

Desde hace mucho tiempo es habitual que al hablar de algún suceso cálido o de una condición meteorológica extrema no podamos identificar uno solo como resultado del cambio climático, pero los importantes avances en los análisis causales han facilitado la posibilidad de concretar hasta qué punto el cambio climático haya incrementado la probabilidad de sufrir tales sucesos. Estos análisis no demuestran que cualquier tormenta de gran intensidad o una fuerte ola de calor sea resultado del cambio climático, pero la relación entre el aumento de la emisión de gases de efecto invernadero y los sucesos extremos ya es aún más evidente.

En su conjunto, el cambio climático ha incrementado muchas de las penalidades a las que se han de enfrentar las sociedades humanas, causando encarnizados conflictos por la consecución de recursos básicos, como el agua. Los extremos climáticos han acentuado las desigualdades a lo largo y ancho del mundo, acrecentando el riesgo para aquellos con menos posibilidades para responder. El cambio climático también supone un gran peligro para ciertas comunidades indígenas.

Hemos de elegir entre alternativas cada vez más fuertes. Los climatólogos han esbozado algunas de las posibles trayectorias de la emisión de gases de efecto invernadero. Cuanto más tiempo mantengamos la extracción y el empleo de los combustibles fósiles, mayor será la probabilidad de sufrir un rápido cambio climático y mayor será el potencial de retroalimentación. Al mismo tiempo, han disminuido los costos de las energías renovables y algunos países han hecho de algunas, como la eólica y la solar, importantes fuentes de energía. El análisis de varios sectores económicos presenta opciones para reducir las emisiones de gases de efecto invernadero o para la descarbonización. En algunos casos, como la producción de cemento, acero y la industria aeronáutica, es probable que estas opciones sean más complicadas que en el caso de los vehículos motorizados.

A medida que el cambio climático ha cobrado intensidad, han surgido nuevas organizaciones y movimientos que llaman a la acción. Los nuevos movimientos comunitarios pretenden reclutar en sus filas a nuevos grupos partidarios y dirigentes y también emplear nuevas estrategias dedicadas a reducir las emisiones de gases de efecto invernadero y a lograr una mayor justicia climática, es decir, a paliar las desigualdades causadas por el cambio climático. Por ejemplo, Viernes por el Futuro (*Fridays for Future*, en inglés), comenzó como un movimiento estudiantil. Los pueblos indígenas también han dirigido y participado en múltiples campañas.

Ahora, con una mayor conciencia del cambio climático y de la amenaza que supone, observamos señales cada vez más evidentes de un futuro con unas condiciones climáticas muy diferentes a las que facilitaron el surgimiento de todas las civilizaciones humanas, unas condiciones que fueron relativamente estables, donde las respuestas humanas, tecnológicas y humanas también habrán de ser diferentes.

1. UN COMIENZO DELICADO

Mucho antes de influir en la historia humana, el cambio climático acaecido a lo largo de miles e incluso millones de años contribuyó a la morfología y evolución de las especies. Hubo muchos factores que influyeron en la evolución humana y, por supuesto, en su historia y prehistoria. Del mismo modo que ni la política ni la economía, ni la cultura o la religión, determinan por sí solas el devenir de la historia, tampoco el cambio climático hace inevitable una circunstancia histórica concreta. No obstante, supuso una fuerza impulsora fundamental en la evolución humana.

El cambio climático adoptó varios modelos a lo largo del periodo evolutivo humano. Nuestros ancestros evolucionaron durante una época de enfriamiento generalizado. En África, la fractura del Gran Valle del Rift llevó a una creciente sequía de la región oriental del continente, lugar de origen de la mayoría de especies homínidas. Desde hace 2.580.000 años, durante el periodo llamado Cuaternario, los ciclos glaciales, a menudo llamados «edades de hielo», afectaron a los hábitats. Estos ciclos glaciales causaron variaciones o desplazamientos periódicos de los hábitats en los cuales vivían nuestros ancestros. Todos estos procesos climáticos afectaron a la evolución humana, y los periodos glaciales fueron factores cruciales que llevaron a la dispersión de nuestros ancestros primero y de todos los humanos después.

ENFRIAMIENTO GLOBAL

La tendencia generalizada al enfriamiento prevaleció durante los millones de años que a los antepasados de gorilas, chimpancés y humanos les tomó divergir de un ancestro común y comenzar a evolucionar por separado. Los fósiles vegetales indican un clima más cálido hace decenas de millones de años, y los restos de plancton enterrados en los sedimentos oceánicos revelan que la Tierra ha estado pasando una época de enfriamiento generalizado durante, al menos, los últimos cincuenta millones de años. Nuestro mayor continente helado, la Antártida, no tuvo hielo hasta hace unos treinta y cinco millones de años; mientras que la formación de grandes capas de hielo en el hemisferio norte sucedió más tarde, hace unos tres millones de años. Durante esta tendencia al enfriamiento a largo plazo tuvieron lugar breves variaciones de temperatura, pero la propensión general era hacia un clima más frío.

Se han propuesto varias ideas para explicar el crecimiento de las capas de hielo en la Antártida y, más tarde, en el hemisferio norte. En estas enormes escalas temporales, de millones de años, la deriva continental desempeñó una importante función en el cambio climático. El aislamiento de la Antártida durante los últimos treinta y cinco millones de años es un ejemplo: Australia se separó de la Antártida hace unos treinta y cinco millones de años, seguida por la apertura del mar de Hoces, entre Sudamérica y la Antártida, hace unos veinte o veinticinco millones de años. Esta reorganización continental permitió la creación y fortalecimiento de una profunda corriente circumpolar... La que rodea a la Antártida aislándola del efecto calorífero de las corrientes tropicales. Algunos intentos por crear un modelo climático indican que la apertura del mar de Hoces podría haber llevado a un enfriamiento de las más altas latitudes meridionales, iniciando así el crecimiento de capas de hielo en el continente antártico.[1]

El enfriamiento global relacionado con una disminución del dióxido de carbono (CO_2) atmosférico proporciona una explicación alternativa a la Glaciación Antártica.[2] Representaciones del CO_2 atmosférico enterrado en profundos sedimentos marinos, en las cuales se emplearon isótopos de carbono de moléculas orgánicas[3] e isótopos de boro para inferir el pH[4] del océano, indican una disminución del dióxido de carbono. Los modelos resultantes también indican que se puede desencadenar el crecimiento de las capas de hielo cuando los niveles de CO_2 son inferiores a las 750 ppm; entonces las retroalimentaciones climáticas podrían reforzar el enfriamiento inicial. Es muy probable que la disminución de CO_2 atmosférico durante esa época se debiese al aumento de la meteorización química relacionado con el surgimiento de la cordillera del Himalaya y la meseta tibetana, iniciado hace unos cincuenta millones de años.[5] La disminución generalizada de CO_2 desde entonces ayuda a explicar la tendencia global a un enfriamiento a largo plazo desarrollada a lo largo de todo el Cuaternario que influyó en la formación de capas de hielo en el hemisferio norte, hace unos tres millones de años (m. a.), y en los posteriores cambios que dirigieron la evolución humana.

La formación del istmo de Panamá y el cierre del paso marítimo centroamericano, hace unos tres millones de años,[6] pudieron haber contribuido a la glaciación del hemisferio norte. El cierre del canal marítimo aumentó la afluencia de agua salada cálida al Atlántico Norte gracias a la corriente del Golfo, que a su vez fortaleció la formación de corrientes profundas en la zona. La intensificación del ciclo de circulación incrementó la humedad ambiental en la atmósfera y esto, añadido a temperaturas más frías, facilitó las condiciones para la glaciación. Unos veranos más frescos en el hemisferio norte, causados por cambios en la oblicuidad de la Tierra, pudieron haber supuesto el detonante final para la formación de capas de hielo.[7] Como sucedió en la Glaciación Antártica, las retroalimentaciones climáticas contribuyeron a mantener el crecimiento de las capas de hielo.

El avance de estas capas de hielo en el hemisferio norte coincidió con una importante transición en el clima terrestre; un periodo relativamente cálido caracterizado, hasta hace unos tres millones de años, por la ausencia de hielo polar dio paso a otro caracterizado por cíclico avance y retroceso de la superficie helada, consecuencia de cambios en la órbita terrestre. La temperatura media correspondiente a la etapa inmediatamente anterior a esta transición era 3 °C más cálida que la actual. Esta también fue la época más reciente de la historia de la Tierra en la que los niveles de CO_2 igualaron a las 400 ppm de la actualidad. Con el subsiguiente enfriamiento, muchas regiones se volvieron más secas, sobre todo África; la aridez de este continente condujo a un cambio en la vegetación que influyó en la evolución humana.

HÁBITATS FORESTALES

La tendencia al frío y la aridez produjo importantes cambios en el hábitat donde vivieron nuestros ancestros... Las pluviselvas africanas. Pertenecemos a la especie *Homo sapiens*, también descritos anatómicamente como humanos modernos (HAM, para abreviar), y somos los últimos supervivientes de una variedad de linajes emparentados. El *Homo sapiens* es la única especie de homínidos viva. Los chimpancés y los humanos anatómicamente modernos tuvieron un último antepasado común hace unos seis o siete millones de años. Respecto a otras especies, los chimpancés son los parientes más cercanos del *Homo sapiens*..., compartimos más del 98 % de nuestro ADN. Los gorilas, la segunda de las especies más próximas a los humanos, comparten con nosotros alrededor del 98 % de su ADN. Humanos y gorilas compartimos un ancestro común hace nueve o quizá doce millones de años, aunque hay un debate abierto acerca de estas fechas.

Si bien somos más parecidos a los chimpancés que a cualquier otra especie viva, las diferencias sobresalen en la actualidad. Los *Homo sapiens* hemos colonizado la mayor parte del globo y ocupado zonas donde éramos completos extraños. Por el contrario, gorilas y chimpancés continúan en, a menudo, menguantes hábitats africanos. Algunas subespecies, como el gorila de montaña, viven en la actualidad en pequeñas zonas del África oriental. Los índices de población refrendan la preponderancia humana. En el año 2012, la población humana superaba los siete mil millones de personas. En cambio, la población de chimpancés africanos en libertad se ha estimado entre ciento cincuenta y doscientos cincuenta mil individuos, y las estimaciones de la población de gorilas en libertad varían entre los cien y los ciento cincuenta mil ejemplares, perteneciendo en su mayoría a la subespecie occidental de llanura. También empleamos una cantidad de energía inimaginablemente superior a la utilizada por nuestros parientes más cercanos. La huella de carbono media, la cantidad anual de CO_2 emitida por un individuo al desarrollar su actividad, es de unas cuatro toneladas por persona y año; el promedio es de tres a cinco veces superior si el individuo reside en un país relativamente desarrollado. En esencia, gorilas y chimpancés no dejan huella de carbono.

¿Cómo y por qué los ancestros de los humanos anatómicamente modernos evolucionaron siguiendo un camino diferente al de sus especies más cercanas? En modo alguno los humanos descienden directamente de gorilas, chimpancés o, a decir verdad, de cualquier otra especie animal viviente. Del mismo modo, los chimpancés tampoco descienden directamente de los gorilas. No obstante, sí tenemos un antepasado común. El estudio de los chimpancés, más que ningún otro, nos proporciona importantes indicios para reconstruir cómo y dónde vivió nuestro ancestro común. La mayor densidad y cantidad de población de chimpancés se encuentra en las pluviselvas del África tropical. También sobreviven en otras zonas boscosas, e incluso pequeños grupos realizan incursiones en la sabana, pero en general permanecen en áreas dominadas por árboles frutales. Su hábitat preferido guarda una estrecha relación con su dieta. Más del 90 % de su dieta consiste en fruta, y el resto se compone en buena parte por vegetales. Los machos consumen pequeñas cantidades de carne. Los gorilas se restringen a las zonas boscosas más incluso que los chimpancés. Se han dividido en varias subespecies que pueblan las pluviselvas africanas. El mayor número de gorilas, con notable diferencia, habita las llanuras occidentales de África, en un área que ocupa zonas de países como Camerún, Gabón, República Centroafricana, República del Congo y República Democrática del Congo. Los gorilas se nutren casi por completo de vegetales. Ellos, como los chimpancés, prefieren la fruta.

La observación de nuestros parientes cercanos frente a las demás especies animales nos ayuda a crear una imagen de nuestros ancestros comunes. Estos ancestros comunes del gorila, el chimpancé y el *Homo sapiens* vivieron hace millones de años en los bosques de África, concretamente en los trópicos. Estos bosques lluviosos les proporcionaban la abundante cantidad de fruta con la que se mantenían. Debemos imaginar a un animal más parecido a un simio que a nosotros, que vivía en los árboles, o cerca de ellos, y andaba por ahí en busca de fruta. Si la dieta preferida por gorilas y chimpancés sirve de guía, entonces comían grandes cantidades de higos silvestres. Por entonces, como ahora, este tipo de hábitat requería una temperatura media elevada y abundantes precipitaciones.

Dada su adaptación a la vida en el bosque tropical lluvioso y la preferencia por una dieta basada principalmente en fruta, ¿por qué una ancestral especie homínida evolucionó siguiendo un sendero diferente que la llevaría mucho más allá de la pluviselva? Después de todo, gorilas y chimpancés no lo hicieron, lo cual indica que sin duda fue posible sobrevivir y prosperar como especie manteniendo el mismo estilo de vida básico. Entonces, ¿qué llevó a los ancestros de los humanos a emprender el proceso de abandonar las pluviselvas africanas y migrar a hábitats de características mucho más variadas? Rastrear los cambios en el clima ayuda a contestar la pregunta. Una variación climática que llevase a la expansión del bosque lluvioso tropical supondría la disponibilidad de un área mayor y abundante en comida, pero una que redujese la superficie de las pluviselvas disminuiría la cantidad de alimento disponible. Por tanto, un cambio climático acaecido a lo largo de millones de años habría contribuido a dirigir la evolución de los antepasados de los humanos por derroteros distintos y separados de los de sus parientes más cercanos.

BOSQUES

Los miembros del siguiente grupo de especies homínidas, que apareció hace unos cuatro millones de años, han recibido el nombre de australopitecos. Si pudiésemos encontrarnos con ellos, veríamos que no se parecen en absoluto a los humanos anatómicamente modernos; más bien tendrían el aspecto de chimpancés bípedos. El más famoso de todos los australopitecos, un ejemplar descubierto en 1974 al que llamaron Lucy, vivió hace 3.200.000 años. Esta hembra medía unos 110 cm de altura y pesaba alrededor de 27 kg. Los machos eran más grandes, tenían una altura media de casi 150 cm y llegaban a pesar 45 kg o más. La especie a la que pertenecía Lucy, *Australopithecus afarensis*, vivió hace tres o cuatro millones de años. Puede que no nos parezca adecuada para vivir en nuestra moderna sociedad, pero estaban mejor adaptados para caminar que sus ancestros, habitantes de la pluviselva, aunque sus cortas piernas desarrollaban una zancada mucho más pequeña que la de los humanos anatómicamente modernos.

Es probable que una variación del clima fuese un factor clave para la salida de los australopitecos. Bajo unas condiciones más frías, las selvas desaparecieron para dar paso a bosques y sabanas, reduciéndose así la disponibilidad de su alimento preferido: la fruta. Este cambio en el hábitat causó una presión evolutiva al obligarlos a consumir alimentos menos apetecibles, como los tubérculos, más duros y difíciles de encontrar que la fruta. Los australopitecos fueron capaces de caminar y cavar en busca de calorías adicionales. Desarrollaron dientes grandes y unas mandíbulas más adecuadas para la labor de masticar alimentos duros durante prolongados periodos de tiempo.

EL GRAN VALLE DEL RIFT

La actividad tectónica africana, sobre todo a lo largo de una serie de fracturas en la zona oriental, donde la Tierra se está abriendo, alteró aún más el clima. El desarrollo del sistema de los rifts del África oriental pudo haber comenzado ya hace cuarenta y cinco millones de años, pero hace unos diez millones de años se aceleraron los movimientos verticales, elevando el terreno y causando notables cambios en el paisaje. La formación de estas fracturas transformó la región, pasando esta de ser una zona relativamente llana cubierta por un bioma de selva tropical a una mucho más variada en topografía y vegetación. En la actualidad, el territorio cuenta con una serie de profundos valles tectónicos, elevadas montañas (las más famosas son el Kilimanjaro y el monte Kenia) y cuencas lacustres. Las montañas de este sistema de valles tectónicos intensificaron la tendencia a la aridez cuando sus altas cumbres bloquearon la humedad procedente del océano Índico, creando una sombra orográfica en la región. El aumento de la aridez llevó al avance de pradera y sabanas, y pudo haber dispuesto las condiciones necesarias para un ambiente cada vez más sensible a los cambios hidrológicos.

LAS SABANAS Y LOS CAZADORES-RECOLECTORES

Es muy probable que el continuo cambio del clima fuese un factor crucial en una segunda fase crítica de la evolución humana muy anterior a aparición del *Homo sapiens*. Con el fin de obtener alimento en un África cada vez más fresca, nuestros ancestros continuaron diversificando su dieta dedicándose al consumo de una mayor variedad de alimentos y más carne.

La selección natural en esta África cada vez más fresca favoreció la aparición de los rasgos característicos de la especie ancestral del género *Homo* más conocida: el *Homo erectus*. Las primeras pruebas de su existencia se remontan unos dos millones de años en el pasado y se parecía mucho más a nosotros que cualquier australopiteco. Presentaban muchas variaciones, pero la mayoría eran más altos, tenían miembros más largos y cerebros más grandes que los australopitecos, los cuales continuaron viviendo en África hasta hace aproximadamente dos millones de años. Al tener un cerebro mayor, el *Homo erectus* requería más cantidad de energía, circunstancia que incentivaba la consecución de alimentos altamente energéticos, como la carne, y recompensaba aún más la capacidad de caminar y correr. El *Homo erectus* más alto llegó a alcanzar una talla de 182 cm y pesar más de 68 kg. Era mucho mejor caminante y corredor que el australopiteco. Una carrera pedestre entre dos individuos sanos de ambas especies no hubiese sido en absoluto reñida. Si nos encontrásemos con nuestro ancestro *Homo erectus* viviríamos una desconcertante experiencia: por un lado, se parece más a nosotros que cualquier otro ser vivo en la actualidad, pero las diferencias serían obvias a primera vista.

Los *Homo erectus* eran cazadores-recolectores. Su habilidad para correr y refrigerar el cuerpo mediante la sudoración hacía de ellos cazadores perseverantes y capaces. Los cazadores-recolectores de las sabanas africanas podían recorrer grandes distancias en busca de carne. Había animales concretos que podían correr a velocidades muy superiores a la del *Homo erectus*. Esta diferencia en el desarrollo entre la velocidad punta de los cazadores humanos y muchas de sus presas se mantiene en la actualidad. Sin embargo, el *Homo erectus* podía mantener la persecución mucho más tiempo, a veces solo caminando, hasta que alguna presa se agotase o cayese víctima de un golpe de calor.

El *Homo erectus* también creó y empleó utensilios más complejos que los de especies anteriores; las herramientas líticas más antiguas se remontan a 3.300.000 años. Entre ellas se cuentan hachas de mano y otros utensilios para cazar y despiezar animales. Algunos yacimientos del África oriental muestran restos de animales consumidos por humanos, y la distribución de las presas indica que se trataba de cazadores, y no de simples carroñeros rapiñando las presas más jóvenes o más viejas. Una serie de utensilios especializados les permitía despiezar sus víctimas. Excavaciones realizadas en lugares como la garganta de Olduvai (Tanzania) y Olorgesailie (Kenia) sacaron a la luz grandes cantidades de herramientas afiladas, talladas, junto a huesos de grandes mamíferos como elefantes y jirafas.

LOS CAZADORES-RECOLECTORES Y SU DIÁSPORA

Como cazadores-recolectores, los *Homo erectus* y otros parientes humanos del género *Homo* se encontraron con límites en la densidad de población. Una zona concreta de la sabana solo podía proporcionar alimento suficiente para mantener a una pequeña población. Por lo tanto, con el paso del tiempo el crecimiento demográfico llevó a la dispersión, y así los cazadores-recolectores expandieron sus territorios sin que eso supusiera un incremento en la densidad de población. Una población más numerosa solo podía mantenerse si los grupos de *Homo erectus* ocupaban una región más amplia.

El cambio climático acaecido durante el Pleistoceno, un periodo que comenzó hace unos 2.600.000 años y concluyó hace 11.700, configuró los patrones de la diáspora humana. Los primeros seres humanos sufrieron importantes variaciones climáticas durante el Pleistoceno, concretamente una serie de gélidos periodos glaciales, que originaron el avance de las capas de hielo, alternadas con periodos interglaciales más cálidos, que causaron su retroceso.

El aumento y la mengua de las capas de hielo durante el Pleistoceno se han vinculado con variaciones en el movimiento de traslación de la Tierra, conocidas como ciclos de Milankovitch, que llevaron a cambios en su excentricidad orbital, oblicuidad eclíptica y precesión. La forma de la órbita terrestre alrededor del Sol influye en cuánto se acerca el planeta al astro. Un círculo perfecto situaría a la Tierra a la misma distancia del Sol durante todo el año, mientras que una más elíptica (es decir, con mayor excentricidad) la situaría más lejos durante seis meses, aproximadamente, y más cerca durante otros seis. Las lentas variaciones en la excentricidad, de ser casi circular a dibujar una elipse, tienen lugar en escalas de tiempo de entre 100.000 y 413.000 años. La oblicuidad, es decir, el ángulo de inclinación de la Tierra con respecto a su eje, determina la fuerza del cambio estacional en el planeta; en realidad, esa es la razón por la cual tenemos estaciones. Nuestro ángulo actual, 23,5°, se encuentra en la media de la escala de valores (entre ~ 22° y 24,5°) observada en este ciclo de cuarenta y un mil años. Cuanto mayor sea la inclinación, mayores serán las diferencias entre la estación invernal y la estival. Por último, el «bamboleo» del eje de la Tierra, parecido al de una peonza, junto con los cambios en la órbita heliocéntrica dan paso a variaciones climáticas aproximadamente cada veintidós mil años. La precesión de los equinoccios, así se llama, cambia la estación en la que se encuentra la Tierra durante su mayor proximidad al Sol, su perihelio. En la actualidad, el hemisferio norte vive el invierno durante el perihelio, pero hace once mil años esa estación correspondía al verano.

Hace unos 2.700.000 años que estos tres ciclos interactuaron para dirigir nuestros periodos glaciales e interglaciales. Milankovitch propuso que la cantidad de radiación solar recibida, o insolación, durante la estación estival en elevadas latitudes del hemisferio norte inició el avance y retroceso de grandes capas de hielo. En este escenario, una insolación estival mínima permitiría que las capas de hielo llegasen al invierno y, con el tiempo, estas crecerían. Una configuración orbital que llevase a veranos más frescos (oblicuidad mínima), con la estación estival desarrollada mientras la Tierra se encuentra más alejada del Sol y reforzada con una órbita más elíptica (mayor excentricidad), produciría las condiciones ideales para el crecimiento de las capas de hielo. Y, al contrario, una insolación estival máxima daría paso a la fusión del hielo y la transición a un periodo interglacial.

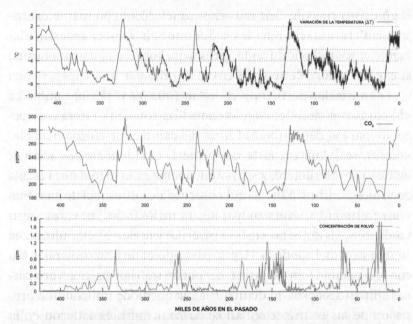

1.1. Gráfica del CO_2 (superior), temperatura (medio) y concentración de polvo (inferior) medidos en la muestra de hielo extraída en Vostok, Antártida, según el informe de Petit *et al.*, 1999. Se cree que los periodos secos y fríos causan un nivel más elevado de la concentración de polvo. *Fuente*: Oficina Nacional de Administración Oceánica y Atmosférica (NOAA, según sus siglas en inglés). Gráfica disponible en línea: https://upload. wikimedia.org/wikipedia/commons/b/b8/Vostok_Petit_data.svg.

La teoría de Milankovitch obtuvo su primer refrendo en la década de los setenta gracias a conchas de plancton enterradas en sedimentos oceánicos. Los isótopos de oxígeno del carbonato de calcio presente en estas conchas proporcionaron un registro de la temperatura oceánica en el pasado y el volumen global de hielo. Descubrieron que las variaciones en el registro de isótopos eran coherentes con las glaciaciones propuestas por la teoría de Milankovitch;[8] desde entonces, numerosos estudios basados en diversas muestras geológicas han confirmado el descubrimiento. Estos registros revelan que el ciclo de oblicuidad de cuarenta y un mil años dominó las variaciones climáticas entre hace 2.700.000 y 900.000 años. Desde entonces, los periodos interglaciales han seguido un ciclo de cien mil años caracterizado por cambios más bruscos entre las fases frías y cálidas que en la época anterior a los novecientos mil años. La glaciación, que tomaba agua para formar hielo, disminuyó el nivel del mar.

Las variaciones en el nivel del mar causadas por el cambio en el volumen global de hielo alteraron las rutas migratorias disponibles para el *Homo erectus*. Mucho antes de que el *Homo sapiens* colonizase la mayor parte del planeta, el *Homo erectus* salió de África y pobló lugares esparcidos por buena parte de la Eurasia meridional. El primer descubrimiento de un esqueleto perteneciente a un *Homo erectus* tuvo lugar en 1890 y no fue en un lugar cercano a África, sino en las Indias Orientales Neerlandesas, en lo que hoy es Indonesia. Un médico y anatomista holandés llamado Eugène Dubois, inspirado por el trabajo del científico alemán Ernst Haeckel, se dedicó a la búsqueda de un fósil que ocupase el vacío entre los humanos anatómicamente modernos y los simios. En 1890 descubrió un fragmento de mandíbula, y una excavación realizada en 1891 sacó a la luz una bóveda craneal. El espécimen recibió el nombre del lugar donde fue descubierto: hombre de Java. El *Homo erectus* llegó a China e Indonesia hace ya 1.600.000 años: los individuos encontrados en la primera recibieron el nombre de hombre de Pekín. En 1950, Ernst Mayr, un eminente biólogo evolutivo, identificó al hombre de Java y al hombre de Pekín como *Homo erectus*. Los restos más antiguos de *Homo erectus* se descubrieron más tarde, en África oriental.

La escasez de pruebas fósiles en buena parte del mundo dificulta el proceso de reconstrucción de las fases de dispersión. Es muy probable que el *Homo erectus* siguiese rutas cercanas a la costa, o a lo largo de ella, hasta dispersarse por amplias zonas de Eurasia. Periodos de cambios repentinos en el nivel del mar pudieron crear rupturas en la línea litoral que impidiesen o ralentizasen los viajes de larga distancia a lo largo de la costa. No obstante, un nivel del mar más bajo podía crear o expandir pasos terrestres. Tales pasos hubiesen ayudado al *Homo erectus* a llegar a ciertas zonas de Indonesia. Así, el *Homo erectus* pudo haber viajado a lo largo de tierras emergidas, más tarde conocidas como Sondalandia, para llegar a territorios indonesios como la actual isla de Java. Hoy, la región de la placa de la Sonda es un área sumergida de la plataforma continental asiática que se encuentra a menos de cien metros bajo la superficie oceánica, y en muchas ocasiones incluso a menos profundidad.

En la región euroasiática, el avance de las capas de hielo redujo la superficie de buena parte de las regiones habitables disponibles. El *Homo erectus* sobrevivió a varios ciclos glaciales, pero quizá en zonas o refugios restringidos. La restricción de la población pudo haber llevado al aislamiento, y este a diferentes ramas evolutivas, pero también a la extinción.

A partir del *Homo erectus* evolucionaron varias especies humanas. Entre ellas se encuentra la nuestra, el *Homo sapiens*, junto con el *Homo heidelbergensis*, el *Homo neanderthalensis* (los neandertales), un linaje llamado «denisovano» y el *Homo floresiensis*, una especie probablemente evolucionada a partir del *Homo erectus*. El *Homo heidelbergensis* se remonta a unos setecientos mil años. Y los neandertales, encontrados sobre todo en Europa, a unos doscientos o trescientos mil años. Los denisovanos se identificaron en 2010 a partir de las pruebas genéticas realizadas a unos huesos hallados en una caverna siberiana; está abierto a debate hasta qué punto diferían estos denisovanos de los *Homo heidelbergensis*. Los pequeños esqueletos descubiertos en la isla de Flores, Indonesia, nos proporcionaron pruebas de la existencia de otro linaje humano. Estos fósiles pertenecen a una especie diferente, el *Homo floresiensis*, conocida popularmente como *hobbit*.

Los periodos glaciales supusieron importantes desafíos para las poblaciones humanas, sobre todo para las situadas en las zonas habitables del norte, pero también se desarrolló una mayor resistencia ante las variaciones climáticas durante el Pleistoceno. Los humanos comenzaron a emplear el fuego. Las primeras pruebas de uso del fuego se remontan a hace ochocientos mil años, o quizás un millón; en cualquier caso, su empleo ya era habitual entre los humanos hace cuatrocientos mil años. La supervivencia en las regiones más frías de Europa indican que el *Homo heidelbergensis* utilizaba algún tipo de ropa, aunque no han llegado a nosotros pruebas directas pertenecientes a ese periodo. También elaboraron puntas de lanza más afiladas. Una mayor capacidad tecnológica y habilidad para manufacturar materiales es lo que podríamos llamar «cultura», y la aparición de una cultura permitió a los humanos el aprovechamiento de recursos en regiones que otrora se encontraban más allá de los límites de supervivencia de sus ancestros. No obstante, las variaciones hacia un clima más frío y seco pudieron haber desplazado hacia el sur la región habitable septentrional y, probablemente, dispersado a las poblaciones humanas.

EL CAMBIO CLIMÁTICO Y EL *HOMO SAPIENS*

Mientras, hace doscientos o trescientos mil años, el *Homo sapiens* nacía en África. Los científicos llevan mucho tiempo debatiendo cuál fue su lugar de origen. Un modelo propuso varios lugares de origen situados en Eurasia pero, en la actualidad, los indicios a favor de nuestra procedencia africana son abrumadores, tanto por las pruebas físicas halladas en los fósiles descubiertos y los yacimientos arqueológicos como por los resultados de los análisis genéticos. Hay más variedad genética en las poblaciones africanas contemporáneas que entre la población de cualquier otra parte del mundo. Este patrón de variación es una sólida prueba del origen africano: la diversidad genética se lleva acumulando en África durante más de doscientos mil años, pero los no africanos descienden de grupos que abandonaron el continente hace solo sesenta mil. Con el transcurrir del tiempo, solo en África el *Homo erectus* dio paso a los primitivos linajes de *Homo sapiens*.

Es posible que la pregunta más difícil de responder trate sobre la prehistoria del *Homo sapiens* y de cómo y por qué desarrolló un comportamiento moderno, característica patente en artefactos y manifestaciones artísticas más complejas. El debate acerca de las causas concretas de estos cambios sigue abierto. Según una interpretación, los cambios tuvieron lugar hace unos cien mil años, aunque también existen abundantes pruebas arqueológicas de una explosión de la creatividad humana, tal como demuestran artefactos datados hace cincuenta mil años.

El cambio climático afectó a las condiciones que los humanos debieron afrontar durante la extensa prehistoria de los *Homo sapiens* y su salida de África. Los ciclos de Milankovitch continuaron interactuando para crear periodos glaciales e interglaciales. También hubo breves periodos de estabilidad en épocas glaciales. A menudo aparecen en los estadios isotópicos marinos (MIS, según sus siglas en inglés) basados en las variaciones en los valores de los isótopos de oxígeno encontrados en las conchas de microorganismos marinos (foraminíferos), y nos proporcionan un marco cronológico para concretar la discusión de las variaciones climáticas ocurridas a lo largo de los últimos millones de años. Durante el periodo interglacial cuya máxima tuvo lugar hace 124.000 o 119.000 años, MIS 5e, unas condiciones más cálidas aumentaron el nivel del mar. Las máximas marcas de agua correspondientes al nivel del mar ocurrieron hace 124.000, 105.000 y 82.000 años. Hubo una variación climática general durante los subestadios del periodo comprendido entre hace 130.000 y 80.000 años, llamado MIS 5, pero el clima se enfrió durante el MIS 4, hace setenta y cuatro mil años.

A lo largo de esta secuencia de periodos glaciales e interglaciales el *Homo sapiens* también experimentó y sobrevivió a varias etapas de repentinas variaciones climáticas. En ellas se daban abruptas temporadas cálidas seguidas por enfriamientos graduales, llamados «ciclos Dansgaard-Oeschger» (o ciclos D-O), y episodios de enfriamiento acelerado conocidos como «eventos Heinrich». Estas rápidas oscilaciones del clima expusieron a los humanos a un abrupto calentamiento, en menos de una década, seguido por un periodo frío de, aproximadamente, un milenio. Las etapas cálidas que salpicaban el gélido clima habitual duraban entre doscientos y cuatrocientos años, hasta que poco a poco daban de nuevo paso al frío. El desplazamiento de derrubios arrastrados por el hielo durante algunos de estos periodos más fríos, los eventos de Heinrich, los encontramos en las muestras de sedimentos correspondientes a periodos de entre siete y doce mil años. Por tanto, el *Homo sapiens* y demás especies humanas existentes sufrieron importantes oscilaciones climáticas que, probablemente, superaron a cualquiera de las vividas durante el Holoceno, la época actual, que comenzó una vez concluido el UMG.

Las alteraciones en las corrientes marinas profundas ayudan a explicar cierta cantidad de cambios repentinos acontecidos en la historia climática de la Tierra, entre ellos los eventos de Heinrich y los ciclos D-O. En la actualidad, la masa de agua profunda se forma en las regiones polares del océano Atlántico, donde es muy fría y cuya alta salinidad aumenta aún más debido a la formación de banquisas. Esta circunstancia incrementa la densidad del agua, haciendo que se hunda hasta el fondo marino y fluya a lo largo de las profundidades oceánicas. Con el tiempo, el agua profunda regresa a la superficie siguiendo un ciclo que tarda unos mil o mil quinientos años en completar. Los pulsos de agua dulce en las regiones donde se crea el agua profunda pueden interrumpir este proceso, dando como resultado la ralentización de las corrientes marinas abisales. Esto llevará a un enfriamiento de la región del Atlántico Norte, como el observado durante los eventos de Heinrich.

En una escala de tiempo menor, las grandes erupciones volcánicas pueden causar variaciones climáticas relativamente breves y abruptas. Estas grandes erupciones reducen temporalmente las temperaturas; el grado de enfriamiento depende del tipo y ubicación del fenómeno. Por citar un ejemplo reciente, las temperaturas globales bajaron hasta 0,4 °C tras la erupción del monte Pinatubo, Filipinas, en 1991. Las temperaturas disminuyeron unos cuantos grados Celsius, al menos en algunas regiones, tras la erupción del Tambora en 1815. Si tomamos como ejemplo estos eventos recientes, las temperaturas podrían haber experimentado una importante disminución tras la erupción, mucho mayor, del supervolcán Toba, ocurrida hace setenta y cuatro mil años, que lanzó una ingente cantidad de cenizas a la atmósfera. Es probable que la erupción llamada «Ignimbrita Campania», hace cuarenta mil años, provocase un enfriamiento y sucediese próxima al evento de Heinrich 4, contribuyendo a potenciar así sus efectos.

Entre todas estas variaciones, parece que los cambios en las precipitaciones tropicales surtieron gran efecto en la diáspora del *Homo sapiens*. En el norte de África y Oriente Medio, el ciclo de precesión llevó a una fluctuación climática manifestada en la sucesión de periodos secos y húmedos cada veintidós mil años. Este patrón, descrito como la «explosión» del Pleistoceno, aumentó los hábitats adecuados para la dispersión humana y creó senderos por donde transitar entre los continentes.[9] Durante los periodos más húmedos, los cazadores-recolectores migraron hacia el norte. Estos periodos de mayor humedad en el norte de África han recibido el nombre de Sahara Verde.

En la actualidad el Sahara es, con gran diferencia, el mayor de los desiertos subtropicales del mundo. Se extiende a lo largo de gran parte del norte de África y conforma una imponente barrera. Los viajeros que se aventuran a cruzarlo deben proceder con precaución y llevar suministros de agua. No obstante, los huesos de animales que ya no habitan la región, así como las imágenes plasmadas en afloramientos rocosos del Sahara, demuestran que la región no siempre fue tan árida.

Igual que los cambios orbitales influyen en el avance y el retroceso de las capas de hielo, tenemos abundantes pruebas de que el ciclo de precesión produce cambios en la fuerza de los monzones relacionados con el Sahara Verde.[10] Una insolación máxima durante el verano subtropical causa unos monzones estivales más fuertes, dando lugar a la aparición del Sahara Verde cada veintidós mil años, más o menos. Entre las pruebas de la existencia de periodos húmedos se encuentran los niveles de los lagos africanos, los depósitos de lodo en el mar Mediterráneo y los microfósiles enterrados en sedimentos del Atlántico ecuatorial.

Los depósitos de lodo del mar Mediterráneo contienen estratos ricos en materia orgánica, y su presencia indica agua pobre en oxígeno. En la actualidad, el Mediterráneo tiene una circulación ciclónica que lleva el agua rica en oxígeno de la superficie al fondo, aireando así el lecho marino. A veces el flujo fluvial es más elevado de lo habitual, se reduce la circulación ciclónica y llega poco o ningún oxígeno a las profundidades. Durante estos periodos anóxicos, los restos biológicos procedentes del plancton superficial se conservan como lodo rico en materia orgánica. La secuencia de estos sapropeles, como se llama a estos estratos ricos en materia orgánica, proporciona un registro de flujos fluviales elevados resultantes de fuertes precipitaciones monzónicas. Los intervalos entre los sapropeles observados en el Mediterráneo y, por consiguiente, los periodos de Sahara Verde coinciden con el ciclo precesional de veintidós mil años propuesto como determinante en la fuerza de la corriente monzónica.[11]

El análisis de los microfósiles depositados en los sedimentos oceánicos proporciona otra prueba de los periodos de Sahara Verde. En este caso, el microorganismo clave es un tipo concreto de alga de agua dulce presente en sedimentos marinos situados frente a la costa oriental de África correspondientes a intervalos de veintidós mil años. Como especies propias del agua dulce, estas algas tuvieron su origen en el continente y prosperaron en épocas de elevado nivel lacustre. Con el paso del tiempo, estos lagos se secaron y los vientos que barrieron sus antiguos lechos arrastraron los restos de algas hasta el mar. Las algas presentes a intervalos de veintidós mil años, junto con los sapropeles y los resultados de estudios realizados en otras regiones, como depósitos en cuevas de China y Brasil, apuntalan la hipótesis de que la precesión causa cambios a largo plazo en la fuerza de los monzones.

Por consiguiente, los cambios en los parámetros orbitales terrestres han influido en la dispersión humana general, ya fuese moderando la humedad tropical o marcando el ritmo del avance y retirada de las capas de hielo. Repentinas fluctuaciones climáticas pudieron haber ejercido un efecto mayor en regiones concretas. Los modelos muestran una influencia limitada en los ciclos

D-O y la diáspora global del *Homo sapiens*, aunque estos ciclos también pudieron haber influido en la capacidad de los humanos para sobrevivir en Levante.[12] En cuanto al posible efecto del volcán Toba, algunas investigaciones de la materia orgánica muestran alteraciones sorprendentemente pequeñas tras la erupción. Un supervolcán de este tamaño podría haber lanzado cenizas a la atmósfera en cantidad suficiente para cubrir el cielo y provocar una caída de las temperaturas que pudo durar más de un año, causando una repentina reducción de alimentos y la subsecuente hambruna. Pero existe un supuesto diferente, y es que los aerosoles expelidos por el volcán Toba pudieron alcanzar la atmósfera en unas circunstancias bajo las cuales, de alguna manera, se minimizó su efecto refrigerante. Según los últimos hallazgos, Toba bien pudo haber causado un duro invierno volcánico o bien pudo haber tenido un efecto más suave. Un descenso de población puede ser consecuencia de una gran erupción volcánica. Los análisis genéticos indican que el *Homo sapiens* pudo haber pasado por un cuello de botella que lo redujo a unos cuantos miles. No podemos concretar con precisión qué sucesos o factores crearon un cuello de botella tan angosto que la población mundial humana decayese hasta alcanzar una cantidad equivalente al número de habitantes de una pequeña ciudad de nuestro entorno, pero la erupción del volcán Toba es uno de los principales candidatos. Sin embargo, nuestros conocimientos acerca de la dispersión indican que el *Homo sapiens* probablemente no había salido de África cuando tuvo lugar la erupción.

El *Homo sapiens* salió de África, como el *Homo erectus*, y es probable que en más de una ocasión. El periódico avance y retroceso de sabanas y zonas boscosas abrió corredores favorables para la dispersión del *Homo sapiens*. Lo cierto es que el *Homo sapiens* llegó a Próximo Oriente para después retirarse o extinguirse antes de iniciar otro periodo de diáspora. Estas primeras dispersiones han contribuido muy poco al material genético de las poblaciones no africanas modernas.[13] La población no africana de la actualidad desciende casi en su totalidad de grupos de *Homo sapiens* que abandonaron África hace ochenta o cincuenta mil años. Estos se dispersaron a lo largo de la costa meridional asiática, y pudieron haber tenido una dispersión más lenta en Europa.

Incluso con un nivel del mar bajo, el *Homo sapiens* tuvo que hacerse a la mar para alcanzar la isla de Célebes, en la actual Indonesia, cerca de Australia. Un nivel marino más bajo pudo haber reducido la distancia entre el continente asiático y sus islas pero, aun así, hubieron de realizar travesías a bordo de alguna clase de artefacto náutico y salvar más de veinte millas, e incluso sesenta, para alcanzar Sahul, un continente formado por las actuales Australia y Nueva Guinea. Los humanos anatómicamente modernos llegaron a Australia hace unos cincuenta mil años o más: recientes excavaciones realizadas en un refugio rocoso muestran indicios de presencia humana hace sesenta y cinco mil años.[14] Los análisis genéticos confirman que los aborígenes del continente descienden de un único grupo que tras su llegada se dispersó a lo largo y ancho de Australia. Largos periodos de sequía acaecidos hace unos cuarenta mil años redujeron la densidad de la población de cazadores-recolectores existente en los alrededores del lago Mungo.[15] La extinción de la megafauna tuvo lugar tras la llegada de los humanos, aunque una fecha anterior de presencia humana continua indicaría un periodo de convivencia más extenso. La megafauna desapareció de los alrededores del lago Mungo hace aproximadamente cuarenta y seis mil años, y el resto de la megafauna australiana se extinguió hace unos cuarenta y cinco mil. Además de la caza, los humanos crearon nuevos puntos de presión para la megafauna al alterar el paisaje con incendios.[16]

También fue necesario realizar una corta travesía para alcanzar Japón. El *Homo sapiens* holló Japón por primera vez hace treinta y ocho o treinta y cinco mil años, y allí cazó especies hoy extintas, como el elefante de Naumann.[17] Explicar la causa de su extinción depende en gran medida de la datación de la megafauna más reciente. Así, las fechas más antiguas, poco después de la llegada de los seres humanos a Japón, señalarían a la caza como factor clave en la desaparición de la megafauna pero fechas posteriores, correspondientes al UMG, apuntarían al cambio climático como factor determinante.[18]

NEANDERTALES Y *HOMO SAPIENS*

Las variaciones climáticas afectaron a todas las poblaciones humanas, incluyendo la neandertal. La extinción del hombre de Neandertal es, con gran diferencia, la mejor documentada de todas las extinciones de linajes humanos, aparte del *Homo sapiens*, al tiempo que representa un enigma. Los neandertales vivieron en Europa y Asia occidental antes de la llegada de los humanos anatómicamente modernos, y coexistieron con nosotros durante, al menos, unos cuantos milenios. Los neandertales eran individuos más bajos y corpulentos que los *Homo sapiens* y poseían extremidades más cortas. Sus grandes cerebros tenían la misma talla que los del *Homo sapiens* del Pleistoceno. Elaboraban y empleaban herramientas sofisticadas, dominaban el fuego y enterraban a sus muertos, aunque al final el *Homo sapiens* lograse desarrollar un conjunto de utensilios más complejos. ¿Entonces, por qué se extinguió el hombre de Neandertal? ¿Esta extinción fue resultado de la competencia con el *Homo sapiens*, un cambio climático, problemas sistémicos propios de su linaje o acaso alguna combinación de estos factores?

Tanto los neandertales como el *Homo sapiens* habían sobrevivido a glaciaciones anteriores. El *Homo sapiens* vivió en África durante la penúltima era glacial, hace unos ciento treinta mil años, antes de que tuviese lugar la última, hace unos veinte mil. Por ejemplo, unas condiciones climáticas frescas entre hace ciento noventa y ciento treinta mil años pudieron haber creado un cuello de botella en la pequeña población de *Homo sapiens* y empujar a los humanos a las regiones costeras del África meridional. Por su parte, los neandertales también habían sobrevivido a la penúltima glaciación. De hecho, sus cortas extremidades indican que estaban mejor adaptados que el *Homo sapiens* para soportar condiciones frías, aunque esta solo hubiese sido una pequeña ventaja. Tanto los *Homo sapiens* como los neandertales habrían necesitado ropas de abrigo para desplazarse y prosperar en regiones frías situadas en el límite de su entorno durante la era glacial; también es probable que la glaciación obligase a las poblaciones neandertales a desplazarse al sur y eso originase la pérdida de linajes.

La pequeña población neandertal situó a las demás especies en una posición cada vez más precaria. Los humanos poseen menos variedad genética que otros mamíferos, lo cual los hace más vulnerables a cambios en su entorno. Por ejemplo, el *Homo sapiens* moderno tiene una variación genética bastante menor que la hallada entre los chimpancés. Los análisis del ADN neandertal indican una diversidad genética aún menor que la del *Homo sapiens*. Como su población total era escasa y estaba organizada en grupos aislados, un pequeño cambio en la tasa de mortalidad pudo haber causado que los neandertales se deslizasen irremisiblemente hacia la extinción.

La competición con el *Homo sapiens* también pudo haber supuesto un desafío para los neandertales. No sabemos, y puede que nunca lo sepamos, cómo interactuaron *sapiens* y neandertales, pero los humanos anatómicamente modernos compitieron con los neandertales por los recursos en cuanto llegaron a Próximo Oriente y Europa. No podemos dar por sentado que el *Homo sapiens* siempre saliese victorioso en tales competiciones, pero es probable que su densidad de población fuese superior a la de los neandertales.[19] La reducción de suministros alimenticios habría llevado a los neandertales al límite. Según la versión más extrema de este escenario, la competición habría desembocado en un enfrentamiento violento, aunque no poseemos pruebas de tal violencia o «actos bélicos». El simple hecho de dominar las fuentes alimenticias habría producido más o menos el mismo resultado entre la escasa población neandertal.

El *Homo sapiens* y los neandertales se mezclaron, aunque de manera muy esporádica. Nuevos logros en el aislamiento y análisis de ADN neandertal muestran que los euroasiáticos (los grupos que abandonaron África) comparten entre un 2 y un 3 % de su genoma con los neandertales. Lo más probable es que esta mezcla tuviese lugar hace cincuenta o sesenta mil años, como indica el análisis del ADN de un fémur de *Homo sapiens* masculino que vivió hace cuarenta y cinco mil años en la Siberia occidental. Este individuo poseía el mismo porcentaje de genoma neandertal que las poblaciones euroasiáticas modernas, aunque su ADN está menos fragmentado que el de los individuos actuales. Los análisis genéticos revelan dos series de genes neandertales en asiáticos y europeos, y un tercero en los modernos asiáticos, lo cual indica que pudo haber más de una serie de cruces.[20] De modo similar, el *Homo sapiens* también se cruzó con los denisovanos... Las poblaciones humanas de Melanesia comparten entre un 3 y un 5 % de su genoma con los denisovanos.

El debate acerca de la datación de los últimos restos neandertales ha obligado al replanteamiento de las condiciones existentes en el momento de su extinción. Tradicionalmente, los huesos neandertales más recientes hallados en yacimientos europeos se habían datado con el método del radiocarbono, pero la cantidad de carbono 14 que permanece en los restos óseos de hace treinta o cuarenta mil años es tan pequeña que incluso la más mínima contaminación ambiental puede invalidar con facilidad el cálculo de las fechas. Una nueva técnica desarrollada a partir de la ultrafiltración de colágeno, el principal componente óseo, ha logrado desechar las pequeñas cantidades de carbono moderno y el resultado ha sido un retroceso en las dataciones de los yacimientos de buena parte de Europa. Así, los treinta y cinco mil años de antigüedad que se atribuían a los huesos de neandertales hallados en yacimientos españoles resultaron ser cincuenta mil, según las nuevas técnicas empleadas. El ajuste de fechas relativas a esos últimos neandertales ha cambiado el escenario de su extinción en, al menos, dos aspectos muy importantes. El primero es que los neandertales desaparecieron bastante antes del UMG, es decir, no fueron víctimas directas de la última «Edad de Hielo». El segundo es que el periodo durante el cual *Homo sapiens* y neandertales convivieron ocupando las mismas áreas fue más breve que el hasta ahora considerado.

Incluso si no hubiese una fluctuación climática a la que achacar la causa principal de la extinción de una de las especies supervivientes a una época glacial previa, el cambio climático multiplicó los desafíos que una pequeña población hubo de afrontar ante la competencia del *Homo sapiens*. Antes del UMG, el avance de las capas de hielo en Europa redujo el espacio disponible tanto para la ya asentada población neandertal como para los recién llegados *Homo sapiens*. Hace unos sesenta mil años, una capa helada cubría la mayor parte de las islas británicas, además de Escandinavia, el mar Báltico y zonas septentrionales de la Europa central. Las fluctuaciones entre periodos cálidos y fríos, acaecidas hace unos cuarenta o cincuenta mil años, expandieron o contrajeron alternativamente la superficie de territorio disponible. Los neandertales, como otras especies, habrían sobrevivido en refugios glaciales o cavernas durante el avance de los hielos, cuyos efectos habrían sido más dañinos para su escasa población que para el conjunto de los *Homo sapiens*. El enfriamiento ocurrido hace unos cuarenta mil años, simultáneo a un evento de Heinrich y la erupción Ignimbrita Campania, habría supuesto una mayor amenaza para cualquier población neandertal existente (si es que había alguna) que para los *Homo sapiens*. Tras la extinción de los neandertales, los *Homo sapiens* quedaron como único linaje humano superviviente, con la excepción de un grupo aislado de posibles descendientes de *Homo erectus* en la isla de Flores que se extinguiría hace unos diecisiete mil años.

LA ÚLTIMA GLACIACIÓN Y EL *HOMO SAPIENS*

Hace treinta y tres mil años, el *Homo sapiens* sufrió la pronunciada tendencia al enfriamiento que llevó al Último Máximo Glacial. Esta glaciación puso de manifiesto tanto la dependencia humana del clima como su capacidad de adaptación al mismo. El enfriamiento y la glaciación convirtieron algunas regiones en áreas inhabitables para los humanos. Las poblaciones desaparecieron de zonas donde se habían asentado, como Gran Bretaña, hace unos veinticinco mil años. En Extremo Oriente, los humanos sobrevivieron en regiones chinas situadas por debajo de los 41º de latitud, aunque algunas bandas de cazadores-recolectores pudieron entrar y salir del territorio al norte de este paralelo.[21]

El avance del hielo hizo que también se desplazasen los biomas de plantas y animales. La Tundra, en la actualidad situada en el Ártico, se retiró al sur durante el UMG, constriñendo áreas con abundante vegetación y humedad. En África, el Sahara era más grande durante el UMG que la vasta región desértica de la actualidad; sus límites se extendían unos cuatrocientos kilómetros más al sur.

El UMG provocó el abandono de algunas regiones pero, a pesar de todo, los humanos se las arreglaron para obtener recursos en áreas donde la tendencia al frío había alterado sustancialmente el componente animal y vegetal. La tundra no se encontraba totalmente vacía de presencia humana, y hubo gente que sobrevivió en las estepas. Por ejemplo, el *Homo sapiens* continuó habitando Siberia incluso durante el UMG. Excepto en el noroeste, Siberia tuvo pocos glaciares. El desierto polar prevaleció en buena parte del área al norte del cinturón de tundras y estepas. El clima era duro: más árido y frío, sobre todo en invierno, que en ninguna época histórica. Sobrevivir en esta región durante la glaciación tuvo que requerir un gran empleo de combustible y ropa de abrigo. Los humanos de la zona se proveían de recursos mediante la caza de renos, bisontes, caballos y ovejas. También se han hallado huesos de animales hoy extintos, como el rinoceronte lanudo y el mamut, en yacimientos humanos del Paleolítico Superior correspondientes al UMG. Estos huesos no siempre implican una actividad cazadora: en realidad los humanos pudieron recoger huesos de mamut para emplearlos como combustible.[22] Los yacimientos del Paleolítico Superior descubiertos en Alemania y Suiza también indican una presencia humana permanente en zonas sorprendentemente próximas a las capas de hielo.

A lo largo de miles de años, la vida en los gélidos climas septentrionales favoreció a unos pequeños, pero evidentes, rasgos físicos concretos. No podemos demostrar ni descartar la posibilidad de que los *Homo sapiens* pudiesen haber establecido sus propias preferencias respecto a sus compañeros, pero las diferencias en el somatotipo, tono de piel y color de ojos que más tarde los humanos categorizarían como razas apuntan a una influencia climática. Por ejemplo, una piel más pálida podía ayudar a generar vitamina D en latitudes elevadas.

Con su habilidad para sobrevivir en distintas regiones, desde las sabanas africanas hasta las gélidas regiones próximas a las capas de hielo glacial, el *Homo sapiens* demostró poseer una asombrosa capacidad de reacción frente al clima. Ningún humano residente en una comunidad situada por encima del círculo ártico podía, sencillamente, aventurarse a salir en invierno sin protección, no importa durante cuántas generaciones sus ancestros hubiesen vivido en condiciones similares. El *Homo sapiens* construía refugios seguros y elaboraba ropa cálida. Las pruebas de las importantes innovaciones en la ropa son indirectas: no ha llegado a nosotros ninguna prenda de vestir de más de treinta y cuatro mil años de antigüedad. En vez de eso, disponemos de indicios indirectos de la confección de ropa mediante el empleo de utensilios: hojas afiladas, punzones para hacer agujeros y agujas con ojos empleadas para coser las diferentes piezas.

Podemos obtener indicios de cómo se habría vestido el *Homo sapiens* durante las gélidas condiciones del UMG a partir de un ejemplo muy posterior, el de un individuo del Neolítico que murió en el Tirol, en los Alpes meridionales, hace unos 5300 años. El hielo cubrió el cadáver, momificándolo y conservándolo intacto hasta que unos alpinistas lo encontraron en 1991. Vestía un abrigo y unas calzas de cuero, un gorro de piel de oso y zapatos hechos de piel de oso y ciervo forrados con un aislante de hierba. El *Homo sapiens* del UMG, un periodo mucho más antiguo, no habría usado el mismo tipo de ropa (aún no se habían domesticado las cabras), pero el atuendo de este «hombre de los hielos» nos indica cómo los primeros humanos pudieron haberse vestido para afrontar un clima severo.

El cambio climático acaecido durante el UMG ayudó e impidió la dispersión humana. Las capas de hielo tomaron tanta agua que el nivel del mar llegó a descender ciento cuarenta metros, creándose así grandes pasos terrestres. El estrecho de Bering, que en la actualidad separa los continentes de Asia y Norteamérica, en concreto Rusia de Estados Unidos, era un gran puente de tierra firme durante el UMG; en la actualidad este puente se conoce como Beringia. Al mismo tiempo, las capas de hielo y el frío extremo también ralentizaron el movimiento, sobre todo frente al relativamente rápido ritmo migratorio de hace cuarenta o cincuenta mil años. Los pasos se estrecharon al concluir el UMG, aunque el puente de Beringia continuó siendo transitable hasta hace unos diez mil años.

A medida que se retiraban las capas de hielo, los humanos colonizaron las áreas abandonadas durante la época glacial y se desplazaron a regiones nuevas. Se dispersaron por el norte de Europa y regresaron a Gran Bretaña hace dieciséis mil años, como indican los huesos de animales despiezados para obtener carne. El *Homo sapiens* se trasladó al norte de sus refugios glaciales próximos al Mediterráneo, internándose en Europa; también se desplazaron desde algunas zonas de Próximo Oriente.[23] La contribución relativa de los habitantes de estas áreas a las modernas poblaciones europeas está sujeta a investigaciones y análisis genéticos.

En Asia, las poblaciones del sudeste asiático y las regiones adyacentes del sur de China se desplazaron al norte hacia el Extremo Oriente hace unos diecinueve mil años. En la región siberiana de Transbaikalia, la población humana desapareció hace unos 24.800 o 22.800 años.[24] El fin del máximo glacial trajo consigo señales de cambios culturales en China, Corea y Japón con el empleo de una nueva tecnología: las microhojas. Estas pequeñas hojas, muy afiladas y elaboradas a partir de materiales como el cuarzo o la obsidiana, se podían sujetar en varas de madera para hacer lanzas.[25] Este cambio tecnológico pudo haber afectado a las oleadas migratorias dirigidas hacia el norte y el este.

Al final del UMG, la gente también se dispersó por el nordeste asiático, hacia las Américas. La investigación acerca de en qué época los humanos se desplazaron a través del estrecho de Bering ha dado lugar a varios escenarios posibles. Las pruebas arqueológicas y genéticas indican diversos pulsos migratorios y no un sencillo proceso continuo. Los humanos ya habían llegado a Japón hace unos treinta y siete o treinta y ocho mil años y al nordeste de Siberia hace unos treinta o treinta y un mil. Se han descubierto asombrosos artefactos humanos correspondientes a esta época en el río Yana, en Siberia, al norte del círculo ártico. Los hallazgos del río Yana muestran que los humanos elaboraban astas de lanzas con cuerno de rinoceronte y colmillos de mamut. El marfil recuperado en el yacimiento muestra marcas de líneas y puntos. Es posible que las personas que llegasen a ese lugar se desplazasen más al este, hasta Beringia, y continuasen progresando durante el UMG a lo largo de las zonas costeras libres de hielo. Beringia era un lugar gélido, pero buena parte carecía de hielo durante el UMG. Dado este escenario, se produjo una pausa en la colonización humana de las Américas.

Un escenario alternativo presentaría a la gente atravesando Beringia e internándose directamente hacia el sur y el este de las Américas hace unos quince mil años, cuando se fundieron las capas de hielo. Otro modelo propone una pausa de menor duración en las migraciones a través de Beringia hace unos dieciocho mil años.[26] La elevación del nivel del mar durante este periodo complica la tarea de elegir entre una u otra teoría acerca del posible patrón migratorio humano a las Américas. Los yacimientos arqueológicos que podrían ayudarnos a distinguir las diferentes circunstancias del desplazamiento humano a través del puente de Beringia se encuentran en la actualidad sumergidos bajo la superficie oceánica.

Las poblaciones humanas ya habituadas a la vida costera se dispersaron rápidamente hacia el sur siguiendo la línea litoral. Hace catorce mil años, los humanos ya se habían asentado en un lugar tan al sur como Monte Verde, en Chile, aunque quizá existan pruebas de una presencia humana anterior en este y otros lugares; de ser confirmadas, adelantarían aún más la fecha de llegada del *Homo sapiens*. Este asentamiento de Monte Verde se encontró en una turbera. Sus pobladores vivían en chozas. Los restos animales hallados en el lugar indican que consumían mariscos además de mamíferos extintos en la actualidad, como los gonfotéridos, una especie emparentada con el elefante. También consumían vegetales y frutos secos. Los residentes de la zona recogían algas y plantas de un océano que, en la actualidad, se encuentra mucho más próximo a Monte Verde.

Las mismas variaciones climáticas que supusieron un desafío para el *Homo sapiens* también afectaron a muchas plantas y animales. Algunos sobrevivieron en refugios glaciales, donde poblaciones menores crearon el potencial de variaciones evolutivas. Otros murieron, ya fuese por la pérdida de su hábitat debido al cambio climático, la depredación humana o una combinación de estos y otros factores.

El hecho de que los humanos cazasen animales grandes que ya no existen plantea preguntas acerca de la posible función desempeñada en la muerte y extinción de la megafauna, o el conjunto de grandes animales. En todos los continentes han desaparecido especies de gran tamaño que existieron hasta hace relativamente poco tiempo: el megalocero (un gamo de gran alzada) y el mamut lanudo y, en Australia, marsupiales grandes como el león marsupial, además de otros especímenes. Ya no hay gonfotéridos en las Américas. Existe un patrón general: tanto Norteamérica como Sudamérica perdieron la mayoría de sus grandes mamíferos hace unos diez o doce mil años. El hecho de que la megafauna sobreviviese a los periodos interglaciales previos indica que los cazadores humanos supusieron un factor decisivo en la extinción de estas grandes presas. No obstante, el cambio climático tras el UMG también pudo haber reducido la diversidad vegetal en algunas regiones, causando una drástica mengua de la disponibilidad de forbias, un grupo de especies vegetales ricos en proteínas e importante fuente de alimentación para la megafauna.

RESUMEN

Comparados con los miles de años de civilización humana, los varios millones transcurridos durante la evolución de nuestros ancestros homínidos y esos cientos de miles que tardó el *Homo sapiens* en irrumpir suponen un periodo relativamente extenso. La información disponible acerca de esta larga era revela que nuestros ancestros y los primeros humanos dependían en gran medida de las condiciones climáticas, pero también que eran capaces de soportar sus variaciones. El cambio climático influyó, y en algunos periodos ayudó, en la creación de puntos de presión en el proceso evolutivo que llevó al surgimiento de los humanos. El enfriamiento y la aridez que redujo la superficie selvática africana supusieron una ventaja para los individuos capaces de consumir una amplia variedad de alimentos en zonas boscosas más abiertas. A su vez, la vida cerca de las sabanas concedió ventajas para aquellos capaces de recorrer grandes distancias en busca de presas y los mejor capacitados para comunicarse y trabajar en equipo. El enfriamiento de los hábitats africanos fue un factor importante que contribuyó a la aparición del australopiteco y la posterior emergencia del *Homo erectus*.

El patrón de oscilaciones glaciales e interglaciales afectó al *Homo erectus* y a las especies de él derivadas, entre ellas el *Homo sapiens* y nuestros parientes humanos más cercanos. La glaciación absorbió masas de agua, creándose así pasos terrestres que permitieron la dispersión fuera de África, aunque también redujo la superficie de los territorios donde podían prosperar los humanos.

Aunque dependientes del clima, los humanos demostraron tener una considerable resistencia a sus cambios, incluso a los repentinos. Las fluctuaciones climáticas entre los periodos glaciales e interglaciales produjeron unas variaciones en las temperaturas y el nivel del mar mucho mayores que los cambios acaecidos durante el periodo, mucho menor, correspondiente a la civilización. Los humanos también sobrevivieron a varios periodos de repentinas fluctuaciones climáticas, posiblemente tras las erupciones de grandes supervolcanes, además de los eventos de Heinrich. Incluso durante el UMG, ciertas poblaciones humanas se las arreglaron para aprovechar recursos en regiones septentrionales cuya proximidad a las capas de hielo impedía una colonización permanente. Por tanto, somos producto de una evolución guiada, al menos en gran parte, por el cambio climático, aunque nuestros ancestros existieron durante un abanico de regímenes climáticos mucho más amplio del que los humanos hayamos experimentado durante nuestro pasado reciente. Ellos, omnívoros consumidores de carne, se parecían a otros carnívoros por su habilidad para alterar los territorios de caza y concentrarse en nuevas presas; quizá el aprovechamiento de muchos alimentos los hiciese más resistentes que sus competidores.

No obstante, existieron diferencias cruciales entre los humanos anatómicamente modernos que sobrevivieron a estas grandes variaciones climáticas y nosotros. Ellos vivieron en condiciones sociales profundamente diferentes a las nuestras. Su población total era minúscula comparada con la nuestra y, al parecer, pasaron por cuellos de botella en los que fallecieron miles de individuos y llegaron a suponer un serio peligro para la supervivencia de la especie. La menguante población neandertal desapareció. Un descenso demográfico demasiado pronunciado podría llevar a la extinción, aunque pequeñas poblaciones sin grandes asentamientos permanentes también disfrutaban de ciertas ventajas. La población total de *Homo sapiens* requería muchos menos alimentos y energía que la nuestra. Incluso así, los periodos fríos causaron la desaparición de linajes humanos y muchas poblaciones se extinguieron.

2. EL NACIMIENTO DE LA AGRICULTURA

TRAS LA ÚLTIMA GLACIACIÓN

La vida en un mundo cada vez más cálido produjo muchas alteraciones en la vida de los humanos. Experimentaron cambios en la variedad de vegetal y animales. El calentamiento fundió glaciares y liberó masas de agua. Las líneas costeras cambiaron, los puentes de paso se hicieron más estrechos y el nivel del mar aumentó, inundando en ocasiones antiguas rutas y zonas de asentamiento. Los paisajes hasta entonces conocidos desaparecieron, y aparecieron otros nuevos. El patrón de asentamiento sufrió un rápido cambio. Los humanos volvieron a colonizar regiones abandonadas durante la época glacial y se dispersaron por nuevas áreas. Regresaron a zonas de la Europa septentrional previamente cubiertas de hielo y se trasladaron a lugares más elevados de Europa y Asia. En las Américas, los humanos se desplazaron hasta regiones situadas en el límite de las capas de hielo. Excavaciones realizadas en Wisconsin, no muy lejos del límite de la capa de hielo Laurentino, que durante su máxima expansión cubrió gran parte de Canadá y territorios adyacentes correspondientes en la actualidad a Estados Unidos, sacaron a la luz herramientas y huesos de mamut con marcas que indican labores de despiece. Al final, estos movimientos de población acaecidos tras el UMG dejaron solo algunas islas, como Hawái y Nueva Zelanda, y el continente antártico sin presencia humana.

La gente aprovechó una amplia variedad de recursos y fuentes de alimentación durante las últimas edades del Pleistoceno. En Norteamérica, los miembros de la cultura clovis, así llamada por las puntas de lanza acanaladas encontradas por primera vez en Clovis, Nuevo México, ocuparon gran parte de lo que hoy corresponde al territorio continental estadounidense y mejicano. Los clovis cazaban grandes presas, entre ellas el mamut (un animal parecido al elefante) y el bisonte, aunque la dramática imagen de estos cazando mamuts eclipsa su recolección de vegetales y consumo de animales y peces de menor tamaño.

Los humanos que se internaron en Sudamérica se adaptaron a diferentes condiciones ambientales. Se dispersaron a lo largo del litoral y crearon asentamientos en zonas costeras, como el de Huaca Prieta, en el norte de Perú, que se remontan a hace 13.300 o 14.200 años antes del presente (AP, para abreviar). Los humanos también se abrieron paso hacia el interior. En las cumbres de los Andes, a una altura de 15.000 pies (unos 4500 m), los restos de un asentamiento datado hace 12.400 años AP muestra que los primeros cazadores-recolectores de las montañas sudamericanas aprovecharon los recursos de un ambiente alpino.[1]

Los cazadores-recolectores también se internaron en la cuenca del Amazonas. La datación por carbono de los afloramientos de Pedra Furada, en un parque nacional brasileño, así como el origen de los depósitos han sido fuente de largas discusiones, pero un yacimiento de la Caverna da Pedra Pintada (la caverna de la Piedra Pintada), situada cerca de la ciudad de Monte Alegre, al norte de Brasil, muestra que los humanos se establecieron en la región durante las últimas etapas del Pleistoceno. Yacimientos dispersos por Brasil, fechados en un periodo correspondiente a 15.500 o 12.800 años AP, señalan la presencia de asentamientos primitivos a lo largo de los valles fluviales. Se han encontrado más indicios de ocupación humana pertenecientes a un periodo entre

12.800 y 11.400 años AP en muchas zonas de Brasil, incluida la selva amazónica, las sabanas y las herbosas pampas del sur.

La llegada de los humanos a la Patagonia, en el extremo sur de Hispanoamérica, proporciona un importante precedente para explicar la desaparición de la megafauna. Un estudio de ADN mitocondrial de la megafauna nos permite una datación precisa de la extinción de animales como los mamuts y los perezosos gigantes. Imaginar un perezoso de la actualidad, un mamífero habitual en Centro y Sudamérica que puede llegar a pesar unos ocho o nueve kilos, no tiene mucho que ver con los enormes perezosos con los que se encontraron los humanos al llegar a América. Un perezoso gigante, o milodón, pesaba más de ciento ochenta kilos y medía unos tres metros desde el hocico a la cola. Los humanos llegaron a la Patagonia hace 15.000 o 14.600 años AP, y lo cierto es que la megafauna y las poblaciones humanas convivieron durante una tendencia al frío en el clima del hemisferio sur acaecido entre 14.400 y 12.700 años AP llamada «inversión antártica del frío» (IAF, para abreviar). Un rápido calentamiento del hemisferio sur siguió a la IAF, que coincidió con el enfriamiento causado por el Dryas Reciente en el hemisferio norte. Las extinciones tuvieron lugar hace unos 12.280 años AP, y en solo tres siglos pereció el 83 % de los grandes mamíferos patagónicos.[2] Durante este periodo, la presión de la competición humana amplificó el impacto causado por el estrés climático y condujo a un resultado muy diferente al del anterior ciclo interglacial, cuando la megafauna sobrevivió.

En Europa, numerosos artefactos y yacimientos arqueológicos muestran la creciente complejidad de prósperas sociedades tras el UMG. Los humanos elaboraron herramientas cada vez más especializadas en una actividad determinada, entre ellas la caza. Los cazadores-recolectores construyeron campamentos estacionales en lugares propicios para la obtención de alimentos. La orilla de un lago poco profundo en lo que hoy es Bélgica nos proporciona uno de los muchos ejemplos existentes. En ese lugar, los humanos cosecharon plantas y cazaron animales atraídos por el agua.[3] En regiones como Renania, las personas recurrieron cada vez más al empleo del arco y las flechas como arma de caza. Eso habría resultado muy útil para la caza del ciervo en los bosques boreales al sur de los glaciares. La cosecha de plantas y recolección de productos vegetales también se encontraban entre las actividades estacionales de los cazadores-recolectores del Pleistoceno Superior en regiones situadas incluso en el límite occidental del Cáucaso, en la moderna Georgia.

En una franja de Europa extendida desde el norte de España, que atravesaba Francia y llegaba a Europa central, los miembros de la cultura magdaleniense, así llamada por un yacimiento situado en el valle del río Dordoña, en el suroeste francés, cazaron muchas especies de animales. En un clima que todavía era mucho más frío que el actual, se dedicaron a la caza del reno con más intensidad que a la de cualquier otra especie. Los cazadores magdalenienses emplearon nuevos utensilios para cazar a sus presas en las estepas de la Europa central y occidental. Los propulsores, o lanzavenablos, a menudo hechos de hueso de reno, permitían al cazador alcanzar a una presa con mucha fuerza y desde una distancia mayor. Los últimos estadios del periodo Magdaleniense fueron testigos del uso del arpón, lo cual les permitió lograr pescas más abundantes.

Los propulsores a menudo estaban decorados con tallas representando cabezas animales, reflejo de una tendencia más extendida del arte decorativo, hasta entonces reservado casi en exclusiva a las pinturas rupestres. Los ejemplos más antiguos de estas, ya sean en Francia o en cualquier otro lugar, son anteriores al Magdaleniense, periodo extendido aproximadamente desde el 17.000 al 12.000 AP, pero esta cultura produjo algunos de los ejemplos más notables y asombrosos, entre ellos los de las cuevas de Lascaux, también en Francia. Las pinturas rupestres de Lascaux, descubiertas en 1940, representan animales como ciervos, bisontes y uros. Otras cuevas de la cultura magdaleniense muestran motivos similares. Esta cultura también elaboró objetos portables. En algunas piezas de hueso se han encontrado tallas de renos, a menudo ausentes en pinturas rupestres como las de Lascaux.

Además de cazar, los magdalenienses recolectaban alimentos vegetales... Los asentamientos de la época contienen frutos secos y pepitas de fruta. En algunos se han encontrado utensilios de piedra que pudieron haberse empleado para moler grano silvestre. Los humanos de este y otros periodos incluyeron esos cereales en su dieta mucho antes del nacimiento de la agricultura. Puede que los pueblos del Magdaleniense realizasen migraciones estacionales y estableciesen sus campamentos en lugares apropiados para el aprovechamiento de recursos según la extensión de su territorio.

En Eurasia, como en las Américas, la combinación de cambio climático, crecimiento de población humana y avances en las técnicas de caza pusieron a algunos animales en creciente peligro. Es poco probable que el calentamiento por sí solo llevase a la extinción masiva de tantos grandes mamíferos. La megafauna ya había sobrevivido a periodos interglaciares previos, pero es probable que sus anteriores áreas de retiro les proporcionasen menos protección frente a los humanos en un mundo cada vez más cálido. Algunos de los animales que consumían los magdalenienses, como el reno, sobrevivieron y prosperaron en el norte. No obstante, otros se extinguieron a medida que el mundo se calentaba y los humanos mejoraban su tecnología cinegética. El alcance de la contribución humana a la mengua de la megafauna varía según las especies. Por ejemplo, el cambio climático parece ser el factor más importante en la extinción del rinoceronte lanudo.[4]

Los cazadores-recolectores de un mundo más cálido obtuvieron un gran provecho de una amplia variedad de recursos alimenticios. No eran agricultores, pues continuaban recogiendo alimentos, aunque disponemos de pruebas sólidas de cosechas de cereal. En Próximo Oriente, como en cualquier otro lugar, los cazadores-recolectores habían aumentado la presencia de grano en su dieta antes de comenzar a cultivarlo. Recogían, sobre todo, hierbas silvestres y legumbres. Los restos carbonizados de semillas y frutas hallados en la cueva de Kebara, en el monte Carmelo (Israel), muestran la variedad de frutos y legumbres recogida incluso antes del UMG. Las semillas encontradas en un yacimiento próximo al mar de Galilea correspondiente a la última glaciación muestran cierta variedad de hierbas silvestres, como la cebada y el trigo. El calentamiento posterior al UMG parece haber alentado a los cazadores-recolectores a dedicar más atención a la recolección de cereales que a la de otras hierbas de grano pequeño.[5]

Tras el UMG, los natufienses, pertenecientes a una cultura desarrollada en Próximo Oriente, son el ejemplo de la diversificación dietética en un mundo cada vez más cálido. Los natufienses cazaban animales, incluida la gacela. También recolectaban plantas y cereales, y elaboraron herramientas, como hoces y morteros, que pudieron emplearse para cosechar y procesar alimentos. Ya antes, los cazadores-recolectores de esta región habían recurrido a estrategias estacionales como el establecimiento de campamentos en lugares concretos durante la época del año más propicia para la recogida de alimento, pero los natufienses erigieron poblados de tamaño considerable, carácter permanente y viviendas con estructuras y cimientos de piedra. Se han hallado asentamientos suyos a lo largo de Levante (la costa del Mediterráneo oriental), Israel, Palestina, Jordania, Líbano y Siria; y se pueden encontrar poblados pertenecientes al último periodo Natufiense en lugares situados tan al norte como la Turquía meridional. Parece que preferían construir sus poblados en zonas boscosas.[6] Emplearon una amplia variedad de herramientas líticas y utensilios de hueso, y también elaboraron objetos decorativos como joyas hechas de distintos materiales, entre ellos las conchas.

En China los cazadores-recolectores también recogían hierbas silvestres. Puede que se dedicasen a la cosecha de tubérculos y vegetales ya durante el UMG con el fin de suplementar su dieta en tiempos de escasez.[7] El bajo nivel del mar durante el UMG ensanchó las planicies costeras, pero la pérdida de estas áreas debido al calentamiento pudo haber privado a los cazadores-recolectores de tierras muy abundantes en alimento.[8] Al mismo tiempo, se hizo más sencillo el aprovechamiento de los territorios septentrionales, y los análisis genéticos indican dispersiones de población hacia el norte.[9]

EL DRYAS RECIENTE

Durante la tendencia al calentamiento tras el UMG, los humanos experimentaron una abrupta variación climática de una magnitud que sin duda hubiese conmocionado a la población moderna. El Dryas Reciente, llamado así por una flor ártica (*Dryas octopetala*) que apareció en Europa durante esta época de enfriamiento casi glacial, interrumpió la tendencia al calentamiento global propio del periodo posglacial. En un periodo comprendido entre 12.900 y 11.600 años AP, las temperaturas del hemisferio norte descendieron de manera abrupta, llegando a caer incluso 10 °C en cuestión de décadas. Según la hipótesis más aceptada, el calentamiento posglacial produjo agua dulce muy fría, resultante de la fusión de las capas de hielo, que desembocó en el Atlántico Norte ralentizando la Circulación Termohalina del Atlántico (CTH) e inició así el Dryas Reciente. La fría agua del deshielo desembocó en el océano siguiendo varios cauces, entre ellos un flujo inicial en el sur hacia el golfo de México, más tarde hacia el este en dirección al Atlántico Norte a través del río San Lorenzo[10] y al norte a través de las regiones noroccidentales de Canadá entrando en el Ártico por la desembocadura del río Mackenzie.[11] El flujo de esta agua de deshielo hacia el Atlántico Norte a través de los cauces citados disminuyó la salinidad, y por consiguiente la densidad, de las aguas superficiales marinas que en la actualidad se hunden creando la masa de agua profunda del Atlántico Norte. El resultante debilitamiento de la CTH redujo el transporte de calor a las regiones polares septentrionales y causó un descenso de las temperaturas en la zona. Otra hipótesis planteada para explicar el Dryas Reciente, aunque en general carece de pruebas científicas, propone que uno o más objetos extraterrestres impactaron o explosionaron sobre la capa de hielo Laurentino, originándose así el flujo de agua glaciar.[12]

Las consecuencias del Dryas Reciente se notaron en todo el mundo, con un notable enfriamiento (hasta 10 °C) en elevadas latitudes del hemisferio norte,[13] uno más discreto en Europa (3 °C

71

o 4 °C) y un ligero calentamiento en el hemisferio sur. A su vez, este cambio de temperatura alteró la zona de convergencia intertropical, o ZCI, que marca los límites del cinturón selvático. Al enfriarse el hemisferio norte, la ZCI se retrajo al sur, lo cual causó un monzón estival más débil y unas condiciones relativamente secas en la mitad septentrional del globo terrestre, sobre todo en África y Asia.

Por consiguiente, el Dryas Reciente obligó a los humanos a reaccionar de inmediato frente a un clima más frío y seco. Es ilustrativo hacer un breve paralelismo con la época actual: ¿Cómo reaccionarían las sociedades modernas si se enfrentasen a un enfriamiento de 3 °C (5,5 °F)? Existen numerosas pruebas de que con el paso del tiempo las sociedades modernas se han hecho más resistentes a las fluctuaciones climáticas, pero también es verdad que no han experimentado una variación ni remotamente parecida a la severidad del cambio climático acaecido durante el Dryas Reciente, al menos en las regiones más afectadas, como Europa.

Concretar la respuesta exacta presentada por los humanos continúa siendo todo un reto por dos razones independientes del registro de temperaturas. En primer lugar, en muchas regiones, los vestigios arqueológicos de sociedades prehistóricas correspondientes al periodo del Dryas Reciente están tan fragmentados que carecemos de un archivo preciso de la cultura material producida antes o durante este periodo. En segundo lugar, el Dryas Reciente no fue el único fenómeno que afectó a esas sociedades.

En Norteamérica la cultura de Clovis, que se había expandido rápidamente a lo largo y ancho de buena parte del continente, desapareció durante el Dryas Reciente. Los pueblos de la cultura de Clovis colonizaron el este de Norteamérica. Unos 12.900 años AP, las puntas de sus proyectiles mostraban una mayor variedad, indicativo de que la uniformidad de la tecnología clovis se estaba diversificando como resultado de poblaciones asentadas en diferentes regiones. Esta diversificación se generalizó tras el comienzo del Dryas Reciente. La presión del clima y la extinción de la megafauna llevaron a un aprovechamiento más intenso de una creciente variedad alimenticia, posiblemente incrementando una mayor proporción de vegetales. La severidad de la disrupción pudo haber sido suficiente para llevar al abandono de algunos asentamientos y causar una mengua de la población.[14] En la zona que hoy corresponde al sudeste estadounidense, la población humana parecía haber crecido antes del Dryas Reciente. Según indican algunos indicios, como artefactos pertenecientes a la cultura clovis (los proyectiles bifaces propios de esta cultura), hubo un aumento de población entre 13.200 y 12.800 AP. Después hubo una disminución entre los años 12.800 y 11.900 AP antes de producirse un nuevo crecimiento. En este caso, la secuencia observada coincide con el patrón que cabría esperar si un enfriamiento abrupto hubiese supuesto un grave contratiempo para los clovis, pero también otros factores pudieron haber contribuido a estas variaciones demográficas. Además, pequeños cambios en la datación de los artefactos clovis cambiarían nuestra idea acerca de la relación entre sus creadores y el Dryas Reciente.[15] Si observamos Norteamérica en su conjunto, vemos que el Dryas Reciente no acabó con la colonización humana: pequeños grupos nómadas de cazadores-recolectores fueron capaces de seguir obteniendo alimento.

En Europa, los efectos más importantes del Dryas Reciente tuvieron lugar en las regiones septentrionales. En Gran Bretaña, los restos de personas y animales vinculados a la actividad humana muestran un fuerte declive. Lo cierto es que en Gran Bretaña no se han hallado restos humanos correspondientes al Dryas Reciente, aunque se han identificado artefactos relativos a este periodo. En general, la población humana se expandió en buena parte de Europa durante el periodo de calentamiento anterior al Dryas Reciente.[16]

¿Cómo respondieron los humanos al creciente frío del Dryas Reciente? La variación climática creó la posibilidad de que se planteasen dos tipos de cambios en el modo de obtener recursos. Un enfriamiento repentino podría haber impulsado estrategias de caza y recolección de eficacia contrastada a lo largo del tiempo, es decir, los sistemas ya empleados durante el UMG. Por otra parte, tras un periodo de crecimiento los humanos podrían haber adoptado una estrategia diferente para intensificar el aprovechamiento de recursos recurriendo a una mayor variedad alimenticia, como el consumo de vegetales.

El patrón de respuestas frente al Dryas Reciente se ha estudiado más a fondo en los casos de Oriente Medio y los natufienses. La investigación del Dryas Reciente en Próximo Oriente ha producido dos posibles escenarios para responder a la crisis. Inmediatamente después de pasar por un periodo de crecimiento demográfico, los natufienses tuvieron más individuos a los que alimentar en un clima frío. Un escenario plantea posibles respuestas frente al Dryas Reciente. Algunos grupos reaccionaron frente a las frías y áridas condiciones intensificando la caza y recolección nómadas, lo cual dejó una menor cantidad de restos arqueológicos.[17] También es posible que además de intensificar sus actividades de caza y recolección recurriesen a una mayor variedad de alimentos. La repentina fluctuación climática ocurrida durante un periodo de rápido desarrollo social también proporcionó a los cazadores-recolectores un incentivo para incrementar su actividad agrícola con el fin de sostener las complejas comunidades que había creado. El frío y la sequía redujeron la disponibilidad de algunas plantas silvestres como, por ejemplo, las lentejas, y los natufienses hubieron de dedicarse a la recolección y cultivo de granos para mantener los asentamientos y conservar su cultura y sociedad. Según los científicos partidarios de un escenario de respuesta múltiple, las pruebas halladas en Abu Hureyra, un yacimiento situado en el valle del Éufrates, al norte de Siria, indican que los cazadores-recolectores comenzaron a cultivar porque el Dryas Reciente causó una disminución de las cosechas de vegetales silvestres.[18] Puede que ya se cultivase centeno hace trece mil años.

Otro escenario contempla una respuesta menos dramática frente al Dryas Reciente y propone que las sociedades de Próximo Oriente, como las de cualquier otro lugar, continuaron manteniéndose con la caza y recolección. Las investigaciones que respaldan esta propuesta no interpretan las semillas como pruebas de primitivos cultivos realizados por los natufienses, sino como restos de estiércol animal empleado como combustible. Según esta interpretación, los natufienses respondieron al enfriamiento del Dryas Reciente reajustando sus recursos alimenticios.[19] Este escenario plantea la pregunta de qué habría sucedido si el Dryas Reciente hubiese tenido lugar unos cuantos miles de años después. Si la subsistencia de, en comparación, una gran cantidad de personas dependía de los cultivos, ¿de qué modo habrían reaccionado ante un suceso como el Dryas Reciente?

EL CULTIVO

Las temperaturas subieron en cuanto las corrientes oceánicas abisales se recuperaron tras el Dryas Reciente. La ZCI, junto con las precipitaciones asociadas, regresó al norte. La agricultura se expandió por Levante tras la vuelta de unas condiciones más cálidas. Los yacimientos correspondientes al periodo inmediatamente posterior al Dryas Reciente, una era conocida como Neolítico precerámico, muestran indicios evidentes de la intensificación del cultivo, además de abundantes semillas y graneros donde almacenar cosechas. Había abundancia de centeno silvestre, y con el calentamiento del Holoceno la población recurrió más a la cebada.[20]

Quizá no debamos identificar una reacción local frente al enfriamiento del Dryas Reciente o una adaptación al calentamiento del Holoceno como la única vía que llevó al desarrollo de la agricultura, pues la agricultura se practicó en más de una región, incluso dentro del propio Oriente Medio. Si el Dryas Reciente contribuyó a impulsar a los cazadores recolectores, que acababan de experimentar un crecimiento demográfico, a cultivar sus cosechas, también dificultó su desarrollo en las regiones más frías y elevadas del interior.[21] Se han descubierto varios asentamientos con indicios de cultivos primitivos en el Creciente Fértil, aunque la celeridad y datación de la domesticación continúan sometidas a debate. En la zona se han hallado legumbres y cereales, como el centeno, la cebada y la escanda. La cantidad de cosechas cultivadas en cada uno de esos asentamientos creció con el paso del tiempo.[22]

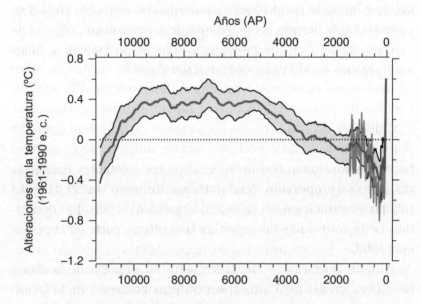

2.1. Fluctuación de las temperaturas durante el Holoceno. *Fuente*: Marcott, Shaun A. *et al.*, «A reconstruction of regional and global temperature for the past 13,300 years», 2013, cit. en *Science* 339, 1198-1201.

El cambio climático acaecido antes y durante la primera etapa del Holoceno también afectó a la posibilidad de cultivar y al nacimiento de la agricultura en China. En China, como en el Creciente Fértil, los cazadores recolectores se dedicaron a la recolección de grano antes de su domesticación. Hay restos de cerámica y piedras para moler que se remontan al UMG. En China, los pueblos del Pleistoceno Superior vivieron como forrajeadores, buscando alimento. Consumían animales, como ciervos, antílopes y cerdos salvajes. Las excavaciones arqueológicas indican que ocupaban una zona determinada durante un breve periodo de tiempo y cambiaban de base con frecuencia. Durante miles de años, antes del nacimiento de la agricultura, también obtuvieron alimentos a partir de hierbas silvestres y emplearon piedras para moler.[23] El clima frío del Dryas Reciente pudo haber presionado a estos pueblos para que encontrasen comida de fácil almacenamiento y, en consecuencia, cultivasen.[24] Durante el Holoceno, un clima más cálido y húmedo pudo haber impulsado el cultivo de cereales en China o haber llevado al nacimiento de la agricultura.[25]

Después de que los primeros ancestros humanos, y luego los humanos modernos, sobreviviesen durante cientos de miles de años como cazadores-recolectores, la transición a la agricultura fue un proceso relativamente rápido. Durante el Holoceno, y en una región tras otra, los humanos se dedicaron al cultivo y domesticación de las cosechas. Durante miles de años, algunos humanos continuaron sobreviviendo como cazadores-recolectores, pero su proporción demográfica disminuyó con el paso del tiempo y a principios del siglo xx la cantidad de personas dedicadas a esta actividad solo suponían una ínfima parte de la población total.

Ningún cambio de semejante magnitud, el pasar de la caza y la recolección a la agricultura, se puede atribuir a un único factor; su investigación ha propuesto varias explicaciones para el incremento del cultivo y domesticación de plantas y animales. El cambio climático influyó en las condiciones agrícolas. Según otro modelo, el incremento demográfico contribuyó al cambio hacia la agricultura.[26] Pudo suceder que el cambio climático facilitase la expansión de la agricultura y que esta contribuyese al aumento de la población. También pudo suceder que el aumento demográfico acaecido durante el Holoceno crease la necesidad de conseguir mayor cantidad de alimento. Lo cierto es que la población ya estaba aumentando antes del comienzo del Holoceno. Los análisis genéticos apuntan, por ejemplo, al inicio de un crecimiento demográfico en Extremo Oriente hace unos trece mil años.[27]

Otras explicaciones para la intensificación del cultivo y el auge de la agricultura apuntan a cambios culturales y conductuales. Los humanos tenían mucha experiencia en el aprovechamiento de las plantas y animales, que probablemente ya eran capaces de explotar, antes de dedicarse su domesticación. Más aún, el benigno clima del Holoceno no produjo un cambio súbito e inmediato hacia la agricultura. Pudieron tardar mil o dos mil años en desarrollar variedades que no fuesen dehiscentes, tuviesen granos grandes y semillas que el viento no esparciese o llevase con facilidad.[28] En la actualidad, damos por sentado que los cereales, como el trigo, permanecen intactos hasta el momento de su cosecha, pero no es el caso de las especies silvestres: sin duda, los agricultores y sus clientes pasarían un mal rato si una simple ráfaga de viento dispersase el grano.

Estas explicaciones no son excluyentes entre sí. El crecimiento demográfico continuó durante el cálido periodo de principios del Holoceno. La tendencia hacia un clima más cálido y estable durante este periodo creó las condiciones propicias para originar un importante cambio en el Neolítico, o Nueva Edad de Piedra. La Nueva Edad de Piedra, que comenzó hace unos doce mil años en el Creciente Fértil, no acabó con la práctica de la búsqueda de alimentos silvestres ni eliminó a las bandas de cazadores-recolectores, pero sí inició un cambio decisivo hacia el fundamental empleo de cosechas y animales. Sin embargo, el cambio climático no produjo una especie de situación que obligara a la gente a dedicarse a la agricultura. Las condiciones regionales determinaron el nacimiento de la agricultura en distintos lugares y épocas.

Bajo cualquier punto de vista histórico, el suroeste asiático, o Próximo Oriente, fue el lugar más importante en el nacimiento independiente de la agricultura. Pasados unos pocos milenios, la agricultura se expandió por toda la región. Los primeros agricultores cultivaron campos de cebada, farro (*emmer*), legumbres (semillas comestibles como alubias o guisantes) y trigo. Es posible que estos primeros agricultores, al escoger cultivar determinados vegetales, abandonasen o, al menos, redujesen el cultivo de otros, como el centeno.[29]

La agricultura también nació y se expandió de modo independiente en China. Los primeros agricultores de la región domesticaron el arroz y el mijo. Continúa siendo objeto de debate cuándo exactamente sucedió la domesticación del arroz. Hace once mil años, los pueblos de la Nueva Edad de Piedra recolectaban arroz silvestre en el norte y el sur de China.[30] Como sucede con los cereales de Próximo Oriente, se continúa discutiendo la velocidad de su domesticación, en parte porque no se sabe hasta qué punto las medidas del tamaño del grano pueden servir para rastrear el proceso. Ya sucediese en un escenario de expansión lenta o rápida, lo cierto es que la domesticación del arroz ya se estaba llevando a cabo hace entre 9000 y 8400 años. El arroz dehiscente se remonta al año 8700 AP (6700 a. e. c.) en el asentamiento neolítico de Baligang, situado en un afluente del curso medio del río Yangtsé, aunque el tamaño del grano todavía era menor que el del cereal domesticado.[31] En un escenario de domesticación lenta, los cazadores-recolectores se dedicaron a cosechar plantas silvestres, como la castaña de agua, y a cazar y pescar mientras poco a poco domesticaban el arroz.[32] En general, las condiciones climáticas del Holoceno favorecieron el cultivo de este cereal, pero la subida del nivel del mar y la consecuente salinidad alejó las áreas de cultivo y recolección de las zonas bajas. La crecida del nivel del mar afectó sobre todo a la región del delta del bajo Yangtsé.

Durante el Holoceno, también se dio la domesticación independiente de vegetales en las Américas. Los primeros cultivos de calabaza moscada, que hoy incluye variedades como el zapallo loche, también llamado «americano» o «tipo *Butternut*», pudieron haber comenzado ya hace diez mil años en el extremo septentrional de Sudamérica. La calabaza ya estaba domesticada hace casi nueve mil años en el valle del río Balsas, en el centro sur de México.[33] El maíz, que en algunos lugares de América llaman «choclo», fue domesticado en Centroamérica. La identificación de los ancestros del maíz eludió a los científicos durante mucho tiempo, pero en la actualidad hay una abrumadora cantidad de pruebas que señalan a una planta silvestre llamada «teosinte», encontrada en ciertas regiones de Centroamérica y México. El análisis genético indica que el maíz surgió por primera vez en el valle del río Balsas, en el centro sur mejicano, hace nueve mil años o más. En aquella época, los habitantes del lugar modificaron el paisaje talando y quemando los bosques, reemplazándolos por parcelas de cultivo. Las herramientas líticas empleadas para desgranar y moler el maíz se remontan casi 8700 años. Los utensilios para moler todavía contienen restos de maíz.[34] El cultivo de este cereal se expandió y los agricultores ya lo plantaban en la península de Yucatán hace siete mil años.

Existen muchos lugares en las Américas donde se dio el fenómeno de la domesticación. En Sudamérica, la domesticación de la patata tuvo lugar en la cordillera de los Andes. Sorprendentemente, los primeros agricultores de tan abruptos parajes encontraron el modo de aprovechar un vegetal que, al principio, contenía un alto nivel de toxinas. Lo más probable es que las variedades ancestrales de patatas domésticas provengan de la zona central de los Andes, posiblemente de la región del lago Titicaca, un gran cuerpo de agua situado entre Bolivia y Perú a una altura superior a los 3600 m. La fecha de su domesticación varía entre hace siete y diez mil años, o incluso más. Su cultivo se extendió al norte y al sur a lo largo de la cordillera andina durante la época precolombina. Los primeros asentamientos agrícolas del valle del río Zaña, en Perú, ya incluían el zapallo loche en su dieta hace ocho mil años.[35]

Hace unos cinco mil años se desarrollaron, a lo largo de la costa occidental sudamericana, sociedades complejas en lugares como Áspero, en la desembocadura del río Supe, en el norte de Perú. En el interior, en Caral, se encuentra otro complejo arqueológico con montículos de plataforma. Sus habitantes consumían pescado y cultivaban huertos de frutas y verduras. La cuestión de si cultivaban o no maíz ha dado lugar a muchos años de investigación. Los restos de este cereal hallados en el yacimiento de Áspero son escasos, pero la mayor abundancia hallada en asentamientos del interior indica el cultivo intencional de un vegetal domesticado.[36]

En Sudamérica, las poblaciones agrícolas andinas cultivaron en bancales, recogieron agua y la canalizaron creando sistemas de riego. Los habitantes de Perú y Bolivia desarrollaron estrategias para el control y almacenamiento de agua.[37] En los Andes peruanos, un sistema de canales proporcionaba el drenaje del centro ceremonial de Chavín de Huántar (900-200 a. e. c.).[38]

Los pueblos del oriente norteamericano también comenzaron a cultivar diferentes vegetales. Consumían muchos de los alimentos presentes en Centroamérica. El maíz y varias especies de calabaza llegaron a Norteamérica después de haber sido cultivados en América Central. Otros cultivos pudieron tener un desarrollo independiente en América del Norte. Hay pruebas de que los pobladores de la zona oriental comenzaron a cultivar girasoles y ciertas variedades de calabacín antes de la introducción del maíz y otros cultivos centroamericanos.[39] Abandonaron el cultivo del huauzontle, un vegetal consumido en la zona oriental norteamericana antes de la llegada de alimentos centroamericanos.

Siglos después, los colonos europeos encontraron poblaciones nativas que cultivaban tanto productos autóctonos del este norteamericano como vegetales llegados de Centroamérica. Los colonos ingleses de Jamestown se encontraron con los indios powhatan, que cultivaban calabaza, maíz, alubias y girasol. En Massachusetts, los Padres Peregrinos descubrieron, para mayor beneficio suyo, que sus nuevos vecinos cultivaban maíz.

El pastoreo y la agricultura también se desarrollaron en África durante el Holoceno. En el caso de África, la cuestión de si los nativos domesticaron el ganado o lo adoptaron de algún otro lugar, ya domesticado, ha dado pie a una investigación todavía en marcha. Los pastores de Sáhel, una ecorregión de transición de pastos situada al sur del Sahara, ya criaban ganado hace ocho mil años, o quizá incluso diez mil, aunque el análisis genético del ganado doméstico criado en África indica que pudo ser originario del Creciente Fértil. El pastoreo se extendió por el oeste y el sur del continente.

También África es una región con una compleja cantidad de cultivos autóctonos, además de algunos introducidos de diferentes regiones. Como sucedía en otros lugares, los cazadores-recolectores cosechaban hierbas silvestres. Los agricultores africanos domesticaron plantas como el mijo y el sorgo. El proceso se desarrolló hace unos cuatro mil años, y puede que comenzase mucho antes. Es difícil concretar una fecha debido a la falta de una línea divisoria clara entre los vegetales silvestres y los domesticados. La domesticación de tubérculos, con sus raíces carnosas o bulbos, como el ñame, resultó un importante acontecimiento para los pueblos situados en los trópicos, al sur de la sabana.[40]

Los pueblos de Nueva Guinea también se dedicaron al cultivo. Plantaron taro, un vegetal de raíces ricas en almidón, y plátanos. Los hallazgos arqueológicos indican que el cultivo del taro en los altiplanos de Nueva Guinea se remonta hasta hace unos siete mil años, y el proceso de este aprovechamiento pudo haber comenzado hace ya casi diez mil.[41] Todavía no estamos seguros de si los pueblos de Nueva Guinea cultivaron la planta o la domesticaron.

La sencilla división entre cazadores-recolectores y agricultores no refleja la variedad de métodos empleados por los primeros para rehacer y moldear el paisaje. En Australia, por ejemplo, los humanos no desarrollaron la agricultura, pero sí provocaron incendios para controlar el aprovechamiento de animales herbívoros y la disponibilidad de plantas.[42] Los aborígenes australianos también se dedicaron a una primitiva acuicultura: en Budj Bim, cerca del yacimiento del monte Eccles, en el sur de Australia, sus pobladores colocaron trampas para capturar anguilas hace unos seis mil años.

La diversidad de fechas relativas a la domesticación de plantas y animales indica tanto la importancia del clima como la habilidad de los humanos para adaptar técnicas agrícolas y pastoriles a las características de áreas diferentes. La agricultura en Próximo Oriente, China, Centroamérica, los Andes, Nueva Guinea o cualquier otro lugar se desarrolló bajo unas condiciones muy diferentes: la domesticación no requirió un ambiente concreto, y los humanos demostraron ser capaces de aprovechar y domesticar una amplia variedad de plantas; una patata no se parece en nada a una gavilla de trigo.

Sin embargo, desde una perspectiva más amplia, el clima del Holoceno impulsó el crecimiento de los cultivos y la domesticación. El *Homo sapiens* tuvo más o menos las mismas capacidades intelectuales que nosotros durante muchas decenas de miles de años, o eso creemos, pero la expansión de la agricultura sucedió durante el Holoceno, cuando los humanos experimentaron un periodo de estabilidad climática diferente a cualquier otro visto a lo largo de decenas de miles de años. Basta con pensar en el paisaje del UMG: los humanos mostraron una gran versatilidad para hallar recursos en distintas regiones, pero las estepas y tundras correspondientes a la última glaciación jamás hubiesen sostenido una agricultura intensiva del mismo modo que las más cálidas y húmedas regiones del Holoceno.

LA EXPANSIÓN AGRÍCOLA

La agricultura y el pastoreo se extendieron durante el Holoceno a partir de muchos centros originarios, como las cuencas de los ríos Yangtsé y Amarillo, Levante, México, el África occidental y Nueva Guinea. O bien los granjeros migraron llevando sus animales allá donde estableciesen nuevos asentamientos, o bien las poblaciones vecinas aprendieron a cultivar y criar ganado. En el primer caso, los granjeros se desplazaron, ya fuese mediante una migración pacífica o una campaña de conquista, a regiones previamente ocupadas por cazadores-recolectores. En el segundo, las técnicas y sistemas se extendieron poco a poco entre los cazadores-recolectores. Los hallazgos arqueológicos, el estudio de las lenguas y los modernos análisis genéticos arrojan luz sobre el proceso. Los datos proporcionados por la genética señalan la función de los movimientos de población en la expansión de la agricultura, ya fuese a causa de la migración como de difusión cultural.[43]

En el caso de Europa, las investigaciones han identificado varias posibles migraciones humanas durante los primeros estadios del Holoceno. Los análisis genéticos señalan un vínculo entre los primeros agricultores de Europa central y el Mediterráneo y las poblaciones del suroeste asiático.[44] En el centro y el norte de Europa, las poblaciones de agricultores y cazadores-recolectores interactuaron, al parecer, durante un extenso periodo de tiempo. Hallazgos realizados en Suecia, por ejemplo, indican la presencia de algunos pueblos llegados del sur de Europa hace ya cinco mil años.[45] Los análisis genéticos también indican la expansión de poblaciones consumidoras de productos lácteos en el norte y el oeste de Europa. Una mutación genética que permitiese a los adultos digerir la leche pudo haber supuesto una ventaja, pues la población tolerante a la lactosa podía recurrir a una gama de alimentos más amplia.[46] La migración al norte y al oeste de estos especialistas lácteos comenzó hace unos ocho mil años.

La agricultura se extendió por diversas regiones americanas. En la Amazonia, los hallazgos arqueológicos muestran una creciente colonización unos 10.500 años AP. Durante este periodo, los artefactos también indican un aumento de la variedad regional. Hace unos cuatro mil años, los humanos erigieron poblados en la cuenca del Amazonas. La agricultura también comenzó durante este periodo con la orientación hacia una agricultura de carácter más deliberado e intencional.[47]

La expansión de la agricultura durante el Holoceno también condujo a un rápido crecimiento de la población humana.[48] El aumento demográfico comenzó antes del principio de la Nueva Edad de Piedra y se aceleró durante el Holoceno debido a varios factores. El primero es el más obvio: más producción de alimentos. Los recursos alimenticios inciden en la frecuencia que una mujer puede quedar embarazada y dar a luz. En las sociedades de cazadores-recolectores, las madres amamantaban a su prole durante mucho más tiempo que en las agrícolas y no los destetaban hasta los tres años de edad. Por el contrario, en las sociedades agrícolas, las madres destetaban a sus hijos a una edad más temprana, lo cual tiene el efecto de incrementar los índices de crecimiento demográfico.

La domesticación aumentó el número de habitantes a lo largo y ancho del mundo, a pesar de algún desplome temporal. En Europa hubo un rápido crecimiento de población durante la transición a la agricultura. En África, hubo un rápido aumento demográfico a partir del año 4600 AP, aproximadamente. La agricultura se pudo haber extendido en África con la migración de los pueblos bantúes. Un patrón similar, entre la agricultura y el aumento demográfico, se puede observar en el sudeste asiático.[49] En general, entre el comienzo del Neolítico hasta hace unos cinco mil años los cuatro o seis millones de personas que conformaban la población total se incrementaron a catorce, aunque las estimaciones varían.

Una vez las poblaciones adoptaban la agricultura, se hacía más difícil que regresasen al estilo de vida de los cazadores-recolectores. Los granjeros alteraron el paisaje de modo que complicaba vivir como un cazador-recolector. También realizaban enormes inversiones en capital, tiempo y trabajo para limpiar el terreno destinado al cultivo de vegetales y la cría de ganado, y el aumento de población hizo que la cantidad de gente fuese demasiado elevada para ser mantenida por la caza y recolección de plantas silvestres. La densidad demográfica de cazadores recolectores varía, pero es mucho mayor en las sociedades que obtienen sus calorías de la labor agrícola. Por tanto, el cultivo y la ganadería crearon la posibilidad de que los humanos superasen las constricciones demográficas previas. Al mismo tiempo, los agricultores se hicieron cada vez más dependientes de un clima que sostuviese su estilo de vida. Al contrario que los cazadores-recolectores, que en general podían dispersarse por nuevas regiones y mantener baja la densidad demográfica, las poblaciones campesinas no podían realizar migraciones masivas sin sufrir graves alteraciones y peligros. Un suceso como el Dryas Reciente habría originado muchos más trastornos en una población dependiente de la agricultura que en una de cazadores-recolectores, menor en número y con mayor movilidad y experiencia en obtener alimentos de varios nichos ecológicos.

El crecimiento demográfico general durante el Holoceno no se tradujo en un aumento continuo y homogéneo en todas las regiones agrícolas. Por ejemplo, las pruebas correspondientes al periodo llamado Neolítico precerámico indican fluctuaciones demográficas tras el desarrollo de la agricultura en Levante. Durante la primera etapa del Neolítico precerámico, que comenzó hace unos diez mil quinientos años, los asentamientos agrícolas aumentaron su número y tamaño en Mesopotamia y Levante. Además, tales poblados prosperaron en un área mucho más amplia que la correspondiente a la anterior era natufiense. Sin embargo, los asentamientos disminuyeron hace 8900 u 8600 años.[50] Este fenómeno se ha atribuido a múltiples causas, entre ellas movimientos migratorios hacia el norte y el oeste; guerras; el contagio de enfermedades en comunidades de mayor tamaño, pues habría más portadores; una tendencia al enfriamiento; condiciones climáticas más áridas o una mezcla de cualquiera de estos factores.[51] Las temperaturas experimentaron un brusco descenso durante este periodo. Este enfriamiento ha llegado a ser conocido como el evento 8,2 ka o, simplemente, el evento 8 ka.

EL EVENTO 8,2 KA

El evento climático 8,2 ka, en cierto modo similar al Dryas Reciente, interrumpió la tendencia hacia el calentamiento y mayores precipitaciones. En este caso, el enfriamiento fue menor que el estimado para el Dryas Reciente… Los núcleos de hielo groenlandeses indican un enfriamiento de unos 6 °C, y un enfriamiento medio de 1 °C en toda Europa.[52] Los núcleos de hielo muestran que el enfriamiento duró un periodo aproximado de ciento cincuenta años, y los glaciares se extendieron en la isla de Baffin.[53]

En el relativamente estable Holoceno, el evento 8,2 ka se destaca como una de las fluctuaciones climáticas más abruptas desde el Dryas Reciente. La manifestación geográfica del evento 8,2 ka fue similar al del Dryas Reciente, con temperaturas más bajas en la región del nordeste atlántico y mayor aridez en África y Asia. No obstante, y al contrario de lo acaecido durante el Dryas Reciente, hay pocos indicios de calentamiento en el hemisferio sur. Y, como sucedió durante el Dryas Reciente, un enorme pulso de agua dulce entró en el Atlántico Norte y ralentizó la corriente abisal. Durante el evento 8,2 ka, las aguas del lago Agassiz, un vasto lago glacial, se vaciaron en la bahía de Hudson, entrando en el océano Atlántico. Este evento precedió a la aparición de civilizaciones complejas, así que no encontraremos pruebas arqueológicas del colapso de grandes ciudades. Por un lado, el evento 8,2 ka pudo haber contribuido a la desaparición o el desplazamiento de sociedades neolíticas, aunque una contraargumentación de esta teoría subraya la habilidad de los pueblos neolíticos para adaptarse a esta variación climática.[54] Por ejemplo, el registro arqueológico del asentamiento de Tell Sabi Ayad, en el norte de Siria, muestra numerosos cambios correspondientes a la época cercana al evento, entre ellos un incremento de la producción textil y una tendencia a la cría del ganado vacuno en detrimento del ganado de cerda.[55] El enfriamiento causado por este evento pudo haber contrarrestado el avance del Neolítico en Europa.[56]

De todos modos, el evento 8,2 ka no llevó al colapso total de las sociedades, que continuaron desarrollándose en Próximo Oriente y otros lugares dando paso a una nueva etapa conocida como Neolítico cerámico. Una teoría afirma que el evento 8,2 ka produjo movimientos migratorios desde el Asia occidental hacia los Balcanes.[57] No obstante, los asentamientos agrícolas de Próximo Oriente resistieron. Desde luego, es posible hallar poblados abandonados, pero estos no se encuentran en las regiones con mayor probabilidad de haber sufrido los efectos del evento 8,2 ka.[58] Dichos efectos pudieron haber variado entre una zona y otra… Un estudio realizado en Escocia que emplea la actividad humana como muestra de población ha descubierto un hundimiento demográfico.[59]

EL FIN DEL SAHARA VERDE

En buena parte de los territorios africanos que en la actualidad conforman el desierto del Sahara y regiones meridionales adyacentes, las fluctuaciones climáticas desempeñaron una importante función en la creación de estrategias destinadas a la obtención y producción de alimentos durante el Holoceno. En el norte de África, el periodo comprendido entre el Pleistoceno Superior y el principio del Holoceno llevó a una etapa conocida como Periodo Húmedo Africano, el Sahara Verde más reciente. Hoy puede resultar difícil creer que el Sahara, el desierto cálido más grande del mundo, fuese una región cubierta de lagos y vegetación hace entre doce y cinco mil quinientos mil años. Los sedimentos de antiguos lechos lacustres muestran unos niveles muy superiores a los actuales. El lago Chad, que en el presente está disminuyendo de tamaño debido al cambio climático causado por la actividad humana, es solo una fracción del antiguo paleolago cuya superficie se extendía mucho más allá de las riberas del actual cuerpo de agua. El abundante suministro de agua sostuvo grandes cantidades de una población humana y animal hoy escasa o, como sucede en buena parte del Sahara, desaparecida por completo. Los grabados presentes en afloramientos rocosos del desierto nos hablan de un pasado muy diferente. Estos relieves representan a personas nadando, practicando la caza mayor y pastoreando ganado, y también señalan la existencia de fauna salvaje, como hipopótamos y cocodrilos. Los cocodrilos del Sahara Verde vivían en los hoy inexistentes lagos del desierto. En la actualidad han desaparecido casi en su totalidad, aunque se han encontrado ínfimas poblaciones en cavernas y en las proximidades de humedales estacionales en Mauritania y el norte de África.

El Periodo Húmedo Africano fue consecuencia de un incremento de la fuerza monzónica vinculada a los cambios orbitales terrestres. Según el ciclo de precesión, hace unos once mil años el verano del hemisferio norte coincidía con el perihelio. El resultado fue aproximadamente un 8 % más de radiación solar durante la época estival, lo cual tuvo una especial influencia en las bajas latitudes, carentes de grandes capas de hielo capaces de moderar la influencia de una creciente insolación. Una mayor insolación veraniega incrementó la diferencia entre las temperaturas de las grandes masas continentales y los océanos que las circundaban, originando así un desplazamiento hacia el norte de la ZCI y el fortalecimiento del monzón estival. Las precipitaciones monzónicas se incrementaron en un 50 % durante esta época.[60]

Hubo un aumento demográfico en el Sahara a lo largo del Periodo Húmedo Africano. Los humanos se asentaron en todo el Sahara oriental. La región fue hogar de cazadores-recolectores y, con el paso del tiempo, también de pastores. El índice de crecimiento demográfico no fue uniforme en todas las áreas saharianas, aunque sí hubo un rápido crecimiento general. Se formaron comunidades a orillas de los lagos, como el caso de un paleolago (un lago antiguo que ya no existe) en Gobero, Níger. Los cazadores-recolectores que vivieron en Gobero entre los años 7700 y 6200 a. e. c. crearon el primer cementerio conocido en el Sahara. Más al este, el Periodo Húmedo Africano también mejoró las condiciones para la caza en el África oriental. Allí hubo fluctuaciones de población procedente del Sahara. Por ejemplo, la gente abandonó el asentamiento a orillas del paleolago Gobero durante unos mil años, entre el año 6200 y el 5200 a. e. c., aunque solo hubo un abrupto declive demográfico al final del Periodo Húmedo Africano, hace unos cinco mil años. Por ejemplo, los registros de los enterramientos en el lago Gobero son anteriores a 2500 a. e. c.[61]

Al final del Periodo Húmedo Africano, causado por la mengua de la radiación solar vinculada a la precesión, supuso una serie de grandes retos para la población humana. Al secarse los paleolagos, algunos grupos mostraron una mayor tendencia a los desplazamientos.[62] Unos salieron del Sahara, ya fuese hacia el sur o hacia el este, al valle del Nilo. La concentración demográfica a lo largo de este río fue la precursora inmediata del nacimiento del Egipto faraónico.

Otros intensificaron el empleo de nichos más favorables. El rápido incremento de la aridez proporcionó a los humanos de una razón para dedicarse por completo al aprovechamiento de nuevas estrategias destinadas a la obtención de alimentos. Esta creciente aridez puso en peligro la domesticación en áreas que se secaban cada vez con mayor celeridad, pero también contribuyó al avance de las técnicas agrícolas.[63] Con la escasez de recursos para la caza y recolección, aumentaron los beneficios del empleo de animales domésticos. Las imágenes del arte rupestre y los restos de grasa láctea hallados en piezas de cerámica indican el empleo de ganado domesticado en el norte de África durante el quinto milenio antes de la era común. A pesar de su intolerancia a la lactosa, la gente fue capaz de procesar la leche, probablemente elaborando mantequilla, queso o yogur, y así consumir productos lácteos.[64] En Wadi Bakht, situado en una planicie al suroeste de Egipto, la gente sufrió una abrupta variación climática hace unos cinco mil quinientos años. Se convirtieron en pastores nómadas hasta que abandonaron la región tras un último episodio de sequía acaecido hace unos cuatro mil quinientos años.[65]

La tendencia a la sequía pareció contribuir tanto a la dispersión como a la concentración de poblaciones. En el África occidental, las condiciones de aridez pudieron haber llevado a la población a concentrarse a lo largo del río Níger y al surgimiento de áreas urbanas con núcleos de poder más centralizados.[66]

Las variaciones climáticas pudieron haber influido en el momento y las rutas de las grandes migraciones bantúes, que reformaron el mapa demográfico en buena parte de África. En la actualidad, los pueblos bantúes componen la gran mayoría de la población del centro y el sur africano. El análisis genético indica que estos pueblos comenzaron a migrar del África occidental y central hace entre 5000 y 5600 AP.[67] Hace unos dos o tres mil años, una tendencia a la sequía disminuyó la superficie boscosa de África central. Al menguar estas zonas selváticas, los granjeros bantúes pudieron desplazarse hacia el sur con más facilidad. Es probable que los nuevos emigrantes se desplazasen primero hacia el borde del cinturón forestal y que después se internasen en la selva. Erigieron poblados, elaboraron cerámica y, al parecer, practicaron técnicas agrícolas sencillas. Los hallazgos de mijo perla domesticado en el Camerún meridional se remontan a entre 400 y 200 a. e. c.[68] Los patrones basados en el gran número de lenguas bantúes indican que estos pueblos siguieron la expansión de las sabanas que poco a poco conquistaban los terrenos boscosos, primero a lo largo de la periferia, unos cuatro mil años antes del presente, y después en zonas centrales como el río Sangha, hace unos dos mil quinientos años. Como contraste, las áreas ocupadas por el bosque lluvioso tropical ralentizaron las migraciones.[69]

Los pueblos bantúes comenzaron a trabajar el hierro unos dos mil quinientos años antes del presente, y la búsqueda de carbón para fundir el metal pudo haber supuesto, junto con el clima, cierta influencia en la composición de los bosques. El clima más seco originó el corredor Togo-Dahomey, una sabana que corta la pluviselva en el África occidental. Las palmas africanas avanzaron y proliferaron en este corredor. En el lago Ossa, Camerún, la recolección y empleo de madera que hicieron los humanos para fundir el hierro pudo haber contribuido a la reducción del dosel arbóreo.[70] No obstante, la mengua general de los bosques durante el Holoceno, hace unos dos mil quinientos años, favoreció el avance de las palmas africanas incluso sin la actividad humana. La variación climática regional causó un cambio en el paisaje de África central, pasando de zonas boscosas dominadas por árboles de hoja perenne a la sabana, pero también influyeron las migraciones bantúes y la mayor erosión causada por la actividad humana.[71] Además, en el África oriental no siempre es posible concretar la influencia relativa de las precipitaciones y la actividad humana sobre la vegetación. El análisis de una muestra extraída del lago Masoko, en Tanzania, muestra los efectos de la quema de carbón e indica que los pueblos bantúes despejaron el terreno a medida que practicaban la agricultura en el África oriental.[72]

SOCIEDADES COMPLEJAS

El avance de la agricultura durante el Holoceno contribuyó a hacer posible el nacimiento de la civilización, aunque el momento de su nacimiento varía mucho de una región a otra. Las primeras sociedades identificadas habitualmente como civilizaciones se remontan a un periodo durante el cual muchos humanos aún vivían como cazadores-recolectores. Ni un clima más cálido y estable ni la agricultura pudieron haber requerido el nacimiento de la civilización en un momento concreto. No obstante, una y otra vez nacieron civilizaciones durante el Holoceno. Tales civilizaciones compartían muchos rasgos. Poseían una creciente complejidad social y organización política o gubernamental. Estaban compuestas por comunidades de mayor tamaño y ciudades, y en algunos casos poseían elaborados centros ceremoniales. Sus élites gobernantes y jefes religiosos erigieron palacios, templos y monumentos. Disponían de redes comerciales más tupidas y también más estables vías de comunicación, y en muchos casos desarrollaron un sistema de escritura.

Las civilizaciones surgieron por primera vez hace unos cinco mil años en Mesopotamia, y poco después en Egipto. Este periodo se ha llamado Edad de Bronce, la época en que la gente empleó el bronce para elaborar objetos como, por ejemplo, armas y herramientas. Surgieron civilizaciones independientes en otras regiones del mundo… En China durante el segundo milenio antes de la era común, y en Mesoamérica y Sudamérica durante el primero. En todos los casos, el periodo cálido y estable del Holoceno contribuyó a la producción de cultivos domesticados y al incremento de una población humana, pilares esenciales de las civilizaciones, que dependía de la consecución de excedentes alimenticios.

En el caso de la primera civilización de Mesopotamia, la agricultura avanzó junto con la proliferación de poblados agrícolas. Por norma general los campesinos experimentaron condiciones climáticas favorables, aunque la elevación del nivel del mar en el golfo Pérsico sumergió algunas áreas costeras. Hacia el año 5800 a. e. c., aproximadamente, los asentamientos de mayor tamaño, como el hallado en Tell Hassuna, en la Mesopotamia septentrional, podían albergar a unas quinientas personas. Los edificios dedicados a algún tipo de actividad religiosa concreta también datan de esa época. El incremento de la complejidad social y política también es evidente en el yacimiento de Tell Zaidan, una comunidad fechada hacia el año 4000 a. e. c. y ubicada en las riberas del Éufrates, el cual contiene un templo y vestigios de la existencia de una cultura de élite, como sellos u objetos empleados para estampar y quizá también para marcar posesiones.

Durante el cuarto milenio antes de la era común, se desarrollaron grandes ciudades en Mesopotamia. Uruk, fundada hacia 4200 a. e. c., se convirtió en el centro de la cultura sumeria hasta, aproximadamente, 3500 a. e. c. La población de Uruk pasó de unas diez mil personas a cincuenta mil. La ciudad poseía un gran complejo religioso. Uruk fue estableciendo colonias hasta que su sistema colapsó hacia 3100 a. e. c. Sin embargo, a pesar del fracaso de Uruk, el nuevo patrón urbano se extendió por Mesopotamia y se fundaron más de treinta ciudades.

El nacimiento de la civilización egipcia pasó, en sentido general, por las mismas etapas. Hacia 5500 o 5000 a. e. c. ya existían poblaciones a lo largo del Nilo. Hacia el final del cuarto milenio se erigieron ciudades. Tanto Egipto como Mesopotamia tenían enormes e impresionantes centros religiosos ceremoniales, aunque el país del Nilo contase con menos ciudades. Al contrario que en Mesopotamia, donde las primeras ciudades funcionaron como ciudades-estado independientes, Egipto se unió bajo el mando de un faraón hacia 3100 a. e. c.

El vínculo entre clima y civilización es complejo. Las civilizaciones dependían en gran medida de climas apropiados para la agricultura, al tiempo que desarrollaban una capacidad de resistencia cada vez mayor frente a sus fluctuaciones. Egipto y Mesopotamia florecieron a pesar de una tendencia general a la sequía sufrida en el Mediterráneo oriental.[73]

También nacieron civilizaciones en el sur de Asia y Extremo Oriente. La primera civilización del Asia meridional enraizó a lo largo del río Indo, en lo que es hoy Pakistán. Los restos de grandes ciudades, como Mohenjo-Daro y Harappa, se remontan a 2500 a. e. c. En China, los asentamientos neolíticos se extendieron por varias regiones, sobre todo a lo largo de los ríos Amarillo y Yangtsé. Las primeras dinastías nacieron al norte del río Amarillo, sobre todo durante el segundo milenio antes de la era común. La dinastía Shang gobernó poblados agrícolas, villas y ciudades.

El calentamiento acaecido mediado el Holoceno, a menudo llamado «óptimo climático del Holoceno», estimuló el desarrollo de las nacientes civilizaciones, además de zonas agrícolas carentes de gobiernos y estructuras sociales complejas. Cualquier tendencia climática puede beneficiar a una forma de vida concreta, ya sean dinosaurios, leones marsupiales o mamuts, pero el óptimo climático del Holoceno proporcionó ventajas sobre todo a las civilizaciones basadas en la agricultura. El avance de la agricultura mantuvo a una creciente población y permitió a las élites aprovechar recursos para erigir los centros religiosos y políticos que identifican a una civilización. La habilidad para cosechar y almacenar grandes cantidades de grano proveyó a las civilizaciones de un medio para soportar las épocas de mala cosecha. La historia de José, en el Antiguo Testamento, nos proporciona un ejemplo sorprendente. El faraón soñó con espigas delgadas, marchitas y quemadas por el viento, y vacas feas y raquíticas que se tragaron a las vacas gordas y las espigas buenas. El soberano hizo sacar a José de la prisión para pedirle que le explicase el sueño. José le dijo que llegaba una hambruna, y el faraón lo puso al frente de las labores de cosecha. «Juntó alimento como quien junta arena del mar, y fue tanto lo que recogió que dejó de contabilizarlo. ¡Ya no había forma de mantener el control!».[a] Y así Egipto pudo soportar una severa hambruna. No se puede verificar históricamente este relato del consejo de José y las medidas tomadas por el soberano egipcio pero, sin duda, son un ejemplo de la capacidad de una civilización agrícola para soportar la escasez de alimentos.

Un análisis del crecimiento demográfico y urbano en Próximo Oriente indica que hacia 2000 a. e. c. los patrones de asentamiento se separaron de los climáticos. El descubrimiento no demuestra que las civilizaciones se hubiesen hecho invulnerables a cualquier catástrofe climática, pero sí indica una creciente resistencia. Unas

---

a   Génesis, 41, 49, La Biblia, nueva versión internacional. *(N. del T.)*

condiciones favorables podían beneficiar a la agricultura, pero la población era capaz de sobrevivir a las épocas de sequía.[74]

Además de artefactos tecnológicos, objetos de arte, técnicas arquitectónicas y cierta variedad de impresionantes edificios y otros proyectos, las civilizaciones resultantes de las sociedades agrícolas del Holoceno también causaron efectos adversos. La agricultura producía más alimento y mantenía a una mayor cantidad de población, pero más comida no siempre implica mejor salud. Lo cierto es que, en muchos aspectos, los campesinos tenían peor salud que los cazadores-recolectores. La estatura media, que sirve como modelo para determinar el estado de salud general de una población, descendió tras la adopción de la agricultura. Las pruebas arqueológicas muestran que las sociedades de cazadores-recolectores eran sorprendentemente saludables según esta medida. La estatura media a finales de la última glaciación en Grecia y Turquía era de unos 175 cm, pero tras el avance de la agricultura esta cifra cayó a los 160 cm hacia 3000 a. e. c.[75]

Las civilizaciones también sirvieron para incubar nuevas enfermedades. Una población más densa y numerosa incrementaba la cantidad de portadores de enfermedades que en el pasado se habrían agotado por sí solas. Las mismas sociedades agrícolas del Holoceno, capaces de conseguir excedentes alimenticios suficientes para construir pirámides y zigurats y alcanzar una complejidad social que llevó a la invención de la escritura, también impulsaron la propagación de enfermedades como la gripe, la viruela y el sarampión. Por ejemplo, la existencia de una población sedentaria más numerosa supone mejores condiciones para la propagación de la tuberculosis (TB). La verdad es que hace unos seis mil seiscientos años hubo un gravísimo brote de TB en China que coincidió con la intensificación del cultivo de arroz en el valle del río Yangtsé.[76]

La obtención de recursos en las sociedades agrícolas del Holoceno incrementó en gran medida situaciones que llevarían a grandes desigualdades sociales. Por supuesto, una banda de cazadores-recolectores podría tener jefes con mayor poder y privilegios que la media de los componentes del grupo, pero el hecho de vivir en pequeñas comunidades que a menudo recogían sus pertenencias y se trasladaban a otro territorio imponía un serio límite a la capacidad de acumular riquezas.[77] Por el contrario, muchas de las sociedades cuyos excedentes procedían de la actividad agrícola fueron testigos del auge de poderosas élites hereditarias. La división básica de la historia china y egipcia en dinastías es una prueba evidente de la existencia de familias capaces de controlar y dirigir casi por completo los excedentes producidos por los campesinos.

CONCLUSIÓN

El Holoceno supuso un cambio decisivo tanto para el clima como para la historia humana. Durante las decenas de miles de años anteriores, el *Homo sapiens* había vivido en un mundo con mayores fluctuaciones climáticas. Tras el Dryas Reciente, el clima no permaneció estático, pero sus variaciones fueron bastante menos pronunciadas. Miles de años después todavía lo tomamos como una norma: el clima es algo relativamente estable.

Para las sociedades humanas, el Holoceno también fue testigo de un cambio sin precedente en el pasado. Los descendientes de los humanos que habían vivido como cazadores-recolectores fueron haciéndose cada vez más campesinos. Estos cazadores-recolectores no se desvanecieron de la noche a la mañana, pero la proporción de humanos viviendo como granjeros, y en muchos casos dentro de sociedades complejas, aumentó. En una época más reciente, gracias a radicales mejoras en la eficiencia y productividad agrícolas, ha disminuido la proporción de personas empleadas en este tipo de actividad, pero aún concebimos como una regla básica que la domesticación de plantas y animales pudo mantener a una vasta población humana, mucho más numerosa que toda la existente antes del Holoceno.

3. AUGE Y CAÍDA DE LAS CIVILIZACIONES

En una escala temporal de varios milenios, muchas civilizaciones y sociedades humanas surgieron, cambiaron y, en algunos casos, sufrieron un declive durante la última etapa del Holoceno. Por tradición, el clima forma parte del fondo no investigado de la historia de estas sociedades. Así, al estudiar la historia de las sociedades del Holoceno, los historiadores parten de ciertas convenciones, entre ellas una idea básica del tipo de clima propio de la región donde existió una sociedad determinada. No obstante, la historia climática revela que incluso durante el Holoceno las sociedades pudieron haber tenido que afrontar importantes fluctuaciones climáticas.

Una vez superada la visión del clima como un simple telón de fondo del devenir de los acontecimientos, la integración de la historia del cambio climático en la humana nos proporciona nuevos puntos de vista. Desde el punto de vista más prudente, el clima contribuye a las condiciones básicas para la agricultura y el desarrollo de la vida cotidiana sin que eso suponga un factor determinante en los cambios políticos o económicos.[1] Por supuesto, las sociedades que florecieron durante periodos de relativa estabilidad climática nunca hubieron de afrontar grandes desafíos meteorológicos, pero otros puntos de vista consideran las condiciones atmosféricas como un factor que influyó en el auge y la caída de civilizaciones enteras. Esto lleva a la forma más sorprendente de estudiar un colapso social.[2] Por el contrario, otro punto de vista se concentraría en la resistencia y el modo en que las sociedades respondieron y se adaptaron a las variaciones climáticas combinadas con otros factores externos.[3]

En general, las civilizaciones y las sociedades del Holoceno se mostraron resistentes y a la vez vulnerables a las variaciones climáticas. Si habían surgido en una época anterior, bien podían desmoronarse frente a los cambios del clima. Por ejemplo, una sociedad compleja en Dogerlandia o Beringia podría haber terminado hundida en el mar. Los cazadores-recolectores se dispersarían sin dejar una Atlántida bajo las aguas. Es muy posible que una civilización grande, situada en una de las regiones afectadas por el Dryas Reciente, sufriese daños graves. No hubo una variación climática equivalente durante el Holoceno, pero sus civilizaciones tuvieron que afrontar ciertas fluctuaciones. La habilidad para manipular el entorno y almacenar suministros concedió resistencia a las civilizaciones y sociedades complejas, pero incluso unos cambios más modestos pudieron suponer un desafío para aquellas dependientes de unas condiciones estables, un suministro de agua regular y el régimen habitual de precipitaciones.

LA ARIDEZ DEL 4,2 KA

Para los climatólogos, el sino de la civilización nacida a lo largo del Indo es un ejemplo del daño que un cambio climático puede infligir incluso a una sociedad muy sofisticada. En muchos aspectos, los yacimientos descubiertos pertenecientes a la civilización del Indo continúan impresionándonos. Las dos ciudades más grandes, Mohenjo-Daro y Harappa, nos proporcionan indicios de planificación y urbanismo, con disposiciones geométricas de estructuras y cimientos de enormes e impresionantes edificios. Las poblaciones estimadas de estas ciudades varían entre las treinta y cinco y las cincuenta mil personas. Mohenjo-Daro destaca por su sistema de pozos y desagües, además de un gran estanque conocido como

98

Gran Baño. Otros yacimientos correspondientes a esta civilización perdida muestran, con sus desagües, pozos, canales y diques, una dedicación especial al control y almacenamiento de agua. Los habitantes de la civilización del Indo también inventaron un sistema de escritura, aunque hasta la fecha no se han descifrado por completo los restos de los breves fragmentos encontrados.

Al contrario de lo sucedido en Egipto, Mesopotamia y China, la civilización del Indo cayó en una posterior oscuridad. Había nacido poco después que las de Mesopotamia y Egipto, hacia 2400 a. e. c. Las grandes ciudades del Indo precedieron al auge de los asentamientos chinos de la Edad de Bronce. En cualquier caso, esta civilización comenzó a decaer hacia 1800 a. e. c., y su mayor asentamiento fue abandonado hacia 1600 a. e. c., mucho antes del colapso final de las antiguas sociedades egipcias y mesopotámicas.

El porqué de este colapso es causa de debate. Uno de los arqueólogos que realizaron grandes excavaciones en el lugar afirma que los cuerpos desperdigados fueron víctimas de una masacre perpetrada por los invasores arios que saquearon la ciudad y destruyeron la civilización. Este relato es dramático, pero poco convincente: un montón de esqueletos no es prueba de una matanza perpetrada por un pueblo concreto ni del final de una ciudad. Es posible que muchos de esos esqueletos se enterrasen, aunque de modo rudimentario, y existen muy pocas pruebas arqueológicas de un acto de destrucción generalizada correspondiente al final de la ciudad. Otros historiadores, en vez de la hipótesis de una invasión, han propuesto posibles alteraciones en el curso del Indo. Sin duda, tales fluctuaciones habrían llevado al declive de varios asentamientos situados en sus riberas, pero no explican por qué una civilización avanzada no se limitó, sencillamente, a desplazarse siguiendo el nuevo curso del río. Por último, los estudios arqueológicos más recientes no están de acuerdo con la noción de un colapso súbito, pues apuntan a un cambio en los patrones de asentamiento que derivó a comunidades más pequeñas situadas al este de la región. En este caso, algunos pueblos del Indo sobrevivieron y se adaptaron a un nuevo estilo de vida. Puede que los emigrantes protagonistas de este nuevo patrón llevasen consigo la agricultura, pero la civilización del Indo, con su escritura y artefactos distintivos, murió.

3.1. El Gran Baño de Mohenjo-Daro. *Fuente*: Wikimedia Commons, https://commons.wikimedia.org/wiki/File:Great_ Bath,_Mohenjo-daro_20160806_JYN-03.jpg.

De todas las causas posibles, parece que el cambio climático ha sido el factor más decisivo en el debilitamiento de la civilización del Indo. Las lluvias monzónicas proveían de las precipitaciones necesarias, pero esta sociedad desapareció con el desplazamiento de los monzones. Hacia 5000 AP (3050 a. e. c.), un fuerte monzón estival en la región causó grandes inundaciones que afectaron gravemente a los asentamientos y la agricultura organizada. Pero la fuerza monzónica se debilitó cuando el ciclo de precesión terrestre hizo que disminuyese la insolación estival. A partir de

4500 AP (2550 a. e. c.), esta tendencia a la aridez favoreció el desarrollo de la agricultura y las sociedades complejas en la región. Los cauces se suavizaron y las inundaciones no fueron tan extremas, permitiendo así la construcción de pueblos y ciudades a lo largo de los ríos. No obstante, una mengua continua de la precipitación, vinculada con el debilitamiento de los monzones, amenazó la existencia de la agricultura. Los análisis geoquímicos realizados en los sedimentos del golfo de Bengala proporcionan pruebas de una tendencia a la sequía. Los biomarcadores de la vegetación sepultados en el sedimento muestran un incremento de la cantidad de plantas adaptadas a condiciones áridas entre los años 4000 y 1700 AP (2050 a. e. c. y 250 e. c.). Tras 1700 AP, predominan las plantas adaptadas a la aridez. Las conchas del plancton recogido en estos sedimentos registran un crecimiento general de la salinidad en el golfo de Bengala a partir de 3000 AP (1050 a. e. c.), lo cual indica una reducción del caudal fluvial en la zona.[4] Los humanos pudieron haber contribuido al problema con el exceso de pastoreo y deforestación, causando así una mayor presión en el ya reducido suministro de agua. La paleopatología, o el análisis de los restos humanos, indica un aumento de enfermedades debido al estrés climático.[5] En cierto modo, la población demostró alguna resistencia al desplazarse al este, pero estos emigrantes no llevaron consigo su propia civilización.

Las cada vez más numerosas pruebas a favor del cambio climático como causa principal del colapso de la civilización del Indo proporcionan una serie de importantes lecciones históricas. Incluso una civilización avanzada, capaz de manipular y controlar el suministro de agua, puede enfrentarse a su desaparición debido a la aridez. Por mucho que los pueblos del Indo fortaleciesen su independencia frente a una posible fluctuación en las precipitaciones, continuaron siendo vulnerables a una alteración climática, si esta era lo bastante fuerte. Este ejemplo plantea preguntas importantes: ¿hasta qué punto las sociedades humanas pueden resistir y adaptarse al cambio climático? ¿Bajo qué condiciones fallan sus estrategias?

La civilización del Indo no fue la única en experimentar el imponente desafío de la aridez hace 4000 años (2050 a. e. c.). Durante el, por lo general, periodo de clima favorable propio del Holoceno, una tendencia a la sequía acaecida hacia el año 2000 a. e. c. en el este del Tíbet y el oeste de China, en la meseta de Loes (así llamada por los depósitos de loes, un sedimento limoso), pudo haber causado daños en las sociedades neolíticas chinas. En Sujiawan, en el noroeste de China, el bosque dio paso a una estepa arbolada, y esta, a una estepa propiamente dicha. La sequía pareció afectar a las sociedades agrícolas de la Nueva Edad de Piedra, y los residentes de algunas regiones cambiaron del cultivo al pastoreo. La sequía también afectó con severidad a las regiones de Hunshandake, en la Mongolia interior y el norte de China, y debilitaron la sociedad Hongshan, una cultura neolítica que dejó tras de sí un tesoro oculto de jade. Un paisaje de ríos y lagos dio paso a las dunas, y durante siglos a partir de entonces no hubo artefactos parecidos ni pruebas de asentamientos humanos en la zona.[6]

La tendencia a la sequía acaecida hacia 2000 a. e. c. no fue lo bastante severa como para debilitar a todas las civilizaciones o sociedades complejas de la época. En la Mesopotamia septentrional, en lo que hoy es Siria, algunos asentamientos de la región correspondientes al Bronce temprano sufrieron contratiempos, pero otros resistieron. Así, los poblados próximos a Umm el-Marra, en el norte, al este de Alepo, fueron abandonados y buena parte del nordeste sirio, cerca del Jabur, un afluente del Éufrates, quedó vacío de asentamientos, aunque en otras regiones sí sobrevivieron y la civilización persistió en Mesopotamia.[7]

El colapso del Imperio antiguo egipcio, a finales del tercer milenio antes de la era común, también plantea preguntas acerca de si la misma tendencia a la sequía que parece haber dañado a las sociedades complejas del Asia meridional y el occidente chino pudo haber causado una presión similar en Egipto. El Imperio antiguo fue testigo del auge de un Estado floreciente, poderoso y dueño de una rica cultura religiosa. Al imaginar las enormes construcciones del antiguo Egipto solemos pensar en el Imperio antiguo, pues en esa época se construyó la Gran Pirámide. También nos han dejado monumentos otros periodos posteriores de la historia egipcia, pero las gigantescas pirámides de Guiza, al suroeste de El Cairo, así como la gran Esfinge, se remontan al Imperio antiguo. Todas estas estructuras requirieron de gran capacidad de diseño, planificación y trabajo, y todas se basaban en la consecución de excedentes agrícolas. Este excedente exigía un flujo de agua constante para las cosechas. Los cimientos sustentantes de Egipto, y de toda su avanzada sociedad, descansaban sobre la capacidad de los agricultores asentados a lo largo del valle del Nilo para producir más de lo que necesitaban para subsistir.

Al final del Imperio antiguo, se derrumbó el Gobierno centralizado y todo Egipto entró en una etapa llamada Primer Periodo Intermedio que se extendió desde 2160 hasta 2055 a. e. c. La construcción de grandes monumentos, sinónimo del Imperio antiguo, llegó a su fin. Hubo un incremento de convulsiones y desórdenes internos durante esta etapa situada entre los Imperios antiguo y medio. Los textos correspondientes a esta época hablan del peligro de los bandidos y de numerosos fallecimientos.

Tradicionalmente, los historiadores han atribuido este Primer Periodo Intermedio a factores tales como el largo reinado del último faraón del Imperio antiguo, Pepi II; luchas de poder o invasiones, pero hay pruebas evidentes de que una mengua en las crecidas del Nilo debilitó Egipto durante esa época. El lago situado en la depresión de Fayún, en el Egipto central, se secó.[8] Numerosos estudios documentan una sequía generalizada en todo el oriente mediterráneo y el occidente asiático hacia 4200 AP (2250 a. e. c.). Los registros geológicos del delta del Nilo destacan sobre todo el escaso caudal del Nilo durante la época correspondiente al colapso del Imperio antiguo.[9] En este caso, la reducción de las inundaciones causó una tendencia a la sequía que contribuyó al desmoronamiento del Estado.

El Primer Periodo Intermedio no necesariamente causó las mismas penurias en todos los estratos de la sociedad egipcia. En el mundo actual, los efectos más graves del cambio climático a menudo afectan a aquellos sin riquezas ni poder pues, por norma general, las élites están mejor protegidas frente a las más severas consecuencias del fenómeno. Sin embargo, esto no fue necesariamente así en todas las épocas. En Egipto, el centro de poder del Imperio antiguo se desmoronó, pero la disminución de los productos de lujo empleados por la élite no implicó el colapso de la producción de la mayoría de los artefactos. En concreto, el ajuar funerario de las tumbas egipcias correspondientes a miembros de los estratos sociales más bajos muestra una mayor abundancia de bienes, como amuletos y cuentas. Según este baremo, quizás el pueblo llano no sufriese las mismas pérdidas que la élite, al menos mientras consiguieran sobrevivir a alguna hambruna.

La civilización del antiguo Egipto también se mostró resistente frente a la sequía sufrida hacia 2000 a. e. c., pues el Primer Periodo Intermedio no llevó al colapso de la sociedad. El modelo monárquico sobrevivió a este periodo y el Estado egipcio recuperó su fuerza durante el Imperio medio. La sequía pudo debilitar a la civilización del antiguo Egipto, pero no la destruyó; no obstante, los cambios culturales surgidos durante el Primer Periodo Intermedio duraron mucho tiempo. Los faraones del Imperio medio, aunque enormemente poderosos, adquirieron la imagen no solo de mero gobernante, sino también de pastor. Un cayado de pastor estilizado se convirtió en uno de los símbolos del faraón.[10]

Durante la Edad de Bronce, las civilizaciones y sociedades humanas florecieron en diferentes escenarios. La agricultura del Holoceno continuó sosteniendo el crecimiento demográfico y contribuyó al mantenimiento de civilizaciones ubicadas en diversas zonas de Eurasia. La civilización sobrevivió en Egipto y Mesopotamia, además de en regiones situadas al norte de esta última. El Imperio hitita dominaba gran parte de Anatolia y algunas regiones sirias; y en el siglo XIII a. e. c. los hititas combatieron contra el Imperio nuevo egipcio. Las civilizaciones de la Edad de Bronce también florecieron alrededor del mar Egeo, en la isla de Creta, ubicación de la civilización minoica, y el sur de la Grecia continental, en Micenas. En Extremo Oriente, la primera dinastía de la que tenemos noticia, la dinastía Shang, surgió en China hacia 1600 a. e. c., aunque los relatos chinos también se refieren a una anterior, la dinastía Xia, cuya existencia es difícil de verificar. Durante la Edad de Bronce, la población humana aumentó de catorce millones hace cinco mil años a unos cincuenta a principios de la Edad de Hierro, hace unos tres mil años, cuando este metal sustituyó al bronce como el material preferido para manufacturar armas y herramientas.

El intenso cultivo y pastoreo que hizo posible el crecimiento demográfico alteró el paisaje y el medioambiente de muchas regiones. La deforestación se extendió más allá de las zonas dominadas por las tierras de labor. Los granjeros talaron árboles, primero con hachas de pedernal y después con hachas de bronce, y quemaron su madera. Los campesinos neolíticos de Gran Bretaña, por ejemplo, talaron bosques enteros.[11] La actividad humana ya había transformado el paisaje de vastas regiones durante la Edad de Bronce.

¿UN PRIMER FORZAMIENTO CLIMÁTICO ANTROPOGÉNICO?

En menor escala que en épocas posteriores, los campesinos y pastores del Holoceno incrementaron las emisiones de gases de efecto invernadero. La expansión del pastoreo y la cría de animales tuvieron, como mínimo, el potencial de crear más metano. Del mismo modo, es posible que la tala de bosques y la quema de árboles incrementasen las emisiones de CO_2 durante el Neolítico y la Edad de Bronce. La hipótesis del forzamiento antropogénico temprano, William Ruddiman la expuso por primera vez en 2003, plantea que la interferencia humana con el clima comenzó mucho antes de la Revolución Industrial como resultado de la agricultura y aprovechamiento del terreno. La prueba de un forzamiento humano tan temprano la tenemos en la detección de un incremento de CO_2, comenzado hace siete mil años, y del metano, comenzado hace unos cinco mil, cuyo modelo no tiene equivalentes en periodos similares de épocas interglaciales anteriores.[12] La fecha del incremento de CO_2 concuerda con la limpia de terreno para la agricultura, y el incremento de metano coincide con la inundación de tierras para el cultivo de arroz y la expansión de la ganadería.[13] Aunque la influencia de las primeras civilizaciones en el clima aún está sujeta a debate, la hipótesis del forzamiento antropogénico temprano ayuda a explicar los registros de la paleoclimatología y la arqueología.[14]

LA CRISIS DEL BRONCE TARDÍO

El final de la Edad de Bronce llegó con la alteración, y en algunos casos con la catástrofe, de sociedades complejas. En Egipto, el Imperio nuevo terminó en 1070 a. e. c., cuando se dividió el país. Durante el primer milenio antes de la era común, Egipto experimentó una descentralización gubernamental, guerras civiles e invasiones hasta el punto de caer en manos de una serie de imperios extranjeros. En Anatolia, el Imperio hitita colapsó en 1160 a. e. c., aunque la lengua de los hititas sobrevivió al derrumbe del Estado. En el litoral sirio, la ciudad-estado de Ugarit se desmoronó en el siglo XII a. e. c.[15] En Grecia, las civilizaciones colapsaron por completo. El palacio minoico de Cnosos, en Creta, fue abandonado durante el Bronce Tardío, aunque el lugar conservó cierta cantidad de población. La civilización de la Edad de Bronce no sobrevivió en la Grecia continental. Los palacios de la cultura micénica fueron destruidos y esta se desmoronó entre 1200 y 1100 a. e. c.

El cambio fue tan profundo que la primera época de civilización griega se fundió con el mito. Los poemas épicos de Homero, compuestos en la Edad de Hierro, tratan de una civilización griega anterior, tan distante que los posteriores lectores de una tradición oral plasmada por escrito se preguntaron si de verdad alguna vez había existido una ciudad llamada Troya; y de la guerra de

Troya, mejor no hablar. La existencia de Troya continuó siendo un misterio hasta que un aficionado a la arqueología, Heinrich Schliemann, y un cónsul británico, Frank Calvert, sacaron a la luz las ruinas de la ciudad en la década de 1870.

Con el colapso de la Grecia de la Edad de Bronce, la civilización sufrió una importante alteración. Desapareció la escritura. Los sistemas de escritura empleados en Minos y Micenas, más tarde conocidos como Lineal A y B, cayeron en desuso. El Lineal B se decodificó en la década de 1950 y Lineal A todavía no se ha descifrado. La civilización helena creada a partir de ciudades famosas, como Atenas, no comenzó a surgir hasta unos trescientos años después del desmoronamiento de la civilización griega de la Edad de Bronce.

¿Qué causó que tantas sociedades complejas de la Europa meridional y Levante sufriesen esta serie de repentinos contratiempos al final del Bronce Tardío? La invasión es una posibilidad. Los textos egipcios de la época hablan de ataques perpetrados por «los pueblos del mar» sin dar muchos detalles que ayuden a identificar a estos asaltantes marinos. En una inscripción de Medinet Habu, un templo funerario del faraón Ramsés III, se relata una victoria egipcia sobre estos pueblos del mar: «Venían de países que eran islas en medio del mar, y avanzaron sobre Egipto confiando sus corazones a las armas. Se echaron las redes para atraparlos. Abocaron a puerto con sigilo y cayeron en la trampa. Los atrapados fueron muertos y sus cuerpos desvalijados».[16] En esta crónica vence Egipto, pero el registro no habla del posible coste de la victoria.

Los desastres naturales también pudieron haber sacudido a las sociedades del Bronce Tardío. En el caso de Minos, los arqueólogos apelan al daño causado por la erupción de Tera (Santorini), un volcán situado en el pequeño grupo de islas situadas en el Egeo, hacia el año 1600 a. e. c. Esta fue una de las mayores erupciones jamás contempladas por los humanos. Dejó depósitos volcánicos de más de treinta metros de espesor. Es razonable investigar si tan catastrófica erupción pudo devastar una civilización, pero si la actividad del volcán y el posible tsunami subsiguiente dañaron Minos, no barrieron de inmediato todos los asentamientos de la cultura minoica en la isla ni borraron del mapa las culturas griegas de la Edad de Bronce en el continente.

La propia transición de la Edad de Bronce a la Edad de Hierro fue otra posible causa de la crisis del Bronce Tardío. Con la sustitución del bronce por el hierro, un Estado o civilización carente de este material podría haber sufrido una seria desventaja militar. Ya se debiese a este cambio al hierro, a la llegada de extranjeros, al enfrentamiento de facciones dentro del Estado o a una combinación de todos estos factores, el hecho es que Egipto sufrió una serie de invasiones a lo largo del primer milenio antes de la era común. En el siglo VIII a. e. c., el reino meridional de Kush, en Nubia, invadió y dominó Egipto. Asiria, una poderosa sociedad militar nacida al norte de Mesopotamia, lo invadió en el siglo VII a. e. c. Persia se hizo con el poder a finales del VI a. e. c. Alejandro Magno conquistó Egipto en el año 331 a. e. c., terminando con el Gobierno de la última dinastía nativa, y Roma anexionó el país en 30 a. e. c. La intensidad con que estas potencias extranjeras ejercieron el gobierno directo de Egipto varía, pero la que fuese una civilización absolutamente independiente durante más de dos mil años se convirtió en provincia de un imperio.

Junto con singulares desastres naturales, problemas internos y agresiones externas, el cambio climático fue una posible causa de tensión para las sociedades del Bronce Tardío en Levante y la cuenca mediterránea. Un incremento secuencial de las temperaturas en el hemisferio norte, seguido de una disminución de la misma y un aumento de la aridez durante la Edad de Hierro temprana dieron como resultado una «anormalidad hidrológica»;[17] una escasez de agua entre los años 1200 y 850 a. e. c. Los registros de la vegetación correspondiente al delta del Nilo indican una serie de sequías regionales, entre ellas las sucedidas hace entre 4200 y 3000 años AP (desde 2250 hasta 1050 a. e. c.), que habrían afectado a las civilizaciones de la zona.[18]

Sin necesidad de ningún suceso catastrófico, las disminuciones anuales de las precipitaciones medias redujeron el suministro de alimentos. No se trató de un repentino cambio climático, sino de un escenario de tensión creciente combinado con otros problemas, internos y externos, que debilitó a las sociedades del Bronce Tardío en el Mediterráneo y Levante. Dada esta situación, la escasez de alimentos también podría haber contribuido a las invasiones de los pueblos del mar al obligar a gente desesperada a emigrar en busca de un nuevo estilo de vida.[19] Los pueblos del mar, según esta interpretación, no eran piratas rapiñadores, sino refugiados ambientales.

Las fluctuaciones climáticas acaecidas durante el Bronce Tardío no debilitaron a todas las civilizaciones y sociedades humanas. La población disminuyó en el noroeste europeo, pero el enfriamiento de la Edad de Hierro temprana sucedió después de esta disminución demográfica.[20] No obstante, esta coincidencia temporal, si lo fue, no demuestra que el clima fuese irrelevante para el devenir de las sociedades humanas en lugares como Irlanda. Si una variación climática no determinó el ritmo de disminución demográfica, un periodo frío sí pudo haber hecho de la agricultura una labor más complicada para sociedades que habían de encarar otros problemas durante la transición de la Edad de Bronce a la Edad de Hierro.

El abandono de poblados complejos en Norteamérica durante un periodo posterior, aproximadamente, al año 1000 a. e. c. ha planteado la pregunta de si las fluctuaciones climáticas durante esta etapa produjeron tensiones sociales en las Américas. En concreto, un vasto y elaborado complejo de montículos en Poverty Point, en la actual Luisiana (Estados Unidos), incluye montículos y túmulos construidos hace entre 3700 y 3100 años AP. Según la mayoría de las interpretaciones, los asentamientos se abandonaron después. Las culturas del periodo Silvícola temprano nacidas unos 2600 años AP tenían poca densidad de población y comerciaban en áreas pequeñas. Junto con la inmigración y los cambios tecnológicos, el cambio climático se cuenta entre las posibles explicaciones propuestas para esclarecer este cambio social y cultural. En concreto, el cambio climático pudo haber incrementado la probabilidad de inundaciones, como registran los sedimentos.[21] La relativa ausencia de modelos climáticos aproximados correspondientes a la zona y los problemas para fechar y describir la transición al periodo Silvícola temprano, así como la protección frente a las inundaciones en los altos del propio Poverty Point, suponen desafíos para esta hipótesis basada en el cambio climático, pero las inundaciones sufridas en la región pudieron haber alterado el suministro de alimentos y el tránsito en las rutas comerciales.[22]

Las sociedades de la Edad de Hierro no fueron inmunes a los efectos de las mismas variaciones climáticas que supusieron desafíos para las del Bronce Tardío. El caso de Asiria muestra el poder militar de uno de los más exitosos imperios de la temprana Edad de Hierro y también la posible tensión creada por la aridez. Los reyes asirios lanzaron campañas anuales desde su centro de poder, situado en el norte de Mesopotamia. Sus armas y equipamientos de hierro, sus ingenieros militares y su dominio de las tácticas de asedio les proporcionaron numerosas victorias. Los ejércitos asirios conquistaron Siria, Fenicia, Israel, Babilonia y Egipto. A veces empleaban el terror. Por ejemplo, una inscripción dice: «Construí un pilar sobre la puerta de su ciudad y allí desollé a los cabecillas que se habían sublevado, y cubrí el pilar con sus pieles». Los asirios se dedicaron a la deportación masiva de algunos de los pueblos conquistados. Imponentes relieves asirios esculpidos en piedra representan el traslado de estos deportados, además de otros asuntos como la guerra y la caza de leones practicada por la realeza. Los propios asirios proporcionan una justificación religiosa para sus conquistas. Sus inscripciones nos hablan de expandir el territorio de los dioses, sobre todo el del dios Ashur.

Tras siglos de imponer su poderío militar, Asiria tuvo un colapso relativamente rápido. El Imperio asirio sufrió guerras civiles a finales del siglo VII a. e. c., y en el año 612 a. e. c. fuerzas babilonias y medas tomaron la ciudad de Nínive, la capital del Imperio neoasirio. No obstante, la caída del Estado que durante tanto tiempo había sembrado el pánico entre sus vecinos parece sorprendentemente repentina. Las rebeliones y las guerras civiles contribuyeron a la caída del imperio, pero el cambio climático también pudo haber supuesto una carga añadida para Asiria. Próximo Oriente experimentó etapas de sequía durante el siglo VII a. e. c., en una época en la que Asiria había de mantener a una elevada población. Una carta de la época, escrita por uno de los astrólogos de la corte, concreta la difícil situación: «No se han recogido cosechas». No obstante, una contraargumentación discute el hecho de que Asiria estuviese superpoblada.[23]

Una disminución de la cantidad de energía emitida por el Sol también pudo haber afectado al clima durante la transición del Bronce Tardío a la temprana Edad de Hierro. Las medidas obtenidas en turberas europeas muestran una disminución de la insolación durante este periodo.[24] Según algunos modelos, esta mengua de la emisión de energía solar llevó a un incremento de las precipitaciones, lo cual redujo las zonas desérticas y amplió las praderas esteparias en el sur de Siberia y Asia central. A su vez, una mayor abundancia de forraje pudo haber aumentado la población nómada de la zona, entre ellos un pueblo conocido como escitas. A continuación, a causa del crecimiento demográfico, los escitas emigraron hacia el oeste, en dirección al Cáucaso, el mar Negro y aventurándose incluso en Europa.[25] En el siglo V a. e. c., el historiador griego Herodoto describió a los escitas. Los escitas, nos cuenta, dicen proceder del desierto; pero él creía que procedían de Asia. Además, en los relatos acerca de las guerras desatadas por los pueblos vecinos contra ellos, Herodoto también nos proporciona una prueba que se puede ajustar a la explicación alternativa para su migración como respuesta a una invasión, y si el clima influyó en los movimientos de este pueblo, la sequía también puede explicar su deriva hacia Occidente.[26]

ÓPTIMO CLIMÁTICO: ROMA

Durante el Holoceno, las tendencias a la sequía causaron tensiones regionales. En cambio, unas condiciones más estables benefician a las civilizaciones. Por ejemplo, el periodo de clima cálido y relativamente estable que hubo desde aproximadamente el año 400 a. e. c. hasta el 200 e. c. se ha llamado «óptimo climático romano», u «óptimo climático». Estos términos se deben a la idea de que las complejas sociedades y los poderosos imperios de la época clásica se beneficiaron del clima de su tiempo. Por supuesto, esas condiciones óptimas no son únicas: un clima muy diferente, y absolutamente hostil para tales imperios, pudo haber sido óptimo para otros seres. Así, el gélido clima del UMG se puede describir como óptimo para el reno. Por tanto, el término «óptimo» refleja por sí mismo la estrecha relación entre el cambio climático y la historia humana.

Roma y la dinastía Han, dos de los más grandes y poderosos imperios de la Antigüedad, florecieron durante el óptimo climático. Roma, una pequeña ciudad-estado situada a orillas del Tíber, en la Italia central, se expandió hasta gobernar toda la península itálica, la cuenca mediterránea y, con el paso del tiempo, vastas regiones de la Europa occidental y suroriental. Los orígenes de Roma están envueltos en la leyenda y en la historia de dos hermanos, Rómulo y Remo, que, según dicen, fueron amamantados por una loba. Los hermanos pelearon… Y el victorioso Rómulo le puso su nombre a la ciudad. Otra leyenda, popularizada por el escritor romano Virgilio con su poema épico la *Eneida*, nos cuenta que unos refugiados troyanos fundaron la ciudad. Según los conocimientos en nuestro poder, en el siglo VIII a. e. c. Roma era en realidad un pueblo, o quizá una pequeña ciudad. Durante sus primeros años estuvo gobernada por reyes, pero hacia el final del siglo VI a. e. c. abandonó la monarquía y se convirtió en una república con cónsules elegidos anualmente y un senado. Con su poderosa aristocracia, esta república no fue una democracia directa.

La narrativa habitual acerca de la expansión romana habla de guerra, desarrollo militar y el fortalecimiento de sus ciudadanos.

Desde su centro de poder, a orillas del Tíber, Roma creció a ritmo regular. Este proceso comenzó mucho antes de que se convirtiese en imperio. Roma sostuvo una serie de guerras contra sus vecinos latinos. En el siglo IV a. e. c., ya los había derrotado y hecho de esos latinos conquistados ciudadanos romanos, fortaleciendo así su poderío militar. Esta opción consistente en acrecentar el número de ciudadanos supuso un modelo de desarrollo que Roma empleó repetidamente a lo largo de varios siglos. En el sur combatió contra las colonias griegas, al tiempo que adoptaba elementos de la cultura helena. En el siglo III a. e. c., luchó y, al final, derrotó al rey Pirro, a quien las ciudades-estado griegas de Italia habían invitado a unirse contra Roma.

Roma sostuvo una serie de guerras, las guerras púnicas, contra Cartago, su mayor rival por la supremacía en el Mediterráneo. Durante la primera guerra púnica, desde el año 264 al 241 a. e. c., Roma tomó la isla de Sicilia. En la segunda guerra púnica, desde el año 218 al 201 a. e. c., combatió contra el brillante general cartaginés Aníbal; este fue un conflicto duro y Roma sufrió una serie de derrotas antes de salir victoriosa. La tercera y última guerra púnica, desde el año 149 hasta el 146 a. e. c., fue una cuestión de venganza. Roma respondió a una rebelión destruyendo Cartago, arrasando la ciudad hasta sus cimientos y perpetrando matanzas y deportaciones que auguraban el genocidio. Roma completó la conquista del Mediterráneo con una serie de campañas posteriores lanzadas contra Macedonia, y entró en Siria en el siglo I a. e. c. También se aventuró lejos de la costa: Julio César dirigió la conquista de Galia.

Con César, Roma comenzó su transición al imperio. El asesinato de César desató una lucha de poder en la que triunfó su sobrino e hijo adoptivo: Octavio. Octavio gobernó como *prínceps*, o el primero de los ciudadanos, con el título de *imperator*, o comandante en jefe de las Fuerzas Armadas, y estableció *de facto* el Imperio romano. La expansión continuó con este cambio de gobierno. El imperio progresó lejos del Mediterráneo; regresó a

Gran Bretaña, donde César había sido rechazado; se internó en Rumanía; y atravesó Suiza aventurándose en Alemania, aunque las tribus germanas empujaron a los romanos hasta la ribera meridional del Rin.

El caso de Roma no solo revela la importancia de integrar al clima como un importante factor en el devenir de la historia humana, sino también sus límites. En el momento de desarrollar el breve relato anterior, las muchas historias escritas acerca de la expansión romana no suelen contemplar al clima como un componente importante de su éxito. Numerosos factores han contribuido a la secuencia de victorias romanas y al desarrollo del imperio. Los propios romanos afirmaban limitarse a combatir y ganar guerras justas. Tanto si sus guerras eran contempladas por otros como justas o no, se vieron beneficiadas por tener una élite militar que recibía recompensas por sus victorias. Muchos generales romanos resultaron ser hábiles estrategas. Algunos comandantes militares, como Julio César, pertenecían a la élite aristocrática, pero cuando el imperio sufrió una serie de reveses en el siglo III e. c., expertos militares de carrera sustituyeron a los jefes nacidos entre la aristocracia. Los soldados profesionales de sus legiones, con muchos años de servicio a sus espaldas, proporcionaron una experimentada fuerza de combate.

La capacidad de Roma para conquistar pueblos e incorporar naciones en el imperio y las fuerzas armadas incrementó su poder. El contraste con Esparta, la famosa ciudad-estado griega, es sorprendente. Desde los siglos VI y V a. e. c., si no antes, esta ciudad fue la mayor potencia militar del conglomerado de ciudades-estado griegas. En el siglo V a. e. c. los espartanos combatieron aliados con los atenienses contra el Imperio persa y a continuación libraron la guerra del Peloponeso contra Atenas, un conflicto que duraría décadas, desde 431 hasta 404 a. e. c. Esparta se basaba en soldados muy bien adiestrados, que invertían años entrenándose, pero su número se redujo junto con la potencia militar de la ciudad en el siglo IV a. e. c. Roma, por el contrario, construyó un sistema militar muy diferente, con hombres procedentes de diferentes ciudades y provincias sirviendo en el ejército.

Con tantas claves para la victoria no es posible señalar al óptimo climático como única o principal causa de la expansión romana. Roma venció a otras ciudades-estado y confederaciones tribales que disfrutaron de ese mismo clima. Roma no venció a Cartago ni conquistó Galia debido a una fluctuación climática. Por otro lado, un clima relativamente estable sí contribuyó al mantenimiento del imperio y sus territorios durante muchos siglos.

La población romana y las áreas de cultivo aumentaron durante el óptimo climático. Es difícil realizar una estimación demográfica, pues no hubo un censo de todos los residentes. Los resultados del cálculo de su número máximo varían entre los cincuenta y los setenta millones, e indican un aumento durante el siglo II e. c.

La enorme y creciente población requería un suministro de alimentos fiable y regular. La capacidad de Roma para alimentar a tan enorme y dispersa cantidad de gente dependió de la adaptación de los humanos y de unas condiciones favorables. Roma no solo cultivaba alimentos, también los recolectaba y distribuía. Por ejemplo, la propia ciudad recibía productos alimenticios traídos de otras provincias del imperio. La superficie de las tierras de labor se incrementó. Ya en el siglo I a. e. c., los romanos se dedicaron a reclamar tierras a medida que la república se expandía.[27] El sistema romano de producción y reparto de alimentos se benefició del óptimo climático. En Egipto, por ejemplo, las crecidas del Nilo produjeron un gran número de cosechas abundantes, estimulando así la productividad agrícola.[28]

En lugar de los hechos de emperadores y generales, una historia del óptimo romano podría comenzar abordando el tema de los árboles, las aceitunas y las uvas. Las crónicas de los autores romanos hablan de un cambio en la variedad arbórea, con la introducción del haya y el castaño, y del cultivo de olivos y vides durante el periodo del óptimo climático. Columela, un escritor del siglo I e. c., señaló la creencia de «que los países que no podían conservar planta alguna de vid o de olivo que se pusiese en su campo, por el constante rigor de los inviernos, mitigado y templado cuando él escribía el frío antiguo, producían muy copiosas cosechas de aceituna y de uva».[29] Los olivos crecieron en nuevos lugares. La verdad es que el cultivo de olivares se extendió en Galia (la actual Francia) durante la dominación romana. La agricultura romana también extendió el cultivo de viñedos al norte.[30] Los asentamientos y colonias romanas en provincias conquistadas crearon la demanda de tales productos cuando el óptimo climático facilitó la extensión de su cultivo.

Los modelos climáticos indican una tendencia general al calentamiento durante la última etapa de la república. Tal calentamiento podría haber llevado al norte un clima mediterráneo. Pruebas recogidas en el delta del Po, el Adriático y los Alpes indican un incremento de temperatura en Italia. Estos múltiples modelos muestran un evidente periodo cálido, aunque no tanto como el originado en los siglos xx y xxi. Este periodo proporcionó unas condiciones favorables para los agricultores y reforzó otros factores que llevan al crecimiento demográfico.[31]

Los cambios sociales y culturales interactuaron con el clima para fortalecer estas tendencias. Durante el óptimo climático, las innovaciones y adaptaciones romanas contribuyeron al logro que supuso atender a la población del imperio. Consiguieron administrar y canalizar el agua incluso en las provincias más lejanas. Hasta el día de hoy han resistido en pie acueductos romanos, algunos durante casi dos mil años; prueba de su pericia en la canalización de agua. En las provincias más áridas del imperio, la población desarrolló técnicas para el almacenamiento de agua. Los habitantes de Palmira y pueblos aledaños, en Siria, recogían agua de lluvia en cisternas y la empleaban para cultivar en una región que hoy es desierto.[32] En Libia, los restos de granjas romanas fortificadas, llamadas *gsur* o castillos, están situados en zonas que en la actualidad reciben una escasa cantidad de agua y los habitan pastores que solo acostumbran a cultivar cereal en valles tras la lluvia. Un clima más húmedo podría explicar la habilidad de los granjeros romanos para cultivar terrenos que hoy son tan áridos, aunque el incremento de la humedad fuese modesto. Parece, entonces, que los campesinos de la Libia romana lograron cultivar terrenos secos gracias a su gran pericia en la gestión del agua. Estos granjeros almacenaron y canalizaron agua empleando cisternas y *foggara*, o *quanats*, unos canales subterráneos para la conducción del agua. Canalizaban el agua de lluvias estacionales hacia los campos con el fin de regar cultivos que hubiesen requerido de mayores precipitaciones: cebada, trigo, frutas, hierbas, olivos y demás.[33]

El clima influyó en el tamaño de Roma. El poder romano prosperó en la cuenca mediterránea y tierras adyacentes. En su época de máximo esplendor, Roma llevó sus fronteras más al norte, conquistando la totalidad de Galia, los Balcanes, buena parte de Gran Bretaña y territorios alpinos. No obstante, el poderío de las fuerzas romanas flaqueó al internarse más en Europa central. Tras obtener tantas victorias en la cuenca mediterránea, Galia e Hispania, Roma sufrió una catastrófica derrota en el denso bosque de Teutoburgo, año 9 e. c., donde las tribus germanas emboscaron a las legiones.

La capacidad para prosperar en un clima duro y a menudo gélido se convirtió en una característica de la imagen que los romanos tenían de los germanos. Tácito, el historiador romano, subrayó estas cualidades. Hizo distinciones entre el clima de Germania y el de Italia u otras regiones mediterráneas. «Y ¿quién quisiera dejar el Asia, África o Italia, y por miedo de los peligros de un mar horrible y no conocido ir a buscar a Germania, tierra sin forma de ello, y de áspero cielo, y de ruin habitación y triste vista, si no es para los que fuere su patria?», preguntaba Tácito. Su clima y entorno hacían de ellos hombres duros: «... pero llevan bien el hambre y el frío, como acostumbrados a la aspereza e inclemencia de tal suelo y cielo».[34]

El Imperio romano se recuperó de la derrota de Teutoburgo y estableció una frontera militar a lo largo de los ríos Rin y Danubio. La mayor parte de esta fue una línea estable, donde los romanos fundaron ciudades como Colonia o Coblenza, pero la combinación de frío y amenaza germana regresó a finales del siglo III e. c., cuando Roma se enfrentó a una crisis que casi acaba con el imperio antes de que este pudiese recuperar su poderío también a finales de ese mismo siglo. Según algunas crónicas, los ríos helados facilitaron las rutas de invasión.

En Gran Bretaña, el clima también contribuyó a moldear la imagen que los romanos tenían de sus habitantes y a establecer una frontera. Dion Casio, cónsul e historiador romano, subrayó la dureza de las tribus britanas que soportaban el frío norteño: «Pueden soportar el hambre, el frío y toda clase de dificultades; pues se sumergen en los pantanos y pasan allí muchos días, con solo sus cabezas sobre el agua, y cuando están en los bosques se alimentan de cortezas y raíces...».[35] De vez en cuando, las legiones se aventuraron en Escocia, pero lo cierto es que Roma se mantuvo próxima a la actual frontera meridional escocesa marcada por el muro de Adriano, construido entre las décadas de 120 y 130 e. c. Los sucesores de Adriano intentaron llevar la frontera al norte, pero terminaron retrocediendo a la línea del muro. Procopio, el historiador romano bizantino del siglo VI e. c., describió el muro como la marca de una abrupta división climática: «En esa isla de Britia sus antiguos habitantes construyeron una larga muralla, que cortaba en dos sectores la mayor parte de la isla; y ni el clima ni el suelo ni nada en absoluto es igual a uno y otro lado de la muralla. Pues en el sector oriental el clima es bueno y va cambiando con las estaciones: moderadamente cálido en verano y fresco en invierno. [...] Sin embargo, en el oeste es todo lo contrario, hasta el extremo que allí un ser humano es incapaz de vivir ni media hora».[36]

ÓPTIMO CLIMÁTICO: CHINA DURANTE LA DINASTÍA HAN

De modo similar, en China, las dinastías Sui y Han crearon un vasto imperio mantenido principalmente por la agricultura durante el óptimo climático y, como en el caso de Roma, las reseñas habituales de la historia china tratan el clima como un factor secundario. En 1046 a. e. c., la dinastía Zhou derrocó y reemplazó en el trono a la dinastía Shang. Desde su centro de poder, en el valle del río Amarillo, los Zhou se expandieron hacia el oeste y el sur, pero el territorio comenzó a fragmentarse hacia el siglo VIII a. e. c. Al inicio de la Edad de Hierro ya no quedaba un solo Estado fuerte en China. Las luchas de poder entre territorios rivales conformaron la base de pensamiento del filósofo Confucio. Él, al vivir este periodo de conflicto, alabó un imaginario pasado donde reinaba el orden y abogó por un sistema jerárquico donde cada cual desempeñase su función dentro de la sociedad. Una de sus analectas, las *Analectas* son las charlas del maestro recogidas, al parecer, por sus discípulos, dice que Confucio afirmó: «Deja que el señor sea señor, que el súbdito sea súbdito, que el padre sea padre y que el hijo sea hijo».[37]

El establecimiento de una dinastía china poderosa, y centralizada, solo se logró durante el breve gobierno del emperador Qing, entre 221 y 206 a. e. c. Este emperador conquistó los Estados chinos enfrentados. Impuso el orden instaurando un fuerte sistema burocrático y unificando el sistema de pesas y medidas, además de la escritura. Fomentó la filosofía del legalismo, la cual reivindica severos castigos para asegurar el buen comportamiento de los habitantes del Estado. Los objetivos de los textos legalistas convergían, como mínimo, con su propósito de incrementar la autoridad del Estado. El Imperio Qing no tardó en colapsar tras la muerte de su fundador, pero esto no llevó de nuevo a China a los prolongados conflictos característicos del periodo de Estados enfrentados. En vez de este retroceso, lo que sucedió fue que la dinastía Han asumió el gobierno de China en 206 a. e. c.

China se convirtió en un imperio grande y estable durante la dinastía Han. Esta combinó el confucionismo con el legalismo y sus emperadores se aliaron con los eruditos confucianos. El imperio gobernó sobre regiones posteriormente conservadas por todas las dinastías subsiguientes y estableció una fuerte presencia a lo largo de las fronteras occidentales y septentrionales. La dinastía Han, en su época de máximo apogeo militar, progresó hacia el oeste durante el gobierno del emperador Wudi, que gobernó desde 141 hasta 87 a. e. c. Los ejércitos chinos se aventuraron en Asia central para proteger al comercio y la colonización. El emperador fundó ciudades circundadas por murallas construidas con tierra apisonada para protegerlas de los nómadas de las estepas. El emperador Wudi, por ejemplo, asentó colonias en la meseta de Ordos, hoy situada en la Mongolia interior, al norte de China. Los colonos, y con ellos los soldados, también progresaron hacia el sur. Como sucedería en casi todos los estadios de la historia China, los pueblos seminómadas situados en los territorios fronterizos eran difíciles de controlar y sojuzgar, así que los emperadores de la dinastía Han recurrieron a la diplomacia y el comercio, además de a las consabidas campañas militares, para mantener su presencia en el oeste y el norte.

Al concentrar la atención en el auge y caída de las diferentes dinastías y sus métodos de gobierno, las reseñas prevalentes no subrayan la función desempeñada por el clima a pesar de que, como en el caso de Roma, la estabilidad del óptimo climático facilitase el crecimiento de la productividad agrícola. Los granjeros de la dinastía Han emplearon una amplia variedad de aperos y técnicas de cultivo para trabajar sus campos, y el Estado financió la construcción de sistemas de regadío. Los especialistas agrónomos escribieron textos donde proponían modelos destinados a la mejora agrícola. La población se incrementó de unos veinte millones a casi sesenta a mediados de este periodo dinástico, aunque hubo un drástico descenso demográfico a principios del siglo I e. c. debido a un periodo de grandes inundaciones.

El clima, como en el caso del Imperio romano, también ayudó a la dinastía Han a concretar sus fronteras. Gobernadores ambiciosos, como Wudi, expandieron China hacia Occidente, pero a un precio enorme. La dinastía Han dominaba los territorios agrícolas de China, pero luchó por asentar su poder en las frías y áridas regiones del norte y el oeste. El imperio construyó ciudades fortificadas en el territorio del norte.[38] A lo largo de esta frontera septentrional, la dinastía Han se concentró sobre todo en dominar a un pueblo nómada conocido como «xiongnu». La idea que tenían los chinos de los xiongnu y su capacidad para prosperar a pesar de las inclemencias del tiempo recuerda a la que los romanos tenían de los pueblos germánicos, aunque Mongolia es muy diferente a Alemania. Simi Qian, el historiador que escribió durante el reinado de Wu y fue severamente castigado por el emperador, describió las tierras de los xiongnu como «apacibles páramos».[39]

Y como en el caso del Imperio romano, la enorme población también dependía de una eficaz gestión del agua. Lo cierto es que China aprovechó el río Amarillo con tal efectividad que la propia magnitud de las obras de ingeniería llegó a suponer un riesgo. Los proyectos dedicados al control de las inundaciones del Amarillo se componían de cientos de kilómetros de diques. La intensa labor agrícola que mantenía a la numerosa y creciente población de la dinastía Han incrementó la erosión, circunstancia que llevó a la construcción de nuevos diques. Entre los años 14 y 17 e. c., el sistema de diques se derrumbó, dando lugar a una serie de enormes riadas que causaron muchas muertes y crisis dentro del imperio.[40] Las rebeliones interrumpieron el Gobierno imperial hasta la restauración de los Han en una nueva capital situada al este: Luoyang.

El apogeo del Imperio romano y la dinastía Han marcó un nuevo hito en el aprovechamiento humano del medioambiente. Nunca antes, en toda la historia y prehistoria de la humanidad, se habían cultivado tantos campos, cosechado tan enorme cantidad de cereal o criado tantos animales. La limpieza de terrenos dedicados a la agricultura aumentó la tasa de deforestación, y con esta hubo un incremento simultáneo de CO_2. Las inundaciones de parcelas para el cultivo de arroz pueden haber influido mucho en el crecimiento de la concentración de metano observado desde 2000 AP, además de la contribución al aumento de dicho gas por parte de una mayor cantidad de ganado.[41]

DECLIVE Y COLAPSO DE ROMA Y
LA CHINA DE LA DINASTÍA HAN

Con el paso de los siglos, Roma y la dinastía Han encontraron su final o colapsaron. A menudo, los historiadores han puesto objeciones al empleo de la palabra «colapso» pues, según argumentan, los relatos centrados en el colapso político omiten elementos de continuidad. Por ejemplo, el colapso de Roma no significa que el Imperio romano se desmoronase en todos los lugares al mismo tiempo. El Imperio romano de Oriente sobrevivió durante muchos siglos tras la caída del Imperio romano de Occidente, acaecida en el año 476 e. c. El primero, se conocería después como Imperio bizantino, pero durante su existencia conservaría el nombre de Imperio romano. Durante los siglos posteriores al desmoronamiento del Imperio romano de Occidente, se mantuvo la cultura del Imperio oriental hasta que la pérdida de territorios y los cambios políticos, sociales y religiosos alejaron a la institución del antiguo sistema social. Los restos del Imperio bizantino duraron hasta que los turcos otomanos conquistaron la ciudad de Constantinopla en 1453 e. c., poniendo de este modo punto y final al Imperio romano.

A pesar de la continuidad de Roma en Oriente, es conveniente hablar de una caída del Imperio romano siempre y cuando sepamos qué significa. El colapso del imperio no implicó la inmediata extinción de la cultura y el antiguo sistema social en todos los lugares a la vez... Aunque es cierto que en Oriente la vida continuó sin tales disrupciones mucho más tiempo que en Occidente. No obstante, la caída tuvo muchas dimensiones concretas. La vida urbana desapareció en la Europa occidental y se retrajo al este. Tal cambio sucedió de modo mucho más lento y menos regular en las provincias orientales del imperio, pero incluso la propia Constantinopla se convirtió en una sombra de sí misma, con grandes áreas urbanas en muy mal estado y, llegada la última etapa del Imperio bizantino, la población reducida a una fracción del número que alcanzase en siglos anteriores. En el antiguo

Imperio occidental, el colapso borró el aparato del Estado y los sistemas burocráticos en grandes áreas: hubo una notable descentralización y fragmentación del poder. La población se hundió: disminuyó la superficie de tierras de labor y muchas zonas se convirtieron en bosques o páramos.

Desde el punto de vista cultural, disminuyó la alfabetización y la capacidad de leer y escribir pasó a ser característica del perfil de los especialistas religiosos. Incluso Carlomagno, rey de los francos desde 768 hasta 814 e. c., y el gobernante más poderoso de la Europa central y occidental de la Alta Edad Media, no sabía leer ni escribir, y fracasó en su empeño cuando lo intentó, ya al final de su vida. Tal como nos cuenta su biógrafo Eginardo: «También intentaba escribir, y para ello solía tener en el lecho, bajo las almohadas, tablillas y pliegos de pergamino, a fin de acostumbrar la mano a trazar las letras, cada vez que tuviera tiempo libre; pero este esfuerzo, comenzado demasiado tarde, tuvo poco éxito».[42]

En China, la dinastía Han oriental surgió tras la crisis del siglo I e. c., pero la renovada dinastía Han y su nueva capital oriental se enfrentaron con desafíos persistentes. El poder imperial se había erosionado y la dinastía sufrió luchas intestinas. Los asentamientos y la colonización de las regiones occidentales cargaron a China con el coste del mantenimiento de las fronteras frente a los ariscos pueblos seminómadas. En el interior de China, la dinastía afrontó las rebeliones de los taoístas y otros grupos. Algunas facciones, como los eunucos y los eruditos confucianos, entablaron largas luchas de poder en la capital imperial. Al mismo tiempo, los comandantes militares regionales encargados de sostener la dinastía reunieron cada vez más y más poder, hasta que en el año 220 e. c. la dinastía Han oriental concluyó y China quedó dividida en numerosos reinos.

El modelo imperial no desapareció, como demuestra la existencia de dinastías posteriores, pero China experimentó un declive en ciertos aspectos durante y después del desmoronamiento del imperio correspondiente al periodo Han. La población disminuyó y menguó la superficie de tierras de labor, sobre todo en el norte.

Bandas nómadas penetraron una y otra vez en los antiguos territorios del imperio.

Si el clima contribuyó al éxito y la expansión de Roma y la China de la dinastía Han, ¿qué función desempeñó, si es que desempeñó alguna, en el declive y posterior colapso? Múltiples factores contribuyeron al auge y caída de las dinastías chinas, entre ellos los actos de sus mandatarios, las relaciones entre las élites gobernantes, las relaciones con sus vecinos y las rebeliones cíclicas; pero las dinastías también solían florecer en eras de mayor pluviosidad. Así, el área desértica disminuyó durante el periodo de la dinastía Han occidental, desde el año 206 a. e. c. hasta el 24 e. c.[43] En sentido general, la primera etapa de la dinastía Han occidental disfrutó de mejores cosechas de cereal. Durante periodos más secos, sería más probable que el Estado tuviese problemas fiscales.[44]

En el caso de Roma, las causas de su caída han fascinado a los historiadores desde hace mucho tiempo. Siglos atrás, los estudiosos indicaban muchos sucesos y fenómenos como posibles causas del declive romano. Se apoyaban tanto en causas externas como internas. Desde las fronteras del imperio, los bárbaros, tribus germanas y otros pueblos, acosaron al imperio hasta derribarlo. La vida urbana menguó, debilitando el interior del imperio. Dentro de las fronteras romanas, el alzamiento de magnates locales y jefes militares erosionaron el Gobierno imperial desde su mismo núcleo. El propio Gobierno se hizo más corrupto y menos eficaz. Aumentó el desequilibrio económico entre los imperios oriental y occidental: mucho después de que el Imperio de Occidente comenzase a declinar, el de Orienta, y su capital Constantinopla, se mantenía relativamente rico. Las defensas romanas también se debilitaron: los militares perdieron su espíritu combativo y recurrieron cada vez más a reclutas bárbaros, difuminando así la línea entre amigo y enemigo. Algunos autores señalan al cambio de la religión romana, es decir, el auge del cristianismo, como causa del ocaso; pero san Agustín rebate esta teoría en su obra *Ciudad de Dios*.

Los historiadores han tenido en cuenta estas y otras posibles causas para explicar el colapso del Imperio romano, sea cual sea su definición de «colapso». La recopilación de una lista completa de todas las hipótesis presentadas para abordar la caída de Roma supondría una obra enciclopédica aunque, a pesar de que algunas no sean convincentes, la vasta cantidad de motivos plausibles indica que la decadencia y desmoronamiento del imperio se derivan de varias causas que interactuaron entre sí. No obstante, en raras ocasiones los historiadores dedicados al estudio de la decadencia y caída del Imperio romano subrayan los efectos del cambio climático. Las habituales interpretaciones históricas del derrumbe no proponen ningún tipo de causa determinante basado en el clima, aunque Edward Gibbon, el autor dieciochesco que acuñó la expresión «decadencia y caída» discute las posibles influencias del clima en la gente.

Con tantas posibles causas para explicar la decadencia, es difícil llegar a la conclusión de que un cambio climático determinase el destino del Imperio romano o de la dinastía Han, pero las investigaciones al respecto han proporcionado pruebas de que las fluctuaciones climáticas influyeron en las luchas de ambos imperios. En el caso de Roma, su capacidad para gestionar el agua y distribuir alimentos la hizo resistente a los cambios del clima, pero el crecimiento demográfico romano también llevó al imperio a una situación vulnerable frente a las alteraciones climáticas más severas.[45]

La inestabilidad climática durante el Bajo Imperio afectó a la producción agrícola. La sequía del siglo III sucedió en el momento en que Roma estuvo a punto de desmoronarse. Las buenas cosechas se hicieron menos frecuentes.[46] Las fluctuaciones climáticas durante el fin de la Edad Antigua se manifestaron de modo diferente en el Imperio de Oriente. Mayor humedad ambiental y precipitaciones más frecuentes mejoraron las condiciones para cultivar ciertas áreas de Anatolia y el Mediterráneo oriental.[47] Un clima más favorable fue uno de los varios factores que ayudaron a la civilización clásica a perdurar bastante más tiempo en el este que en las antiguas provincias occidentales del Imperio romano. Los asentamientos del Imperio de Oriente florecieron con el cultivo de cereales, olivos, nogales y frutas en regiones como el interior de la Anatolia suroccidental antes de que en el siglo VI e. c. sucediese un cambio y los campesinos abandonasen huertos y frutales, y aumentase el pastoreo. La región meridional del centro de Asia Menor también experimentó un crecimiento demográfico durante el último estadio de la Antigüedad, antes de que el clima se volviese más seco y los cultivos de cereales y nogales diesen paso a estepas y bosques de pino y cedro. De igual modo, Palestina también se benefició de un clima húmedo en regiones como los Altos del Golán, pero en el siglo VII hubo de encarar una mengua en la agricultura.[48]

Lejos del centro de poder de Roma, las fluctuaciones climáticas afectaron al destino del imperio. Las crecidas del Nilo durante el Bajo Imperio se hicieron menos fiables para la agricultura y una serie de largos periodos de sequía en Asia central pudo ser un factor añadido a las presiones que soportaban los Gobiernos de China y Roma. Al parecer, las grandes sequías provocaron migraciones: los habitantes de la zona, entre ellos los hunos y los ávaros, se desplazaron hacia el oeste desde Asia central y llegaron hasta las fronteras romanas, donde supusieron una importante amenaza militar. Los registros dendrocronológicos del norte de la China central muestran que esta región asiática sufrió sequías que duraron décadas hacia los años 360, 460 y 550 e. c.; fechas que coinciden, aproximadamente, con periodos de invasiones.

Las fluctuaciones climáticas causadas por El Niño-Oscilación del Sur (ENOS) pudieron haber causado estas «supersequías» en Asia central. Las condiciones de ENOS varían entre la fase cálida de El Niño, manifestada en el calentamiento de las aguas oceánicas del sector ecuatorial del Pacífico oriental, y fase fría de La Niña, durante la cual las aguas se enfrían. Durante las fases de El Niño (cálidas), el debilitamiento de los vientos dominantes permite el desplazamiento hacia el este de las aguas cálidas a lo largo del Pacífico ecuatorial. Las aguas superficiales, más cálidas, llevan moléculas de convección más fuertes a la atmósfera y disminuyen la presión en la zona central del Pacífico. Esto altera los parones de circulación atmosférica y oceánica de modo que se produce una retroalimentación positiva: se almacena más agua cálida en el lado oriental del Pacífico y las surgencias de aguas frías a lo largo de la costa peruana se debilitan. Las condiciones opuestas (vientos dominantes fuertes, aumento de las surgencias y aguas superficiales más frías en el Pacífico oriental) son características de las (frías) fases de La Niña. En la actualidad, los cambios entre estas dos fases suceden en periodos de dos a siete años.

Las condiciones de El Niño y La Niña afectan al clima y el tiempo atmosférico de todo el planeta. Los ciclos de ENOS afectan a la corriente en chorro, y así a la deriva de las tormentas, en regiones de latitudes medias. Por ejemplo, el cambio de la corriente en chorro durante los inviernos de El Niño incrementa las precipitaciones en el sur de California, mientras que un flujo más septentrional durante La Niña causa unas condiciones más áridas en el sur de Estados Unidos e inviernos más húmedos en el noroeste del Pacífico. Indonesia, el norte de Australia, algunas zonas del África meridional y el norte de Brasil experimentan un tiempo más húmedo durante La Niña, mientras que en el África ecuatorial y la costa suroriental de Iberoamérica es más seco. Asia central presenta un tiempo más seco durante La Niña y más húmedo durante El Niño. Por tanto, las tres sequías que tuvieron lugar durante las migraciones de hunos y ávaros indican la prevalencia de las condiciones propias de La Niña. Registros independientes de los anillos de los árboles también indican una predominancia de las condiciones de La Niña en Asia central durante las épocas de las supersequías.[49]

Al carecer de reseñas escritas acerca de los hunos o los ávaros antes de su migración a Occidente, no es posible concretar qué otros factores internos pudieron haberlos llevado a abandonar las estepas. Los hunos, según subraya el historiador Procopio, no conocían la escritura. Dice de ellos que «los hunos nada saben de escritura ni la practican hasta el día de hoy».[50] La misma falta de información encontramos en el momento de estudiar a los ávaros, un pueblo también procedente de las estepas que llegó al Cáucaso hacia mediados del siglo VI e. c.

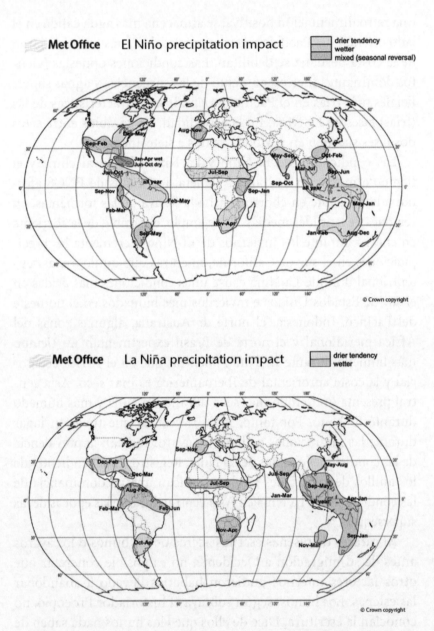

Ilustración 3.2. (a) Mapa de los efectos de las precipitaciones de El Niño. (b) Mapa de los efectos de las precipitaciones de El Niño. *Fuente*: NOAA (Oficina Nacional de Administración Oceánica y Atmosférica) https://www.metoffice.gov.uk/research/climate/seasonal-to-decadal/gpc-outlooks/el-nino-la-nina/enso-impacts.

Los hunos y los ávaros, al igual que otros pueblos esteparios seminómadas, eran hábiles en la guerra. Los hunos, a lomos de sus caballos, avanzaban a gran velocidad y desencadenaban asaltos contra sus enemigos empleando arcos, lazos corredizos y lanzas. Del mismo modo, los ávaros aprovechaban la ventaja de su formidable caballería y hacían uso del arco compuesto. También utilizaban máquinas de asedio y puede que introdujesen los estribos de hierro en Europa. Tanto los arqueros hunos como los ávaros podían disparar sus armas a gran velocidad cabalgando a galope tendido.

La migración hacia el oeste de hunos y ávaros supuso una nueva amenaza potencial para el Imperio romano. Ya hacía tiempo que los romanos conocían a las tribus germánicas que los habían expulsado de casi toda Alemania en tiempos de César Augusto. Tras la debacle de Teutoburgo, Roma instauró una frontera estable a lo largo de los ríos Rin y Danubio. El imperio se enfrentó a una nueva oleada de ataques bárbaros a través del Rin durante el siglo III e. c., justo en el momento en que sufrían una derrota a manos de los persas en Oriente; aunque el poderío romano revivió a finales de ese mismo siglo y principios del siguiente bajo el gobierno de emperadores con experiencia militar: Diocleciano y Constantino.

La sequía de Asia central contribuyó a impulsar las invasiones o migraciones «bárbaras» en dirección oeste hacia la etapa final del Bajo Imperio. Por su parte, los hunos y los ávaros, al desplazarse hacia Occidente también contactaron con tribus germánicas. El simple contacto entre los nómadas de Asia central y los germanos no siempre llevó a la guerra ni supuso una victoria para hunos y ávaros, pero la creciente presión oriental contribuyó a que más pueblos germanos se lanzasen contra las fronteras del Imperio romano. Roma integró a muchos germanos en las filas de sus ejércitos, pero la influencia de estos también contribuyó a desestabilizarla. En el año 376 e. c. Fritigerno, caudillo de los tervingios/visigodos, intentó evitar el enfrentamiento con los hunos internándose en el Imperio romano. Valente, que en ese momento se encontraba lejos de la capital, en la frontera persa, aceptó la entrada de los godos bajo la condición de que se sometiesen a la autoridad romana, pagasen impuestos y se alistasen en su ejército. Decenas de miles de godos cruzaron entonces el Danubio, una cantidad mucho mayor de la imaginada por Roma, y el orden local no tardó en desmoronarse dentro del lado romano del Danubio. Otros godos, esta vez los greutungos, los siguieron poco después cruzando el Danubio para escapar de los hunos.

Valente no hubiese sido capaz de impedir la afluencia aunque lo hubiese intentado, y al final, los godos a los que había permitido cruzar el Danubio rodearon y destruyeron a su ejército en las afueras de la ciudad de Adrianópolis el 9 de agosto de 378 e. c. Los soldados romanos combatieron con bravura durante horas, como narra un veterano de aquella jornada: «Grandes hordas bárbaras cayeron sobre nosotros, arrollando hombres y caballos, y la terrible presión de sus filas no dejaba espacio para reagruparse ni batirse en retirada».[51] El propio emperador Valente fue muerto en esta batalla, aunque los godos no lograron continuar su racha victoriosa tomando ciudades o fortalezas importantes. El nuevo emperador, Teodosio, llegó a un acuerdo con los godos haciéndolos vasallos del imperio, pero conservando su autonomía. La derrota en Adrianópolis no fue la causa directa de la caída de Roma, pero Roma ya no pudo dominar a los poderosos caudillos godos dentro del imperio. En 410 e. c., Alarico, caudillo de los visigodos, saqueó la ciudad de Roma después de que el emperador Honorio se negase a satisfacer sus demandas.

Los propios hunos no tardaron en seguir a las tribus germanas aventurándose en territorio romano. Estos constituyeron una poderosa coalición a principios del siglo v e. c. y se dedicaron tanto a la diplomacia como a la guerra. Pedir rehenes era un modo de mantener la paz. Así, Flavio Aecio, un oficial romano de la época a quien más tarde el historiador Procopio llamaría «el último de los romanos», pasó su juventud entre los hunos y posteriormente incluso oficiando como comandante de su ejército. Sin embargo, en la década de 440 e. c. Atila lanzó diversas invasiones contra Roma, causando grandes daños en la zona de los Balcanes, y en 451 e. c. atacó Galia. Aecio, aliado con los visigodos, derrotó a Atila en la batalla de los Campos Cataláunicos (también llamada batalla de Châlons), en 452 e. c. Los hunos no acabaron por sí solos con el Imperio romano de Occidente, pero la constante atención que requerían dificultó a Roma la tarea de mantener unidas las piezas de su fragmentado imperio. A pesar de su éxito al conservar Galia, Aecio pudo hacer bien poco para evitar la pérdida de Hispania.[52]

Tras el desmoronamiento del Imperio romano de Occidente, las migraciones hacia el oeste continuaron presionando al todavía superviviente Imperio de Oriente. Como en el caso de los hunos, es posible que la sequía de las estepas fuese un factor importante para hacer que los ávaros migrasen hacia el este romano, el llamado Imperio bizantino. Los gobernantes bizantinos combatieron, se aliaron y pagaron tributos a los ávaros. El imperio, preocupado por las agotadoras guerras contra Persia, no se podía permitir dedicar sus valiosos recursos a desencadenar una guerra total contra los ávaros. Las fuerzas bizantinas los derrotaron en 601 e. c., a finales del mandato del emperador Mauricio. Tras la rebelión de un oficial bizantino llamado Focas, que terminaría con el asesinato del emperador Mauricio en el año 602 e. c., el Imperio neosasánida reanudó la guerra contra el Imperio bizantino. El emperador Heraclio, que había derrocado a Focas en 610 e. c., apenas logró evitar una derrota absoluta. Mientras las huestes persas ocupaban provincias bizantinas, Anatolia y Siria, los ávaros renovaron sus ataques en los Balcanes y en el año 626 llegaron a las puertas de Constantinopla, aunque jamás lograron tomar la ciudad.

Si bien ninguna incursión bárbara por sí sola pudo causar la caída o el desastre de Roma, la carga acumulada de prolongados asaltos, guerras y desplazamientos de refugiados debilitaron al Imperio de Occidente y presionaron al de Oriente. Muchas veces nos imaginamos a los bárbaros como saqueadores dedicados a invadir tierras prósperas para arrebatarles sus tesoros o también,

aunque es una imagen algo distinta, como una caterva de cate-
tos asombrados por las maravillas de la civilización e interesa-
dos en imitar y adoptar la cultura y algunas de las costumbres
de aquellos a los que amenazaban. El cambio climático proporcionó otro punto de partida para el inicio de las incursiones bárbaras. El atractivo de la civilización es un factor útil para explicar las migraciones hacia los antiguos centros del imperio, pero
las severas sequías también dieron lugar a movimientos de población. La serie de migraciones e incursiones resultante contribuyó
a desestabilizar un imperio que ya se enfrentaba a muchas otras
amenazas.

También el Imperio bizantino y otras regiones pudieron haber
sufrido un periodo de enfriamiento repentino tras una posible
erupción volcánica acaecida en 536 e. c. Los autores de la época
hablan de un velo de polvo. Los registros dendrológicos confirman este enfriamiento y hubo erupciones posteriores,[53] en 540 y
547 e. c. La secuencia, según indican los anillos de los árboles,
produjo una acusada tendencia al enfriamiento, «una Pequeña
Edad de Hielo de la Antigüedad tardía», justo cuando el Imperio
bizantino comenzó a expandirse hacia el oeste, internándose en
provincias del frío Imperio de Occidente.[54]

Las historias de Roma y de la dinastía Han señalan los beneficios generales de un clima benigno. La complejidad del registro climático y las variaciones regionales dificultan la labor de
atribuir al clima un suceso concreto en el devenir de cualquiera
de estos imperios. No obstante, y en un sentido más general, los
imperios prosperaron y sus poblaciones crecieron, aunque este
aumento demográfico se interrumpió en China debido a las inundaciones del siglo I e. c., durante un periodo de relativa estabilidad
climática. Entre las muchas causas del complejo proceso que es la
caída, decadencia y transición, el poder del imperio se debilitó al
concluir ese periodo de relativa estabilidad climática.

CLIMA Y PAISAJE URBANO DURANTE LA ALTA EDAD MEDIA EUROPEA

Junto al Imperio romano de Occidente también desapareció de buena parte de Europa el paisaje urbano de la época clásica. Los arqueólogos han descubierto que numerosos asentamientos de Italia y Francia, ocupados durante la Antigüedad o la época clásica, se abandonaron entre los siglos vi y vii e. c. Por ejemplo, en el valle del Ródano, al sur de Francia, la cantidad de poblados en el siglo v e. c. suponía un tercio de los existentes en el siglo ii e. c. En el noreste de Galia se abandonaron muchas villas y granjas romanas. También la disposición del terreno cambió en el norte de lo que hoy es Francia. Más allá de los asentamientos humanos, el área de tierra cultivada disminuyó y aumentó la superficie forestal; además, la talla de los animales domésticos era menor que en tiempos de Roma.[55]

A menudo, la continua tendencia a la disminución del tamaño de los poblados observada en Europa occidental durante siglos tras el eclipse de la autoridad romana se ha atribuido a las migraciones bárbaras de la época, principales causantes del debilitamiento del imperio, pero tenemos pocos indicios de intervenciones violentas. Un periodo de clima muy extremo, mucho más frío y con fuertes precipitaciones, pudo haber contribuido al cambio observado en el paisaje urbano de la Alta Edad Media. En concreto, existen pruebas de un mayor caudal en el Ródano y del avance de los glaciares alpinos durante los siglos vi y vii e. c.[56]

RESUMEN

Desde la Edad de Bronce hasta la Edad de Hierro, el clima del Holoceno proveyó, en general, de unas condiciones favorables para la agricultura y la creación de civilizaciones y sociedades complejas. El número y el tamaño de este tipo de sociedades se incrementaron a lo largo de los milenios, desde la aparición de los primeros poblados agrícolas hasta la constitución del Imperio romano y la llegada al poder de la dinastía Han. El patrón habitual de vida urbana y Estados complejos mantenidos por un excedente agrario se extendió a muchas regiones, al menos hasta la súbita contracción observada en buena parte de lo que otrora fuese el Imperio romano de Occidente. La historia social y política revela rupturas y discontinuidades, pero la persistencia de un patrón básico, o modelo de civilización, a través de numerosas transiciones políticas indica resistencia.

Entre las fluctuaciones climáticas del Holoceno, la deriva hacia la aridez causó cambios importantes. En los casos más extremos, el desplazamiento del cinturón monzónico fue un factor crucial en el debilitamiento de las sociedades urbanas del Indo. La dilatada historia de civilización urbana en el Creciente Fértil muestra su capacidad de adaptación a las fluctuaciones climáticas a lo largo del tiempo, pero el clima parece haber ocasionado una serie de incidencias generalizadas durante el Bronce Tardío. Unas condiciones más secas, y en algunas regiones más frías, también incentivaron a los pueblos nómadas o seminómadas para migrar en dirección oeste, hacia el Imperio romano.

El cambio climático y la actividad del hombre interactuaron para moldear los paisajes humanos. Los registros y reseñas referentes a los cultivos y la agricultura en el Imperio romano nos proporcionan posibles modelos de historia climática, pero hubo factores económicos y culturales que también influyeron en el tipo de producto sembrado. El aumento demográfico incrementó la capacidad de los seres humanos para modelar paisajes.[57]

4. EL CLIMA Y LAS CIVILIZACIONES MEDIEVALES

Como indica el caso de Roma, las tendencias climáticas regionales pueden beneficiar o plantear desafíos a las civilizaciones y sociedades complejas. Las fluctuaciones climáticas regionales no determinaron un sino concreto para Roma. Su capacidad administrativa y una economía diversificada la hicieron resistente, pero las variaciones climáticas interactuaron con otros factores para potenciar los problemas con los que se enfrentó en tiempos del Bajo Imperio. El mismo patrón suele ser el habitual en las sociedades complejas posteriores a la Antigüedad. Los periodos de clima benigno beneficiaron a la agricultura y el desarrollo comercial, pero en algunos casos las fluctuaciones climáticas también contribuyeron a la aparición de situaciones de crisis en ciertas sociedades complejas, sobre todo si esas fluctuaciones regionales causaban severas y prolongadas sequías o importantes cambios en el régimen de precipitaciones.

Los historiadores se refieren a menudo al periodo posterior al Imperio romano como Edad Media o época medieval. En buena parte de Europa, la gente vivió junto a ruinas de edificaciones que ni habían construido ni sabían construir. La verdad es que los sillares romanos proporcionaron un buen material de construcción para los habitantes de las antiguas provincias del imperio.

En Inglaterra, la construcción tuvo lugar dentro y en los alrededores de los restos del lienzo de la antigua muralla romana londinense. En lugares tan remotos como Gales, los maestros de obras medievales construyeron sobre restos de muros romanos y también reutilizaron sus materiales. El imperio sobrevivió en Oriente hasta que los turcos otomanos conquistaron la ciudad de Constantinopla en el año 1453, pero también allí resulta evidente que ya en los siglos VII y VIII la gente vivía en una época básicamente distinta. Santa Sofía (Hagia Sophia, en griego), la enorme basílica que dominaba el perfil de la ciudad, mostraba un grado de pericia y habilidad perdida durante el posterior periodo bizantino.

La Edad Media fue testigo de profundos cambios políticos que supusieron un alejamiento del poder centralizado. El imperio se desmoronó. Sobrevivió en el este, pero reducido a la mínima expresión. Por norma general, los reinos bárbaros subsiguientes al periodo romano disfrutaron de una corta existencia. La idea de monarquía continuó, pero todos tenían muy claro que ya no había ningún emperador romano. La descentralización y fragmentación comenzada durante el Bajo Imperio se aceleró en Europa con la llegada de un periodo feudal, con una miríada de magnates y señores locales que no podía ser ni gobernada ni controlada con facilidad por aquel que afirmase regir como monarca. En el este, la todavía existente autoridad del Imperio bizantino tampoco evitó experimentar profundos cambios. Durante el periodo inmediatamente posterior a la caída del Imperio romano de Occidente, parece posible que un revivido Oriente se podría haber expandido hacia el oeste, pero el brote de una plaga en los años 451 y 452 e. c. provocó una enorme pérdida de población y el debilitamiento del imperio. A finales del siglo VI y principios del VII, los bizantinos se enfrentaron a los ataques de germanos y ávaros, y durante décadas libraron terribles guerras para sobrevivir frente al Imperio sasánida. El emperador Heraclio logró derrotar a Persia pero, casi inmediatamente después, el Imperio bizantino encaró una invasión de un tipo absolutamente nuevo... Los ejércitos árabes salieron de la península arábiga tras la fundación del islam. Estos expulsaron a los bizantinos de Egipto y Siria, entre otras regiones.

Dada la magnitud del cambio, tiene sentido que los historiadores hablen de un nuevo periodo, la Edad Media, aunque posteriormente subrayen la más lenta transición a la época medieval experimentada en el Mediterráneo oriental y Levante. Como la historia universal comenzó en buena medida a partir del crecimiento de un corpus basado en la historia occidental, esta periodización persistió a pesar de que las razones históricas para hablar de Edad Media fuesen nimias en otras regiones. En China, el ocaso de la dinastía Han coincidió, más o menos, con la cronología romana, pero no tiene absolutamente ningún sentido hablar de Edad Media en ciertas regiones. La investigación y el análisis del cambio climático en la historia humana a veces emplean el término «Edad Media» para referirse aproximadamente a la época extendida entre los años 500 y 1300 e. c., pero incluso en regiones donde los eruditos podrían emplear otros términos para identificar periodos históricos, podemos encontrar una relación entre el clima y la historia durante este periodo del Holoceno.

EL CLIMA EN LA EDAD MEDIA

Como sucede con la terminología imperfecta adoptada por los historiadores, a menudo se habla del clima de la Edad Media como «periodo cálido medieval», término empleado por primera vez (como «óptimo climático medieval») por Hubert Lamb cuando en 1965 describió un posible calentamiento europeo que duró varios siglos, hacia 1000 y 1200 e. c.[1] Aunque el empleo original del término estaba vinculado al reconocimiento de que algunas regiones, como Asia, no parecieron haber experimentado un calentamiento durante el Medievo, su adopción en la literatura climática ha llevado a la idea equivocada de que la temperatura global era más elevada que en la actualidad. La investigación climática reciente ha revelado una sustancial diferen-

137

cia temporal y espacial en el alcance del calentamiento durante este periodo. Por ejemplo, Norteamérica, Europa y Asia mostraron temperaturas más cálidas ya antes del año 1000 e. c. (aproximadamente entre los años 830 y 1100 e. c.) mientras que en Sudamérica y Australia se observa un calentamiento de varios siglos, pero posterior (entre los años 1160 y 1370 e. c.).[2] También hay pruebas de enfriamiento en algunas regiones, como en el Pacífico tropical. Por otra parte, el término «anomalía climática medieval» (ACM) expresa que el calentamiento no fue ni sincrónico ni regular a lo largo y ancho del globo,[3] y que conllevó cambios en las condiciones hidrológicas, las cuales pudieron haber tenido un importante impacto en las civilizaciones del Holoceno. Durante la Edad Media, varias regiones del planeta sufrieron prolongadas sequías, sobre todo en el oeste de Estados Unidos, el norte de México, el sur de Europa, el África ecuatorial y Oriente Medio. Por el contrario, regiones como la Europa septentrional y la Sudáfrica oriental fueron más húmedas durante la ACM. La hidrometeorología asiática durante el Medievo muestra variantes regionales, en las que algunas zonas experimentaron unas condiciones más áridas mientras otras parecen haber sido más húmedas.[4]

En los procesos que llevaron al cambio climático y las variaciones durante la ACM y la subsiguiente Pequeña Edad de Hielo (PEH) se incluyen factores externos como la radiación solar y la actividad volcánica, además de retroalimentaciones climáticas. Los registros geológicos de isótopos cosmogénicos como el berilio 10 y el carbono 14, que se originan durante reacciones causadas por el Sol en las capas superiores de la atmósfera terrestre, indican un incremento de la insolación durante la ACM. También se trata de una época de relativa calma en la actividad volcánica. Dado que las erupciones volcánicas emiten aerosoles que reflejan la luz solar, suelen ocasionar periodos de enfriamiento temporal (de uno o dos años). Esto es particularmente cierto en las erupciones explosivas tropicales, pues los aerosoles son lanzados a mayor altitud atmosférica y transportados a mayor distancia por los vientos terráqueos. Los depósitos de aerosoles de sulfatos en los núcleos de hielo correspondientes, más o menos, a la ACM indican una actividad volcánica mínima, lo cual puede ayudar a explicar el relativo calentamiento durante este periodo.

El incremento de la radiación solar pudo haber disparado las interacciones entre el océano y la atmósfera, como ENOS y la Oscilación del Atlántico Norte (OAN), que explican los patrones climáticos de la ACM.[5] Varias regiones del globo experimentaron condiciones de sequía durante esta ACM, entre ellas Norteamérica, el África oriental y el sur de Europa. La menor precipitación en el África oriental redujo las crecidas del Nilo. Al mismo tiempo, en áreas como el Sáhel y Sudáfrica prevalecieron unas condiciones más húmedas. En la actualidad encontramos unos patrones hidrometeorológicos muy similares durante el fenómeno de La Niña,[6] lo cual nos indica que este fenómeno se prolongó durante bastante tiempo en la ACM.

Junto con ENOS, una segunda oscilación climática, la OAN, pudo haber desempeñado una función clave en las variaciones climáticas medievales. Los patrones climáticos regionales persistentes en este periodo coinciden en gran medida con el desarrollo de la fase positiva de la OAN en la actualidad. Como sucede con ENOS, los cambios de la presión atmosférica gobiernan la OAN. Una mayor diferencia de presión entre el Atlántico subpolar y el subtropical origina vientos del oeste más fuertes durante el periodo positivo de la OAN. El resultado es que regiones como el norte de Europa y la costa atlántica de Estados Unidos experimenten inviernos más cálidos y húmedos, mientras que en el Mediterráneo, Groenlandia y el norte de Canadá tienden a ser secos y fríos. El efecto de la OAN en la cuenca del Nilo es un asunto más complejo, pero una OAN positiva durante la ACM podría ayudar a explicar el bajo nivel de las crecidas durante esa época.[7]

EL ATLÁNTICO NORTE

En Europa y el Atlántico Norte, el relativo calor de la ACM influyó en los patrones migratorios, la expansión de Estados o Gobiernos y la agricultura. En una época de disrupción política, social y cultural, algunas de las tendencias que habían moldeado la historia del Bajo Imperio romano continuaron durante el periodo posterior a su caída. Prosiguieron las oleadas migratorias que reformaron la población romana y contribuyeron a la destrucción final del poder de Roma. Pueblos germanos (anglos, sajones y jutos) emigraron a Gran Bretaña. Los lombardos se desplazaron hacia el oeste, internándose en el norte de Italia. Las migraciones no solo fueron germánicas... Tribus eslavas se internaron en buena parte de la Europa central y oriental durante los siglos VI y VII e. c. Algunos historiadores fechan el final de las migraciones hacia el año 700 e. c., pero a finales del siglo VIII e. c. los vikingos comenzaron a viajar lejos de Escandinavia.

Los habitantes de Escandinavia, o vikingos, migraron y viajaron más lejos y más rápido que cualquier otro pueblo de la época. Estos nórdicos se dedicaron a desencadenar asaltos en lugares lejanos. Es difícil poner una fecha concreta al comienzo de los ataques vikingos, pero el primero que obtuvo la atención general fue el lanzado contra Lindisfarne, una pequeña isla situada frente a la costa de Northumbría, en el noreste de Inglaterra. Lindisfarne era una isla sagrada, un centro de la cristiandad céltica, donde se guardaban las reliquias de san Cutberto, un personaje muy importante en la cristianización de la Inglaterra septentrional. En 793, los vikingos atacaron Lindisfarne, matando monjes y saqueando sus tesoros. El asalto impresionó a cristianos como Alcuino de York, un notable erudito, natural de Northumbría y en la época residente en la corte de Carlomagno. «Mirad la iglesia de San Cutberto salpicada con la sangre de los sacerdotes de Dios, expoliada de todos sus ornamentos; el más venerable de los lugares de Gran Bretaña ha sido entregado como ofrenda para los paganos», se lamentó.[8]

Lindisfarne no fue un incidente aislado, sino el precursor de las oleadas de asaltos y rapiñas perpetradas por los vikingos. En 795, atacaron Iona, también una isla sagrada con su monasterio, situada en las Hébridas Interiores, frente a la costa occidental escocesa; y la volverían a atacar en 802. Surcaban los mares a bordo de sus *drakkars* y desembarcaban en cualquier lugar de las costas europeas. El pequeño calado de sus embarcaciones también les permitía remontar ríos. Asaltaron Normandía, en el norte de Francia, y remontaron el Sena para, en 845, atacar París. Ese mismo año, los vikingos saquearon Hamburgo, en el norte de Alemania.

Los vikingos aprovecharon su sistema de asaltos para expandirse y ocupar nuevas islas. A finales del siglo IX, dominaban grandes áreas de Inglaterra que se llamaron Danelaw, o lugar sujeto a la ley de los daneses. Establecieron un reino en Irlanda, alrededor de Dublín, y durante siglos los nórdicos, o los hiberno-nórdicos, del lugar fueron conocidos con el apelativo de *ostmen*, u hombres del este. Colonizaron islas situadas frente a las costas septentrionales de Escocia y el norte y el oeste de las Feroe. Gobernadores vikingos se asentaron en Normandía, al sur de las islas británicas, y se convirtieron al cristianismo. Los normandos viajaron por el Mediterráneo y gobernaron la isla de Sicilia durante cierto tiempo. En 1066, el duque de Normandía, Guillermo, emprendió la conquista normanda, invadiendo Inglaterra y derrotando al último rey anglosajón, Haroldo, en la batalla de Hastings. Un ataque perpetrado apenas unas semanas antes por un ejército noruego había mermado las fuerzas del rey Haroldo en la batalla del Puente de Stamford.

Los vikingos aún viajaron más lejos, surcando grandes extensiones del Atlántico Norte en dirección oeste. Llegaron a Islandia en el siglo IX, y los colonos no tardaron en repartirse la isla. El análisis genético de la moderna población islandesa indica que los vikingos llevaron consigo mujeres celtas. Desde Islandia, se embarcaron rumbo oeste hasta Groenlandia y allí establecieron colonias a finales del siglo X. Este asentamiento se suele vincular a Erik el Rojo, aunque lo más probable es que este solo fuese uno de los varios promotores de las nuevas colonias. También se le atribuye haberle dado al lugar el nombre de Groenlandia (tierra verde), quizá una táctica destinada a convencer a los posibles colonos para que realizasen una larga travesía hasta un territorio en su mayor parte cubierto de hielo.

Los pobladores nórdicos de Groenlandia fundaron una colonia en la costa suroccidental (el asentamiento occidental) y otro en el extremo meridional (el asentamiento oriental). La población, unos cinco mil individuos, se dedicó a la cría de ovejas y al comercio con Noruega. También construyeron iglesias y una catedral, Garðar, además de un palacio episcopal, cuyo ocupante se convirtió en el mayor terrateniente de Groenlandia.

4.1. L'Anse aux Meadows. *Fuente*: Isabel Lieberman.

Sus viajes los llevaron aún más al oeste, hasta Norteamérica. Los vikingos llegaron a Terranova, en el moderno Canadá, hacia el año 1000. Establecieron una colonia en L'Anse aux Meadows, en el extremo septentrional de la isla, consistente en varias casas con estructuras de madera y talleres, entre ellos una forja. Se han propuesto otros lugares de la costa norteamericana como posibles puntos de desembarco vikingo, algunos basados en pruebas poco consistentes y especulaciones, aunque es muy posible que estableciesen otros campamentos temporales a lo largo del litoral canadiense. En cualquier caso, los vikingos no permanecieron mucho tiempo en Norteamérica.

¿Qué llevó a los vikingos a viajar tan lejos de Escandinavia y en tantas direcciones? Las asombrosas crónicas acerca de sus saqueos de monasterios y tesoros indican que querían rapiñar: según esta interpretación, los vikingos eran muy parecidos a bandas de piratas. Este punto de vista comparte ciertas similitudes con la interpretación dada a la migración de las tribus seminómadas en las que diferentes pueblos cruzaron las estepas en busca de cualquier cosa que pudiesen arrebatar a las sociedades complejas.

Sería ahistórico descartar el interés de los vikingos en objetos preciosos, pero lo cierto es que no viajaron solo para robar. Desde un punto de vista popular, la imagen más extendida de un vikingo probablemente sea la de un guerrero a bordo de un barco o en batalla aunque, en realidad, muchos de estos nórdicos fuesen granjeros dedicados al cultivo de tierras y la cría de ganado. Algunos trabajaban sus propias tierras, mientras había otros que laboraban los campos de los caudillos. También se dedicaban al comercio y tráfico de mercancías. En Inglaterra, por ejemplo, los vikingos fundaron una colonia llamada Jorvik, la moderna York, donde desarrollaron una intensa actividad comercial.

Por otro lado, los nórdicos viajaron tan lejos porque podían y, además, querían buscar lugares donde fundar un nuevo hogar. Los vikingos eran habilidosos en el manejo de sus *drakkars* y tenían la capacidad de cubrir grandes distancias. Al mismo tiempo, las condiciones en Escandinavia también podrían haberlos animado a salir. Según una interpretación, un crecimiento demográfico en áreas con poco terreno cultivable y breves estaciones de siembra y recolección los podría haber impulsado a la migración. No obstante, los vikingos continuaron cultivando sus campos escandinavos. Aprovecharon nuevos terrenos tanto dentro como fuera de su lugar de origen. Lo cierto es que los asentamientos erigidos en tierras vikingas continuaron creciendo hasta el siglo XIV.

No hubo un único factor que «determinase» la migración vikinga. En efecto, desde hace mucho tiempo los historiadores saben que pocas tendencias complejas derivan de una sola causa. Siguiendo esta lógica, los vikingos no salieron de Escandinavia solo por el clima, aunque el cambio climático regional acaecido durante la época medieval facilitó e impulsó varios aspectos de las migraciones vikingas. El calentamiento en zonas septentrionales de alta latitud durante este periodo posibilitó un crecimiento demográfico, facilitó la navegación marítima y mejoró las condiciones de los colonos vikingos. Una estación de siembra y recolección más extensa e inviernos más breves contribuyeron al crecimiento de la población escandinava, lo cual animó a los vikingos para zarpar en busca de nuevas tierras. Una vez abandonaron Escandinavia dirigiéndose hacia el oeste, la reducción de la banquisa hizo que las travesías marítimas de larga distancia fuesen una tarea relativamente más sencilla, aunque cualquier tipo de viaje realizado al estilo vikingo sería considerado de alto riesgo por un marino de la actualidad. Mientras surcaban las aguas del Atlántico Norte, el periodo cálido habría proporcionado mejores condiciones para la colonización. Por ejemplo, era difícil asentarse en Islandia pues la isla tenía estaciones agrícolas breves, grandes glaciares y volcanes activos, pero los nórdicos islandeses se las arreglaron para alcanzar una población de unos ochenta mil individuos. El exceso de pastoreo, la deforestación, el lento ciclo de recuperación del terreno y las erupciones volcánicas dificultaron el mantenimiento de esa población.[9]

Groenlandia nos proporciona un caso complejo donde analizar la posible influencia de la ACM en la expansión vikinga. Los vikingos que surcaron las aguas del Atlántico Norte se habrían beneficiado de la ausencia de témpanos. Una vez instalados en Groenlandia, la aislada población nórdica asentada en el punto más extremo de las rutas comerciales europeas habría tenido que mantenerse con los recursos disponibles. Lo consiguieron durante el calentamiento del periodo medieval, pero se enfrentaron a mayores desafíos durante la posterior fase de enfriamiento. Una reconstrucción de las temperaturas obtenida en los lagos del occidente groenlandés indica la existencia de una época de calentamiento general entre ~850 y ~1100 e. c., durante el periodo de migración vikinga, con un enfriamiento posterior de unos 4 °C en menos de ochenta años.[10]

Investigaciones recientes ponen en tela de juicio la idea de una Groenlandia cálida durante la ACM y la función del cambio climático en la colonización y posterior abandono de los asentamientos vikingos. Los depósitos de las morrenas alpinas, empleados para reconstruir la extensión de los glaciares durante el pasado milenio, indican que los correspondientes a la Groenlandia occidental tenían un tamaño similar al de la PEH al comienzo de la ACM, poco después de que los nórdicos se estableciesen en el lugar.[11] Esta prueba glaciar indica una generalización de veranos más frescos, aunque no descarta por completo la posibilidad de algún año cálido. Las estimaciones de temperaturas a partir de muestras de aire obtenidas en un sedimento de hielo groenlandés apuntan a una Groenlandia más fresca durante la ACM.[12] Sin embargo, al otro lado del Atlántico, las temperaturas fueron relativamente cálidas durante la ACM. Este contraste de temperaturas (un Atlántico Norte oriental cálido y un Atlántico Norte occidental fresco) suele tener lugar durante una fase positiva de la OAN y, en consecuencia, apoya la teoría de la OAN como inductora de los patrones climáticos medievales.

El caso de los thule, el pueblo que entró en contacto con los colonos nórdicos, también ha planteado preguntas acerca de la posible interacción entre el clima y las migraciones humanas. Las sagas vikingas, compuestas a partir de relatos más antiguos, cuentan cómo los escandinavos que se aventuraron en el remoto oeste se encontraron con un pueblo al que los poemas épicos llaman *skrælings*, o salvajes. Estos eran los thule, ancestros de los modernos inuit. Los thule eran grupos que no hacía mucho se habían establecido en el extremo nororiental norteamericano. Migraron hacia el este más o menos en la misma época en la que los vikingos lo hicieron hacia el oeste. El abandono de los asentamientos vikingos de Norteamérica no interrumpió el contacto, pues el pueblo thule progresó hasta Groenlandia, estableciéndose en el norte. Por lo tanto, los vikingos llegaron a Groenlandia algún tiempo antes de su colonización por los thule o inuit.

Los inuit, o thule, de la actualidad desplazaron a los antiguos habitantes de las regiones árticas y subárticas norteamericanas. Estos pueblos ancestrales, hoy llamados «paleoesquimales», llegaron a Norteamérica entre hace unos cuatro o seis mil años tras migraciones anteriores a través del estrecho de Bering. Adoptaron los avances de los arcos y las flechas euroasiáticos y los arpones de los cazadores del Pacífico y la zona de Bering, y a continuación se desplazaron al norte para vivir de la caza. Vivieron en territorios como la isla de Baffin, la bahía de Hudson, la península de Labrador, la isla de Terranova y Groenlandia, pero la tensión de su área de asentamiento variaba en ocasiones, según el clima, cambios en el límite arbóreo y la competencia con los indios del sur. No obstante, entre 1200 y 1300 e. c. la cultura paleoesquimal ya había desaparecido. Hasta hace bien poco se creía que algunas poblaciones árticas eran descendientes de los paleoesquimales, pero los análisis genéticos muestran que todos los modernos inuit descienden de los thule. No es posible concretar con exactitud qué llevó a la desaparición de los paleoesquimales: la enfermedad, la competencia con los thule, la violencia o alguna combinación de estos y, posiblemente, otros factores.

Los thule comenzaron a migrar hacia el este hace unos 1000 años. Estos, como los vikingos, eran avezados viajeros. Empleaban trineos tirados por perros para atravesar parajes nevados a gran velocidad. Las aguas las surcaban a bordo de botes forrados con piel de morsa. Como en el caso de los vikingos, múltiples factores contribuyeron a la expansión de los thule. Cazaban ballenas por su grasa y quizá hubiesen buscado materias primas, como el hierro que en el pasado adquiriesen comerciando con Siberia. Y también como sucedió con los vikingos, es posible que la relativa calidez pudiese haber facilitado sus desplazamientos, aunque también hay pruebas de enfriamiento regional en zonas del yermo ártico, lo cual demuestra la resistencia de este pueblo y su habilidad para responder a las fluctuaciones climáticas regionales.[13]

EL CALENTAMIENTO EN EUROPA

Hay pruebas evidentes de un calentamiento en Europa durante la ACM, y es posible que ese mismo calentamiento medieval que benefició a los vikingos de la región oriental del Atlántico Norte también prevaleciese durante un periodo de lenta pero firme restauración de Estados y poder estatal en el continente. En buena parte de Europa, la Edad Media comenzó con un abrupto descenso demográfico, el abandono de los campos de labor y la fragmentación del poder político. El poder estatal comenzó a revivir poco a poco tras la primera etapa del periodo posrromano, aunque en niveles extremadamente modestos. Por ejemplo, la Britania romana estaba compuesta por un entramado de reinos y las migraciones germánicas de anglos, sajones y jutos se añadieron a esta compleja mezcolanza de pueblos. Los monarcas gobernaban países como Mercia, Northumbría, Wessex, Sussex, Kent y otros. Algunos, como Alfredo el Grande, rey de Wessex, amasaron tal cantidad de poder que llegaron a proclamarse reyes de los anglosajones. Los soberanos anglosajones sufrieron penurias debido a las invasiones vikingas, pero a finales del primer milenio ya se había establecido en Inglaterra la tradición de un solo rey.

En la antigua Galia romana, los caudillos francos se establecieron como principales dirigentes políticos una vez concluido el gobierno imperial. Clodoveo I fundó la dinastía merovingia en el siglo v e. c. Tras varios siglos, la casa real merovingia se debilitó hasta el punto en que los carolingios, sus mayordomos o servidores principales, ejercieron el poder real y terminaron proclamándose reyes. Carlomagno, el más grande de los carolingios, creó un imperio que se extendía desde los antiguos territorios romanos de Italia hasta regiones que fueron independientes de Roma, situadas al otro lado del Rin y el Elba, en Germania. Además, Carlomagno fue coronado emperador en Roma el día de Navidad del año 800. Con este título intentaba vincular a su casa real con el antiguo título imperial y también proclamarse par del emperador bizantino, o emperador romano, de Constantinopla.

El renacer de la autoridad real fue vacilante y parcial. El imperio de Carlomagno se dividió entre sus herederos. Los monarcas de Inglaterra, Francia y cualquier otro lugar dedicaron siglos a conducirse en una sociedad feudal donde sus mayores valedores también suponían su mayor amenaza potencial. La autoridad central, en forma de leyes o justicia real, dio paso a una multiplicidad de poderes feudales; y en regiones como Germania y el Báltico hubo muchas poblaciones que conservaron su autoridad independiente.

El poder estatal, como muestra el caso de los carolingios, no surgió de modo lineal tras la caída del Imperio romano, pero entre los siglos XI y XIII, un periodo que se conoce como Plena Edad Media, los Estados europeos ya se encontraban mucho más organizados. Las dinastías reales se habían establecido con más firmeza y en muchos casos fueron más resistentes que los breves reinos bárbaros surgidos durante la época del Bajo Imperio romano y los inmediatamente posteriores a la misma. Los monarcas y los señores feudales continuaban gobernando un paisaje eminentemente rural, aunque las ciudades comenzaron a experimentar un importante crecimiento, sobre todo en comparación con las de la Alta Edad Media.

La ACM del Atlántico Norte pudo haber proporcionado unas condiciones favorables para el incremento del poder estatal y el desarrollo del comercio y la agricultura durante la Plena Edad

Media. Numerosos factores influyeron en la fortuna de una dinastía concreta para que se pueda atribuir al cambio climático el auge de una determinada casa real, pero la fluctuación climática acaecida a principios del Medievo permitió que estas casas reales, en general, pudiesen disponer de mayores recursos. La expansión de la agricultura, mantenida por el periodo cálido, proveyó a los Estados de un mayor excedente y esto contribuyó al desarrollo del comercio y el crecimiento de las ciudades. En consecuencia, las casas reales pudieron valerse de más bienes preciados y especialistas, además de poseer una mayor riqueza agrícola.

Al integrar el clima en nuestro análisis para entender este periodo no descartamos la función desempeñada por los seres humanos a la hora de moldear los resultados. La pericia de los labradores y la adopción de nuevas técnicas de cultivo aumentaron las cosechas. Los agricultores europeos adoptaron el arado de reja y vertedera, tirado por una yunta de bueyes y muy apropiado para labrar terrenos duros. También empleaban otros tipos de arado para cultivar en diferentes clases de suelo. Las nuevas técnicas de roturación ayudaron al arado y siembra de terrenos densos próximos a los márgenes fluviales. La invención de una nueva collera, un collar de caballos, permitió a los labradores sin bueyes emplear este tipo de arados. La modificación de los ciclos de siembra y el mayor conocimiento acerca de la obtención y empleo de fertilizantes contribuyó a impulsar aún más la abundancia de las cosechas.

El clima favorable para la agricultura ayudó a multiplicar la consecuencia de estos cambios. El periodo cálido permitió a los campesinos obtener cosechas en terrenos más elevados y latitudes más altas. En ocasiones se han empleado las vides para construir modelos climáticos, pues las típicas cepas vinícolas no soportan bien las temperaturas muy frías. Por tanto, es sorprendente que en Inglaterra prosperasen los viñedos durante el periodo comprendido entre los años 1100 y 1300 e. c.[14] El calentamiento regional pudo haber ayudado al cultivo de la vid, aunque los conocimientos de los agricultores, los cambios en el gusto y la demanda popular también puedan explicar este patrón. La extensión de la agricultura ladera arriba, hasta llegar a puntos más elevados, nos proporciona pruebas aún más contundentes acerca de la mejora de las condiciones de cultivo. En las regiones frías, los asentamientos también se ubicaron en parajes situados más al norte, como a lo largo de la costa noruega. En Suecia, los sami, un pueblo seminómada del norte escandinavo dedicado a la cría de renos y más conocidos (en español) como lapones, extendieron sus poblados por zonas previamente deshabitadas.[15]

La extensión del cultivo sostuvo un notable aumento de la población europea. La creciente producción no acabó con la amenaza de la hambruna, pero el resultado general fue asombroso. Después de su abrupta disminución tras la caída del Imperio romano, la población europea se dobló al pasar de unos treinta millones hacia el año 1000 a setenta u ochenta en 1340. Este crecimiento demográfico no solo derivó del cambio climático: tendencias sociales y culturales, como los cambios en la media de edad para contraer matrimonio, influyeron en el rango de incremento o mengua de la población. Registros tales como la media de edad en los matrimonios del Medioevo son parciales y escasos, pero sí es cierto que pudo haber cambiado: en tal caso, la combinación de factores culturales y climáticos llevaron a un crecimiento demográfico.

Los europeos expandieron las áreas de cultivo durante la ACM. Bastante antes de que estableciesen sus colonias a lo largo y ancho del globo, se dedicaron a la colonización interna del continente. En Gran Bretaña, la colonización llevó la agricultura a zonas pantanosas, a las planicies orientales, al norte de Yorkshire y a Gales. La colonización de Gales se remonta a la época anglosajona, pero la nueva élite anglonormanda llevó a cabo una aún más extensiva. Algunos colonos en realidad eran flamencos procedentes del norte y el oeste de Bélgica, aunque la mayoría eran ingleses.[16] En algunos casos, los recién llegados desplazaron a los nativos, pero los colonos no se limitaron a tomar la tierra: también introdujeron la agricultura en zonas previamente sin explotar.[17] Los nuevos nombres anglicanizados de lugares y sucesos dejaron testimonio de este proceso.

Durante el siglo XII los anglonormandos comenzaron a colonizar Irlanda. Una bula pontificia publicada por el papa Adriano IV en 1155 respaldaba la anexión de Irlanda por el rey Enrique II de Inglaterra. Las fuerzas anglonormandas penetraron en Irlanda en 1169 para apoyar a uno de los contendientes de una guerra civil; en 1171 Enrique II viajó a Irlanda. Los normandos invadieron la isla y la colonizaron. El príncipe Juan desembarcó en Waterford en 1185, y los señores anglonormandos se establecieron en Irlanda, aunque gran parte de la población continuó siendo gaélica. Los nuevos asentamientos anglonormandos de finales del siglo XII y principios del XIII atrajeron colonos ingleses. El poder gaélico resurgió en la Baja Edad Media, antes de las nuevas fases de conquista inglesa y colonización británica desarrolladas a comienzos de la Edad Moderna.

La expansión de los terrenos de cultivo tuvo lugar en muchas regiones europeas durante el Medievo. En los Países Bajos, una zona correspondiente a la moderna Holanda y buena parte de la actual Bélgica, hubo una época de drenaje y conquista de tierras al mar, y también en zonas costeras o pantanosas de Inglaterra, Francia, Alemania e Italia.[18] En Holanda, la conquista de los pantanos comenzó con el drenaje de las turberas, pero la merma en el volumen del terreno hacía que las nuevas tierras fuesen vulnerables a inundaciones y requiriesen la construcción de canales y diques. Las posteriores generaciones de granjeros holandeses, a principios de la Edad Moderna, se enfrentaron al dilema de abandonar las turberas conquistadas o emplearse en la realización de proyectos más ambiciosos y elaborados. Su pericia para conquistar terreno los llevó a desarrollar proyectos similares durante la colonización medieval de regiones interiores situadas en la Europa central y oriental. Participaron en los movimientos migratorios hacia el este penetrando en regiones como Pomerania Oriental, en Prusia, correspondiente a la moderna Polonia.

En el este de Europa tuvieron lugar grandes oleadas migratorias. Por norma general, durante el Imperio romano y tras la caída del Imperio de Occidente, los germanos migraban hacia el oeste, pero durante la Plena Edad Media la migración de los pueblos germánicos se desvió hacia el este. La Carta de Magdeburgo, en una llamada a la colonización entre 1107 y 1108, describe a estos «salvajes», los paganos del este, como «muy malos», pero también recalca la promesa de riquezas para los colonos en una tierra «abundante en carne, miel, grano, aves». Los colonos obtendrían recompensas espirituales y mundanas: «Podréis salvar vuestras almas y, si os place, adquirir la mejor tierra donde vivir».[19] Bajo el mando de Órdenes Militares, sobre todo la famosa Orden Teutónica, la campaña de colonización avanzó imparable hacia los territorios que en la actualidad conforman las repúblicas bálticas. A lo largo de la costa del Báltico y en los bosques del interior, los germanos libraron guerras contra los nativos paganos y se establecieron en poblados, entre ellos Riga, la actual capital de Letonia.

La migración alemana hacia el este dejó germanos en muchos territorios. Estos alemanes fundaron colonias y enclaves en Polonia, Bohemia y Hungría. El número de ciudades alemanas se incrementó en orden de magnitud durante el siglo XIII, y el ritmo migratorio no comenzó a ralentizarse hasta el XIV.[20] Los colonos holandeses y flamencos también se desplazaron hacia el este. En algunos casos, los gobernadores y señores locales los invitaron debido a su pericia en oficios concretos. Por ejemplo, los alemanes se establecieron en Transilvania respondiendo a una invitación del rey Geza II. Pequeñas poblaciones de emigrantes germanos permanecieron en algunas de esas áreas, incluidas ciudades transilvanas, una región en la actualidad situada dentro de Rumanía, pero es fácil subestimar la extensa colonización alemana del este europeo durante la Edad Media, pues muchos huyeron o fueron expulsados y deportados de estos territorios finalizada la Segunda Guerra Mundial durante el curso del mayor episodio de migración forzosa de la historia moderna de Europa.

La migración europea se extendió hasta Próximo Oriente. En 1095, el papa Urbano II predicó la primera cruzada para ayudar al Imperio bizantino y tomar Jerusalén. Los caballeros tomaron sus armas, como si de peregrinos militares se tratase, y marcharon sobre el este en dirección a Siria y Palestina. Allí, las díscolas huestes de cristianos romanos asaltaron Jerusalén en 1099. Repelido el primer asalto, rodearon la ciudad realizando actos de penitencia, desencadenaron un nuevo ataque, tomaron Jerusalén y la saquearon. Los cruzados fundaron una serie de reinos, y en 1145 el papa predicó una nueva cruzada, la segunda cruzada, con el fin de compensar la debilitada posición cristiana tras la caída del condado de Edesa, un Estado cruzado, en 1144. Después de que Saladino tomase Jerusalén, la tercera cruzada intentó, sin éxito, reconquistar la plaza en 1187.

Los motivos religiosos iniciaron la época de las cruzadas en Próximo Oriente, pero el clima también influyó en estas. La expansión generalizada de la agricultura y el crecimiento demográfico durante la ACM crearon una situación propicia para la extensión de la población cristiana en la Europa occidental y central, aunque los años inmediatamente anteriores a la primera cruzada pudieron ser testigos de un repentino empeoramiento meteorológico. Además, una vez llegados a Próximo Oriente, los ejércitos cruzados se encontraron con unas condiciones climáticas que no podían afrontar con sus pertrechos.[21]

LA HIDROMETEOROLOGÍA EN ASIA

El clima del periodo correspondiente a la Plena Edad Media no mostró en todos los sitios una uniformidad favorable para la expansión de cultivos y la creación de Estados. Por ejemplo, justo antes de la primera cruzada, el emperador bizantino Alejo I se enfrentó a los ataques de los turcos, y de otros pueblos turcomanos, a finales del siglo XI, durante un periodo de inviernos gélidos. Las crónicas y reseñas correspondientes al siglo X describen extremas y duras condiciones en el Mediterráneo oriental, Egipto, Anatolia e Irán. Una crónica de la ciudad iraní de Isfahán, por ejemplo, habla de unas nevadas tan fuertes caídas entre 942 y 943 «que la gente no podía desplazarse».[22] Como sucede en la actualidad, un único informe, e incluso una serie de informes, de mal tiempo no implica una fluctuación climática. Así, una serie de informes referentes a fuertes nevadas caídas en Norteamérica en febrero de 2015 no nos proporciona una información precisa de la tendencia climática general... Ese invierno fue suave. Con el paso del tiempo, la preponderancia de informes de la época puede reforzar la tesis de un cambio más acusado que una variación normal, pero los modelos climáticos ofrecen un escenario más complejo. Los registros del Nilo muestran crecidas lentas. Los modelos climáticos, incluidos los anillos de los árboles, indican frío en las estepas de Asia central durante el siglo X, un «gran frío», según palabras de un historiador, junto con problemas de sequía en Irán y la Anatolia oriental.[23] El registro de la Anatolia occidental y la zona meridional de los Balcanes es más variado, sin enfriamientos pronunciados y con una humedad regular, aunque el Mediterráneo oriental se volvió cada vez más seco a partir de finales del siglo XII.[24]

Las sequías fueron acontecimientos excepcionales entre 300 y 900 e. c., pero las crecidas del Nilo fueron menos fiables a mediados del siglo X. Entre 950 y 1072, la frecuencia de las sequías se multiplicó por diez frente a los siglos anteriores, y en un periodo de ciento veinticinco años hubo veintisiete de bajas crecidas del Nilo.[25] Si el caudal del Nilo se mantenía bajo, el agua no alcanzaba la altura necesaria para entrar en los canales y regar los campos. Como en el caso general de los patrones hidrometeorológicos medievales, las variaciones de ENOS y la OAN influyeron en las fluctuaciones de las crecidas nilóticas. Estas crecidas están reguladas, sobre todo, por las precipitaciones monzónicas en el macizo etíope, dirigidas por la migración estacional de la ZCI. Es probable que unas persistentes condiciones de La Niña y un modo positivo de la OAN redujesen las precipitaciones en la cuenca del Nilo, originándose así débiles inundaciones que provocaron hambrunas.

La mengua de las crecidas del Nilo no solo dañó a Egipto, sino también a las sociedades próximas que dependían de la habilidad del país para producir un excedente de cereal.[26] Según esta interpretación, las hambrunas contribuyeron al estallido de desórdenes, rebeliones y colapsos políticos. En el caso de Egipto, el breve resurgimiento de la dominación abásida tocó a su fin y unos nuevos gobernantes, los fatimíes, tomaron el poder. El Imperio bizantino aprovechó la crisis egipcia para reconquistar durante un breve periodo de tiempo territorios que no habían estado bajo el poder de Bizancio desde hacía siglos. Entre los años 1024 y 1025, los gobernantes fatimíes respondieron a una nueva sequía acaparando los transportes de cereal y la apertura de graneros. Egipto sufrió una prolongada hambruna entre 1065 y 1072. Mientras, los ostensibles gobernantes fatimíes se esforzaban por mantener bajo control a sus soldados turcos. A finales del siglo XI, el Imperio bizantino se enfrentó a numerosas amenazas. Su excedente de grano menguaba. Al mismo tiempo, padeció los asaltos de tribus de pastores seminómadas, entre ellas los pechenegos, y sufrió algunas derrotas entre 1049 y 1050.[27] Una devaluación de la moneda debilitó su otrora formidable ejército, al cual derrotaron los turcos selyúcidas en la batalla de Mancicerta, librada en 1071.

El periodo frío de Asia central planteó una serie de importantes desafíos para los Imperios persa y bizantino, además de otras regiones situadas más al este. El gélido clima de la región llevó a los pastores a emigrar en busca de otros lugares. Los pechenegos, los turcos oguzes y los selyúcidas se desplazaron hacia el oeste. En Irán donde, según una interpretación de los acontecimientos, el cultivo del algodón había rentado una gran prosperidad, la variación al frío golpeó mientras disminuía la producción de algodón en las regiones septentrionales y los pueblos seminómadas penetraban en el país.[28] Una crónica describe las consecuencias de los desórdenes, la hambruna y el frío en 1040: «Nishapur ya no era la ciudad que conocí en el pasado: ahora yace en ruinas... Mucha gente... ha muerto de hambre... El tiempo es terriblemente frío y la vida se ha hecho una carga difícil de soportar». El desorden en Irán facilitó una diáspora que incrementó la influencia de la cultura persa en el sur de Asia.[29] El poder de los turcos aumentó tanto en Irak como en Anatolia. En Bagdad colapsó la dinastía búyida, y tras un periodo de guerra civil los turcos selyúcidas tomaron la ciudad en el año 1060.[30]

Este patrón de fluctuaciones climáticas en Asia central que desplazó a las tribus de pastores compartía unas similitudes generales con los ciclos de sequías y migraciones vistos en tiempos del Bajo Imperio romano. En ambos casos es posible hallar muchos factores para explicar los movimientos migratorios y las derrotas sufridas por los gobernadores de áreas urbanas y sociedades complejas, pero tanto a finales de la época romana como en el siglo XI, los problemas del frío y la sequía pudieron haber proporcionado a los pueblos seminómadas buenas razones para desplazarse hacia el oeste. Una segunda interpretación apunta a los posibles efectos del frío en los camellos de una sola giba que los turcos cruzaban con los de dos, produciendo así un animal muy apto para el comercio a lo largo de la Ruta de la Seda. El dromedario no toleraba muy bien el frío, circunstancia que llevó a los criadores de camellos a desplazarse hacia el sur.

LA SEQUÍA Y LAS DINASTÍAS TANG Y SONG

En el Extremo Oriente, las fluctuaciones climáticas influyeron en China durante un nuevo ciclo de resurgimiento y colapso dinástico. Al contrario de lo acaecido con el desmoronamiento del Imperio romano de Occidente, la caída de la dinastía Han no acabó con el ciclo imperial en China. En 581, surgió otro fuerte linaje con la dinastía Sui. Yang Jian, un caudillo militar del norte, se hizo con el poder en la China septentrional y tomó el sur en la década de 580. La dinastía Sui duró poco tiempo, colapsó en 618, pero inmediatamente después la sucedió otra: la dinastía Tang. Esta dinastía Tang hizo de China un Estado inmensamente rico para su época y estableció la capital en Chang'an (la actual Xi'an), en el centro de la región septentrional. La población de esta ciudad, un centro político y económico, además de hogar de numerosos santuarios y templos, rondaba el millón de habitantes en el siglo VIII.

La China de los Tang se benefició de las extensas redes de comercio regional e internacional. El comercio y las comunicaciones florecieron a lo largo de la Ruta de la Seda, que cruza los desiertos en dirección oeste internándose en Asia central. Budistas, cristianos y judíos recorrieron esta ruta, y el budismo se convirtió en una importante religión en China durante la dinastía Tang, antes de sufrir la persecución del emperador Wu Zong, uno de los últimos gobernantes de este periodo dinástico.

Tanto la dinastía Sui como la Tang surgieron durante el periodo cálido que hubo entre los años 551 y 760 e. c.[31] A mediados del siglo VIII, la dinastía Tang comenzó a debilitarse. La causa inmediata de la crisis se debió a un error de cálculo por parte del emperador Xuanzong/Minghuang. El emperador confió la vigilancia de las fronteras y la expansión del poder chino a comandantes turcos. Uno de estos jefes militares de origen no chino, cuyo nombre chino era An Lushan, acumuló un creciente poder. Al final, en 755, An Lushan se rebeló y el emperador hubo de huir a Sichuan. La dinastía Tang sobrevivió a la insurrección, pero los conflictos internos marcaron el final de su era. El emperador Wu Zong, que gobernó desde 840 hasta 846, se dedicó a destruir el budismo, cerrando la mayoría de sus templos y confiscando sus propiedades. Mientras, se hacía cada vez más difícil mantener controlados a los caudillos locales. La dinastía Tang resistió varias rebeliones hasta que terminó desmoronándose en 907.

Como le sucediese al Imperio romano, o a la dinastía Han, la crónica política y militar relativa al declive de la dinastía Tang puede considerar el marco climático como un simple factor circunstancial. En esa época, el clima agravó los problemas con los que se enfrentaban los últimos emperadores Tang al causar un incremento de la desertificación en el siglo IX.[32] Un registro de las estalagmitas chinas señala un periodo de fuertes monzones estivales entre los años 190 y 530 e. c. seguido por un paulatino debilitamiento que duró hasta el año 850 e. c. Los monzones continuaron siendo débiles, con varias mínimas pronunciadas, hasta el año 940 e. c.[33] Estos cambios en los monzones, que con mucha probabilidad contribuyeron al declive de los mayas y los Tang, parecen guardar cierta relación con un retraimiento hacia el sur de la ZCI.[34] El clima solo fue uno de los muchos factores que influyeron en los combates entre los territorios chinos y las tribus nómadas del norte pero, por norma general, es más probable que los nómadas obtuviesen victorias durante periodos fríos y secos, como el correspondiente a la última etapa de la era Tang.[35] Durante esos periodos, los grupos nómadas se expandieron hacia el sur penetrando en las llanuras centrales.

China quedó dividida y fragmentada tras la dinastía Tang, pero este periodo intermedio fue más breve que el subsiguiente a la caída de la dinastía Han. En 960, el jefe militar de uno de los territorios del norte unió China bajo la autoridad de una nueva dinastía, la dinastía Song. Los Song no intentaron restablecer el poder centralizado sobre la frontera septentrional, donde los territorios con profunda tradición seminómada se mantenían fuertes. En vez de presionar hacia el norte o el oeste, los Song establecieron su capital en Kaifeng, a orillas del río Amarillo y el Gran Canal. Este periodo de gobierno Song desde Kaifeng se conoce como dinastía Song del Norte.

La China de los Song se mantuvo como un Estado extraordinariamente próspero. Experimentó un aumento demográfico tanto en las ciudades como en el campo. La población china durante esta era, hacia el año 1100 e. c., sumaba alrededor de cien millones de personas, una cantidad que superaba con mucho a la población de cualquier otro Estado de su tiempo. Muchas ciudades tenían poblaciones de cien mil habitantes, o más, y urbes como Kaifeng y Hangzhou alcanzaban el millón. Además de otros factores, como la estabilidad política, el comercio y los avances tecnológicos, el clima contribuyó a esta nueva cota de crecimiento. Las precipitaciones regulares fueron una condición importante para tan abrupto incremento demográfico. Sobre todo, los fuertes monzones beneficiaron a la China de los Song.[36] China también hizo un intenso uso del arroz cuando su población se triplicó durante la era de la dinastía Song del Norte.

En el siglo XII la dinastía Song perdió el control de sus territorios septentrionales debido a la invasión de los yurchen. Los yurchen hablaban una lengua tungús, diferente al mongol o al turco, empleada en el este de Siberia y también en Manchuria, una provincia del noreste chino. La dinastía Song no cayó, pero se desplazó al sur y estableció una nueva capital en Hangzhou. A pesar de haber perdido territorio, la dinastía Song del Sur progresó económicamente. La China de los Song se dedicó a la manufacturación de porcelana (material cerámico de origen chino) y a la innovación de muchas áreas, como la impresión o la producción de pólvora. Sus ingenieros militares desarrollaron nuevas armas, entre ellas bombas y misiles. El avance mongol a finales del siglo XIII acabó con la dinastía Song. Kublai Kan, nieto de Gengis Kan, invadió el territorio de la dinastía Song del Sur. Los Song emplearon el nuevo armamento contra los invasores, pero los mongoles adoptaron su tecnología y también obtuvieron cierto apoyo chino. En 1276, Kublai Kan tomó Hangzhou, la capital de los Song, acabando así con la dinastía Song del Sur y fundando la dinastía mongola de los Yuan en China.

LOS MONGOLES Y EL CLIMA

Las victorias mongolas fueron resultado de su destreza militar y la eficacia de los caudillos, pero también se beneficiaron de unas condiciones climáticas favorables en su patria. En el siglo XIII los mongoles salieron de Mongolia y crearon un vasto imperio. Poseían una gran habilidad guerrera. Desde pequeños practicaban la equitación, además de participar en asaltos y cacerías. Lo cierto es que comenzaban a cabalgar y disparar el arco apenas aprendían a andar. Los guerreros mongoles eran tiradores avezados, incluso a lomos de sus monturas, capaces de manejar el arco compuesto con letal eficacia. Cubrían grandes distancias a caballo y desencadenaban ataques muy bien organizados. Estos formidables guerreros de las estepas se convirtieron en una fuerza militar aún más peligrosa cuando Gengis Kan, o Genghis Khan, unió bajo su mando a los clanes mongoles en 1206. Gengis Kan instauró una gran cacería ritual, llamada Nerge, para practicar maniobras militares a gran escala. Los cazadores mongoles rodeaban a su presa como rodearían al enemigo en combate. También desarrollaron la táctica de engañar a su rival fingiendo una desbandada para después reagruparse y atacar por sorpresa.

La dinastía Song ya se había retirado al sur de China en tiempos de Gengis Kan, reemplazada en el norte por la dinastía Jin, fundada por las tribus yurchen. En 1211 Gengis Kan invadió el territorio septentrional. Los mongoles también presionaron hacia el oeste, siguiendo la Ruta de la Seda, y tomaron antiguos e importantes centros comerciales, como Samarcanda y Bujará. Tras la muerte de Gengis Kan, en 1227, sus herederos continuaron expandiendo el dominio mongol hacia el sur. En 1279 conquistaron el resto del territorio gobernado por la dinastía Song del Sur en la China meridional. Los caudillos mongoles continuaron avanzando hacia el oeste. Batú Kan, uno de los nietos de Gengis Kan, saqueó Kiev. Los mongoles se establecieron en Rusia como la Horda Dorada y cobraron tributos hasta finales del siglo XIV. Y llegaron aún más al oeste, hasta Hungría, en 1241. En Oriente Medio, Hulagu Kan, también nieto de Gengis Kan, saqueó Bagdad en 1258, terminando con el califato abasí.

Como dejan claro las crónicas de las victorias mongolas, el clima no fue, ni mucho menos, la única razón de su éxito, aunque las fluctuaciones climáticas pudieron haber contribuido a su expansión. Si la sequía podía causar la migración de los pueblos nómadas, también podrían hacerlo los periodos de precipitaciones regulares. El análisis de los datos dendrológicos realizado en la Mongolia central indica que durante la ACM tuvieron lugar varias sequías severas, sobre todo entre 900 y 1064, 1115 y 1139 y 1180 y 1190. Este último periodo, correspondiente a la primera época de Gengis Kan, coincide con una inestabilidad política en el reino de los mongoles y eso pudo haber contribuido a su ascenso al poder. El periodo fresco de Asia central llegó a su fin con un calentamiento que alcanzó su máximo a principios de la década de 1200,[37] y hubo un prolongado periodo de mayor pluviosidad entre 1211 y 1225. Este registro indica que los mongoles se expandieron durante una época que fue, en general, más húmeda y cálida que cualquier otra durante 1112 años.[38]

En muchos casos, ya fuese en Roma, la China de la dinastía Han o la Europa medieval, el clima contribuyó al desarrollo de los Estados por sus beneficios para la agricultura. Para los mongoles, los caballos fueron el asunto realmente importante. Los caballos mongoles eran famosos por su dureza, pero lanzar campañas militares a través de miles de kilómetros requería una gran cantidad de ellos; cada guerrero mongol poseía varias monturas. La temporada de clima favorable a principios del siglo XIII estimuló el poderío mongol, pues este periodo húmedo y cálido proporcionó buenas condiciones para la cría y alimentación de caballos.

Además, los mongoles debían procurar alimento para sus monturas a medida que progresaba su ejército. Lo cierto es que no eran tan numerosos en regiones donde no pudiesen alimentar con relativa facilidad a un buen número de caballos. Tales dificultades en el aprovisionamiento erosionó el poder de los mongoles y otros pueblos seminómadas al desplazarse hacia el sur e internarse en el Asia meridional y suroriental. Por tanto, el clima puso los límites para refrenar la expansión de las fronteras del Imperio mongol.

EXPANSIÓN EN EL SUDESTE ASIÁTICO

El clima en el sur de China en la época correspondiente a la Edad Media europea facilitó la expansión de Estados grandes y sociedades complejas. Fuertes monzones dominaron el sudeste asiático entre los años 950 y 1250, aproximadamente, y las favorables condiciones agrícolas favorecieron el desarrollo de varios Estados en la región. Entre estos se encuentran el reino jemer, cuya capital era Angkor; el reino de Pagan, en Birmania, y el Estado de Dai Viet. Estos tres Estados se han descrito como «Estados fundadores», pues fueron los primeros grandes y poderosos Estados indígenas en estas regiones.[39]

Entre los siglos IX y XV, el Imperio jemer fue una importante potencia en el sudeste asiático. En su apogeo, este imperio se extendía mucho más allá de las actuales fronteras camboyanas, aunque los jemeres también sufrieron derrotas a manos de rivales como los chăm, que vivían a lo largo de la costa vietnamita, antes de que, a finales del siglo XII y principios del XIII, lograsen expandir su territorio bajo el reinado de Jayavarman VII.

La estructura religiosa de Angkor Vat, construido en tiempos del Imperio jemer, se mantiene en la actualidad como un impresionante tesoro arqueológico. Angkor Vat se construyó en la primera mitad del siglo XII, cuando Suryavarman II inició la edificación del templo. El «templo capital» fue en principio un centro político y religioso hinduista, pero no tardó en convertirse en un lugar religioso budista. Creció hasta abarcar cientos de templos. La torre central, dedicada a Visnú, un dios hindú, se eleva más de sesenta metros. Un foso circunda el complejo religioso. Angkor Vat, capital del Imperio jemer, también fue una de las grandes ciudades de su época, con una población estimada en cientos de miles de habitantes..., alrededor de setecientos cincuenta mil.

El reino de Pagan, situado en la actual Birmania, llegó a su auge más o menos en la misma época que el Imperio jemer de Camboya. Este reino, muy vinculado al budismo, erigió miles de templos dedicados a este culto, además de monasterios y estupas. En la actualidad se conservan dos o tres mil de estos lugares, aunque muchos de ellos en ruinas. Pagan, la capital, con miles de monjes budistas viviendo en ella, era el principal centro budista y atraía a visitantes del Asia meridional y otras áreas del sudeste asiático. Los pagan sumaban una población de más de cincuenta mil individuos, además de cientos de miles de campesinos asentados en las regiones aledañas. A medida que crecía la población se expandía el Estado pagan. Los templos y monasterios budistas marcaban los límites de la religión y las tierras de labor.[40]

El desarrollo del poder estatal durante esta época también se puede observar en la historia de Vietnam. Obtenida su independencia de China en el siglo x, el Dai Viet, o Gran Viet, surgió como una poderosa potencia en el Vietnam en el siglo xi. Su capital se encontraba en Thang Long, en el delta del río Rojo, en lo que hoy es Hanói. El Estado Dai Viet compitió con China en el norte y con una región de más fuerte tendencia hinduista en el sur, bajo el gobierno de los chăm, que en la actualidad componen una de las minorías étnicas vietnamitas. El Estado Dai Viet, como sus vecinos, experimentó un fuerte crecimiento demográfico entre los años 1000 y 1300, cuando la población pasó de un millón seiscientos mil individuos a tres millones.[41]

Varios factores contribuyeron a la creación de Estados, la extensión de la agricultura y el crecimiento demográfico en estos reinos de Camboya, Birmania y Vietnam. En el caso de Dai Viet, la relación con los territorios chinos situados al norte de sus fronteras, así como la adopción de su tecnología, influyó en el ritmo de crecimiento. Un comercio desarrollado pudo haber beneficiado a los tres Estados. Es posible que un sistema de contacto y comunicación más consistente también redujese la mortandad al hacer epidémicas ciertas enfermedades que en otro tiempo fueron endémicas.[42]

Además de todas estas posibles causas para el crecimiento, las tendencias climáticas favorecieron el surgimiento y desarrollo de Estados y sociedades en el sudeste asiático. Hubo extensos periodos de abundantes precipitaciones durante el siglo xii y a finales del xiii. El régimen de lluvias copiosas y regulares impulsó la agricultura, que a su vez contribuyó a la construcción y desarrollo de Pagan.[43] Del mismo modo, unos monzones fuertes contribuyeron a la expansión y empresa colonizadora de los jemeres. La relación entre clima y desarrollo es más compleja en el caso de Dai Viet, localizado en una región más húmeda que el reino de Pagan o el de los jemeres. Unas precipitaciones más copiosas podrían haber contribuido a un aumento demográfico en las zonas altas, causando movimientos migratorios hacia el delta.

INUNDACIONES Y SEQUÍAS EN AMÉRICA

Como en otras partes del mundo, las sociedades complejas de las Américas obtuvieron grandes excedentes durante el Holoceno. En esta región, la variabilidad fue la principal característica del clima entre los años 500 y 1300 e. c.: décadas de sequía interrumpidas por periodos cálidos y húmedos. La existencia ancestral de sociedades complejas en las Américas indica una resistencia frente a las fluctuaciones climáticas del Holoceno, aunque varios Estados y civilizaciones también sufrieron repentinas transiciones e incluso súbitos colapsos, como se deduce por el abandono de ciudades. Las sequías prolongadas, sobre todo, supusieron un importante desafío para las sociedades complejas de las Américas.

Varias sacudidas climáticas ya habían alterado, y en algunos casos destruido, algunas de las más complejas sociedades norteamericanas antes de la llegada de los europeos. En la actualidad existen los restos de un asentamiento abandonado en el sector noroccidental del cañón del Chaco, en Nuevo México; el lugar fue abandonado hacia el siglo XII. En muchos otros lugares a lo largo de los ríos Misisipí y Ohio, así como algunas áreas del sudeste de Estados Unidos, los pueblos precolombinos se establecieron en asentamientos descritos más tarde como túmulos. En Cahokia, un lugar próximo a la moderna San Luis (Misuri), se hallan más de un centenar de estos túmulos. El cultivo intensivo desarrollado durante el siglo XI y principios del XII mantuvo a una población que se contaba por millares, pero Cahokia fue abandonada antes de que ningún europeo llegase a esa zona. Más al sur, los aventureros y conquistadores españoles encontraron a los mayas, aunque la civilización maya ya había sufrido una tremenda disrupción. El simple hecho de poner énfasis en el abandono de tan grandes e impresionantes edificaciones puede distorsionar la correcta comprensión del desarrollo de las sociedades americanas. En varios casos, el efecto de las sequías fue muy severo en algunas regiones, pero no hubo un desmoronamiento general de las culturas indígenas a lo largo y ancho de las Américas.

Los mayas crearon la cultura y sociedad más duradera de Centroamérica. Sus primeros asentamientos, situados en regiones agrícolas de América central y el sur de México, se remontan aproximadamente al año 800 a. e. c. Menos de quinientos años después los mayas comenzaron a construir centros ceremoniales religiosos más elaborados. La sociedad maya continuó creciendo hasta alcanzar su más alta complejidad durante el periodo que en la actualidad llamamos «clásico», entre 200 y 900 e. c. Los mayas construyeron edificios ceremoniales, sobre todo pirámides, y ciudades en un cinturón que se extendía desde Guatemala y Belice hasta la península de Yucatán, al norte, y el moderno Estado de Chiapas, al oeste. Los mayas aprovecharon varios tipos de cultivo con el fin de mantener la relativamente numerosa población del periodo clásico. Hicieron huertos, cultivaron en bancales y aprovecharon los humedales. Para enriquecer el suelo realizaron quemas e inundaciones controladas. También aprovecharon el bosque para obtener combustible.[44]

No hubo un solo Imperio maya, sino más bien un conjunto de ciudades-estado. Durante la época clásica, la población de las ciudades-estado más grandes superaba los cincuenta mil individuos. Tikal y Calakmul fueron dos de las ciudades más importantes de este periodo. El yacimiento arqueológico de Tikal, en el norte de Guatemala, contiene cinco grandes pirámides: la mayor tiene más de sesenta metros de altura. Los jeroglíficos mayas de Tikal nos hablan de las guerras de esta ciudad contra las ciudades-estado vecinas, tanto de sus victorias como de sus derrotas, pero las inscripciones talladas en estelas, placas o pilares de piedra concluyeron en 869 e. c.

Las ciudades de Calakmul y Campeche, en México, son anteriores al periodo clásico y crecieron hasta convertirse en las más grandes de esa época, con poblaciones de más de sesenta mil personas y pirámides de alturas próximas a los cuarenta y cinco metros. Hay más estelas en Calakmul que en cualquier otro asentamiento maya. Las inscripciones hablan de sus complejas relaciones con las ciudades-estado vecinas, tributarias y a veces rivales de Calakmul, y de las guerras entre esta ciudad y Tikal. Durante el siglo VII Calakmul obtuvo victorias sobre Tikal, pero sufrió una derrota a sus manos en 695... Los vencedores mataron a los cautivos ofreciéndolos como sacrificios humanos. Las inscripciones concluyen a principios del siglo X, y cuando los españoles llegaron a Calakmul su población solo era una nimia fracción de lo que fue durante la época clásica.

Muchos de los yacimientos arqueológicos mayas ya eran ruinas cuando los conquistadores españoles llegaron a las Américas; siglos después siguen encontrándose asentamientos mayas. Por ejemplo, en 1570, Diego García de Palacio descubrió las ruinas de la ciudad de Copán, en la actual Honduras. Las ruinas de Copán contienen plazas de tamaño descomunal, una escalera de diez metros de anchura y alrededor de dos mil glifos. Su población alcanzó aproximadamente veinticinco mil personas, pero la dinastía real había desaparecido en el siglo IX.

Como en el caso de Roma, la cuestión de por qué colapsó la civilización maya ha generado el planteamiento de diversas respuestas, además del consabido debate acerca del significado del término «colapso». Sin duda, los mayas sobrevivieron al periodo clásico. Los españoles encontraron mayas, y existen pueblos mayas en la actualidad. Al mismo tiempo, la gran cantidad de poblados abandonados indica una disrupción importante, y real, sufrida por la sociedad maya a finales del periodo clásico. Las investigaciones destinadas a explicar esta disrupción han proporcionado numerosas hipótesis: terremotos, enfermedades, rechazo de vástagos femeninos, decadencia, revueltas campesinas, invasiones o deportaciones perpetradas por los invasores. La mayoría de estas causas cuentan con pocas pruebas. Las guerras entre las ciudades-estado mayas nos proporcionan otra razón plausible. El desciframiento de las inscripciones mayas descartó la idea de que sus élites fuesen pacíficas. Por ejemplo, las grandes ciudades de Tikal y Calakmul, junto con sus respectivos aliados, sostuvieron largas guerras. No obstante, si las campañas bélicas contribuyeron a la conclusión del periodo clásico maya, lo hicieron de modo muy lento, pues sus ciudades-estado más importantes libraron guerras a lo largo de muchas generaciones.

La diferencia entre las grandes poblaciones de la época maya y el bajo índice demográfico actual indica que las ciudades-estado ejercían una gran presión sobre los recursos disponibles: alimentos, combustible y agua. En Tikal y Calakmul, los constructores dejaron de emplear la madera con la que durante mucho tiempo habían hecho sus vigas, el chicle (*Manilkara zapota*), y recurrieron a sustitutos, lo cual indica que estaban agotando sus recursos madereros. También dejaron de emplear cal como materia prima para los enlucidos. Los mayas demostraron su capacidad de resistencia a lo largo de muchos siglos, pero años de crecimiento urbanístico y demográfico causaron la escasez de los materiales de los que dependían.[45]

La sequía originada por una variación del clima interactuó con unos cuantos factores más para poner punto final al periodo clásico maya. Una etapa árida, con varias sequías severas debilitó a una sociedad que ya había llevado su medioambiente al límite. Los mayas se adaptaron a su entorno durante siglos, pero su numerosa población y la deforestación los hizo menos resistentes a la sequía. Por otra parte, el agotamiento de recursos durante un periodo de sequía contribuyó a potenciar la actividad bélica entre unas ciudades-estado que ya tenían una larga tradición de enfrentamientos. El deterioro de las condiciones en centros urbanos que se desmoronaban también les proporcionó incentivos para migrar. Un cambio de las rutas del interior a la costa pudo haber reforzado esa migración.

La historia de los mayas demuestra la resistencia y la dependencia de las sociedades complejas frente a las condiciones meteorológicas. Los mayas se adaptaron a su entorno y al clima de la región. Aprovecharon el agua, la tierra y el bosque con el fin de producir una cantidad de alimentos suficiente para mantener densas poblaciones, y lo hicieron durante mucho tiempo. Ni siquiera sufrieron un desmoronamiento absoluto... La cultura y la sociedad mayas no llegaron a un estado terminal. Al mismo tiempo, esa habilidad para adaptarse e innovar también implicaba que fueron capaces de ejercer una presión cada vez más fuerte sobre su entorno y la disponibilidad de suelo, agua y bosque. Por lo tanto, se hicieron más vulnerables a la aridez y las sequías prolongadas que los golpearon a finales de la época clásica.

Si bien la cultura maya no tocó a su fin, sin duda cambió. En este caso, el cambio climático pudo haber producido un mayor efecto en las élites. Los primeros mayas que encontraron los españoles no habían abandonado su jerarquía social. Cuando Hernán Cortés y sus hombres derrotaron a los guerreros mayas en la costa de Yucatán, pidió entrevistarse con una delegación de sus jefes y caudillos. Recibió regalos como adornos de oro y mujeres jóvenes, entre ellas doña Marina, la Malinche, que sería amante de Cortés y también una valiosísima intérprete durante sus posteriores expediciones en el interior de México. No obstante, las dinastías cuyas guerras y enemistades ocupan un lugar prominente en los jeroglíficos mayas de la época clásica, parecían haber llegado a su fin. Otros dedicados a servir a las casas reales o suministrarles bienes lujosos no habrían sido capaces de mantener su estilo de vida. Al tener una capacidad inferior para reunir un cuantioso excedente, las sociedades con jerarquías menos elaboradas, como las de La Española, habrían podido adaptarse mejor a una tendencia a la sequía.[46] La variación en la ZCI produjo un estrés similar en el sur de Centroamérica.[47]

A pesar de que el colapso maya fuese consecuencia de varios factores, es muy probable que los periodos de sequía desestabilizasen la civilización de la época clásica. Muchos estudios señalan a los fuertes efectos de las fluctuaciones climáticas. Precipitaciones monzónicas más copiosas llenaron los lagos de la península del Yucatán durante el Holoceno. La insolación estival disminuyó y la región comenzó a volverse más árida hace unos tres mil años; el punto máximo de aridez sucedió alrededor de los años 800 y 1000 e. c., coincidiendo con el colapso de los mayas. Las ciudades mayas del Yucatán y Centroamérica resultaron ser muy sensibles a una disminución de precipitaciones de aproximadamente un 40 %.[48] La sequía fue más severa en las regiones donde las señales de desmoronamiento son más evidentes. Las sociedades mayas habían mostrado resistencia frente a los periodos áridos en el pasado, pero su mayor complejidad y unas condiciones de sequía más severas superaron su capacidad de adaptación.[49]

El cambio de la zona de convergencia intertropical pudo haber originado la sequía vinculada al colapso de los mayas. Los sedimentos marinos de la fosa de Cariaco, al norte de Venezuela, revelan los patrones en el desplazamiento de la ZCI en la actualidad, y estos se pueden emplear para inferir cambios en el pasado. Hoy, la fluctuación anual de la ZCI deja claras señales de franjas claras y oscuras, y los sedimentos de la fosa muestran ese patrón a lo largo del Holoceno. Durante el invierno y la estación seca primaveral, la ZCI se sitúa al sur, dirigiendo a los poderosos vientos dominantes que fortalecen las surgencias, las cuales dan lugar a un mayor crecimiento de las algas, conservado en la fosa como sedimentos de tonalidad más clara. La variación anual de la ZCI durante el verano del hemisferio norte determina el comienzo de la estación húmeda en Venezuela, cuando los sedimentos de tierra más oscuros se depositan en la fosa de Cariaco. Las concentraciones de titanio (Ti) en los sedimentos procedentes de tierra firme sirven para documentar el desplazamiento de la ZCI en la zona. Los mayas vivían al norte y al oeste de la fosa de la región de Cariaco, pero las mismas variaciones en la ZCI recogidas en la fosa también influyeron en el devenir de las ciudades precolombinas del Yucatán. El colapso definitivo de los mayas, entre los años 750 y 900 e. c., coincidió con niveles sedimentarios de Ti más bajos. En concreto, las cantidades mínimas de Ti corresponden a los periodos de sequía acaecidos hacia 760, 810, 860 y 910 e. c., fechas coherentes con las tres fases del modelo explicativo del colapso maya.[50] Un registro de estalagmitas del Yucatán[51] y los sedimentos de un cuerpo de agua cercano, la laguna Chichancanab,[52] nos proporcionan más pruebas de la influencia de la sequía en los mayas. No obstante, sigue abierto el debate de hasta qué punto la sequía incidió en el colapso de esta y otras civilizaciones mesoamericanas.[53]

Las variaciones hidrometeorológicas también afectaron a las sociedades centroamericanas ubicadas más allá del territorio maya. La ciudad de Cantona, al este de Ciudad de México, alcanzó una población cercana a los noventa mil habitantes hacia el año 700 e. c. y suministraba obsidiana a los asentamientos situados en el golfo de México. Un largo periodo de sequía entre los años 500 y 1150 e. c. no causó el inmediato debilitamiento de Cantona; en realidad es que es probable que se trasladasen a ella emigrantes procedentes de otras regiones áridas. No obstante, entre 900 y 1050 e. c. su población disminuyó a solo unas cinco mil personas durante uno de los periodos más secos sufridos en casi cuatro mil años.[54]

Los cambios importantes en el régimen de precipitaciones supusieron un desafío a otras sociedades complejas de la Norteamérica precolombina, como las culturas de los valles del Misisipí y el Ohio, identificadas por sus túmulos ceremoniales. Los aventureros españoles se encontraron con algunos de estos túmulos. En 1539, Hernando de Soto se embarcó en una *entrada*,[b] una expedición, al territorio situado al norte del territorio ya conquistado por los españoles, en tierras correspondientes en la actualidad a Estados Unidos. En busca de tierras y oro desembarcó en Florida y se dirigió al norte internándose en los Apalaches, para después tomar un rumbo general hacia el oeste y llegar en 1541 al río Misisipí. De Soto murió en 1542, pero algunos de sus hombres lograron regresar a Ciudad de México. Gonzalo Fernández de Oviedo y Valdés, el historiador español, redactó una crónica de la exploración de Hernando de Soto basada en el diario de Rodrigo Ranjel, secretario del adelantado. Gracias a esta crónica sabemos que Hernando de Soto encontró algunos restos de la cultura del Misisipí, que había realizado grandes túmulos y movimientos de tierra. Llegaron a un poblado situado en el moderno estado de Georgia (Estados Unidos) que tenía uno de estos túmulos, sobre el cual erigieron una cruz. En un lugar llamado Talimeco, probable-

---

b   En español en el original. *(N. del T.)*

mente cerca del actual Camden, en Carolina del Sur, los españoles hallaron un «pueblo de gran auctoridad, y aquel su oratorio en un cerro alto y muy auctoriçado». Y tras cruzar el Misisipí, «allí pussieron los chipstianos en un cerro la cruz».[55]

En las batallas y escaramuzas libradas a lo largo de la ruta, de Soto y sus hombres mataron a muchos nativos y sufrieron muchas bajas. También encontraron poblaciones muy mermadas y debilitadas por las enfermedades que llegaron a América desde España, y que al parecer ya se contagiaban no solo entre los españoles. De Soto y sus hombres llevaban consigo infecciones euroasiáticas y abrieron nuevas vías de contagio. Como en México, o en cualquier otro lugar, murieron muchos nativos debido a su carencia de defensas. Según una interpretación, estas muertes debilitaron las sociedades nativas correspondientes al último periodo de la cultura del Misisipí. Los templos tumularios dejaron de desempeñar su función principal como lugar político y religioso.

Las epidemias desencadenadas a partir del intercambio colombino entre el Viejo y el Nuevo Mundo sería causa de ruina, enfermedad y muerte para muchos nativos de las Américas, pero la mengua de las sociedades complejas no se puede atribuir solo a las enfermedades llevadas por los conquistadores. La cultura del Misisipí encontrada por de Soto y su grupo de aventureros españoles ya había sufrido una serie de reveses antes de tener su primer contacto, directo o indirecto, con los europeos. El calentamiento experimentado durante la ACM pudo haber contribuido a la expansión de la cultura del Misisipí y otros asentamientos a lo largo y ancho del territorio correspondiente en la actualidad al sudeste de Estados Unidos.[56] Tras el pico demográfico de Cahokia y regiones aledañas a principios del siglo XII, la densidad de población disminuyó. En el siglo XIV, los pueblos de la cultura del Misisipí habían abandonado Cahokia, además de otros asentamientos situados en las cuencas del Ohio y el Misisipí. El asentamiento de los túmulos próximos a Kincaid, en el sur de Illinois, alcanzaron su auge a principios del siglo XIII, pero la construcción tumularia concluyó hacia el año 1300 y el asentamiento fue abandonado alrededor del año 1450. El mismo patrón de abandono se puede aplicar en muchos otros lugares de las cuencas del Ohio y el Misisipí.[57]

La escasez de fuentes dificulta la reconstrucción de la historia completa de las culturas del Misisipí, pero la investigación climática propone que las variaciones hidrometeorológicas pudieron haber supuesto una fuerte presión para los constructores de túmulos, ya fuese por una mayor aridez o por inundaciones más fuertes. Según una interpretación, la larga sequía sufrida entre mediados del siglo XII, y principios del XIII, debilitó estas sociedades constructoras de túmulos. El ciclo de sequía interrumpió la intensa actividad agrícola desarrollada en la región de Cahokia. El nivel freático disminuyó y las menguadas precipitaciones amenazaron al intensivo cultivo de maíz necesario para el mantenimiento de una población relativamente densa. La sequía también habría disminuido la disponibilidad de pescado. Tales tendencias no habrían supuesto el colapso inevitable de todos los asentamientos del Misisipí, pero afectaron a los lugares con mayor población al ser estos más dependientes de unas condiciones agrícolas óptimas.[58] Por el contrario, una segunda interpretación contempla los daños causados por las fuertes inundaciones sufridas a finales del periodo árido. Un estudio de los núcleos de sedimento indica que Cahokia nació durante un periodo de pocas inundaciones, pero que declinó con el regreso de las grandes riadas.[59]

Los efectos de cualquiera de estas alteraciones hidrometeorológicas variaban según la sociedad y la región. Los pequeños pueblos sedentarios asentados a lo largo de la cuenca del río Monongahela, en Pensilvania, parecen haberse formado y reformado independientemente de la fuerza y duración de cualquier tipo de tendencia.[60] El abandono de asentamientos grandes, como Cahokia, afectó a la manifestación de la cultura del Misisipí más centralizada. Las élites políticas y religiosas beneficiarias de una mayor obtención de excedentes pudieron haberse encontrado ocupando puestos menos prominentes. Sin embargo, este resultado por sí solo no implica el desmoronamiento o extinción de una cultura.

Las variaciones en la aridez y la precipitación tuvieron sus mayores efectos en las regiones más vulnerables habitadas por humanos, como el suroeste americano. Un ejemplo sorprendente lo tenemos en la historia de una sociedad compleja que floreció en lo que hoy es Nuevo México bastante antes de tener contacto alguno con los europeos. Entre aproximadamente la década de 800 y 1150 o 1200 e. c., una civilización construyó un asentamiento elaborado y de tamaño respetable en el cañón del Chaco, en la zona noroccidental de Nuevo México.

Los constructores asentados en el cañón del Chaco diseñaron y erigieron grandes casas de varias plantas. En el poblado central pudieron haber vivido varios miles de personas, aunque aún no disponemos de una estimación concreta. Los pueblos de esta cultura construyeron muchas otras viviendas a lo largo de los caminos. Los restos de esos ya inexistentes caminos no se perciben a simple vista, pero se pueden seguir gracias a las imágenes satelitales. La cultura material del cañón del Chaco es abundante en turquesas. Las excavaciones han sacado a la luz unas doscientas mil piezas elaboradas con ese material. Algunas de estas piedras proceden de yacimientos locales, pero a partir del cañón del Chaco se puede seguir el rastro de las turquesas a través de redes comerciales que se extienden hasta los actuales estados de Colorado, California y Nevada.[61]

No disponemos de un equivalente a los escritos mayas que nos hable de las élites, pero los estilos funerarios indican una fuerte jerarquización social en la civilización del cañón del Chaco.[62] Entre los objetos enterrados con los difuntos, el ajuar funerario, de las mayores de las Grandes Casas situadas en el yacimiento llamado Pueblo Bonito, se incluyen decenas de miles de abalorios de turquesa. Una pequeña sala contenía no menos de veinticinco mil objetos elaborados con esta piedra. También había recipientes que contenían trazas de cacao, un producto que solo se podía obtener a través del comercio de larga distancia.

Para mantener su compleja sociedad, los pobladores del cañón del Chaco emplearon diversos sistemas para la obtención y el

173

almacenamiento del agua. Estar ubicados en un cañón ya situaba a los agricultores en una superficie próxima a la capa freática. Además, la comunidad del cañón del Chaco y otras vecinas desviaban y almacenaban agua empleando construcciones como diques y canales. Pequeños diques atrapaban y dirigían la escorrentía a los canales. No obstante, también había varios de gran tamaño, entre ellos uno de mampostería de casi cuarenta metros. El agua regaba cultivos de alubias, maíz y calabaza.[63]

La historia del cañón del Chaco como importante núcleo de población terminó en el siglo XII. Cualquier grupo superviviente dejó el lugar y los grandes edificios quedaron abandonados. En este caso, como en casi todos los demás, la elección del término «colapso» es motivo de controversia. Según la interpretación habitual del término, el cañón del Chaco colapsó. Probablemente diríamos lo mismo de Londres, Nueva York o Shanghái si sus habitantes abandonasen estas enormes ciudades, dejando tras de sí unas edificaciones que con el paso del tiempo se convertirán en ruinas. No obstante, el final del cañón del Chaco no implicó necesariamente la extinción de sus pueblos, pues pudieron haber migrado a otras comunidades del suroeste. A finales del siglo XIII los anasazis también abandonaron sus viviendas, construidas bajo unos impresionantes acantilados, y se desplazaron a regiones del sur y el este. Así se abandonaron las elaboradas viviendas de los barrancos de Mesa Verde, en el sur de Colorado, hacia el año 1300.

¿Por qué los ancestros de los indios pueblo abandonaron el cañón del Chaco a finales del siglo XII y las casas de los acantilados hacia 1300? Su marcha se ha atribuido a la guerra, pero esta explicación carece de pruebas; aunque algunos asentamientos anasazis abandonados, los que contienen restos humanos, indican la existencia de muertes violentas e incluso canibalismo.[64] Por otra parte, esta cultura podría haber sufrido pérdidas económicas debido a un cambio en el comercio de turquesas, aunque no está claro por qué tal circunstancia hubiese llevado al abandono absoluto de tan impresionantes asentamientos. La hipótesis de un colapso ideológico debido a alguna clase de disputa acerca de los ritos religiosos es casi imposible de comprobar debido a la ausencia de registros escritos.

Al tratarse de un lugar árido con gran densidad demográfica, los pueblos del cañón del Chaco quizá ejerciesen demasiada presión en sus limitados recursos, como la madera y el agua. Los constructores de la zona emplearon madera para hacer vigas, y sería lógico preguntarse si no habrían deforestado el área circundante, agotando así este recurso. Según una interpretación, estos pueblos emplearon tanta madera que deforestaron las tierras de las que dependían, aunque la fuente de este material y el ritmo de deforestación siguen siendo objeto de debate.[65] Tanto si los pueblos del cañón del Chaco talaron demasiados árboles en su territorio como si no, hubieron de afrontar una serie de largas e intensas sequías. Tales fluctuaciones climáticas pusieron en peligro el abastecimiento alimenticio de una región ya árida de por sí.

No es posible realizar una prueba relativa al abandono del cañón del Chaco, pero el cambio climático fue un importante factor para el abandono del núcleo. Los pueblos de la región se habían mostrado resistentes frente a las largas sequías sufridas durante los siglos previos, pero una serie de fuertes sequías pudieron haber supuesto un enorme desafío para un núcleo urbano densamente poblado.

HIDROMETEOROLOGÍA EN SUDAMÉRICA

A lo largo de la era precolombina, las sociedades asentadas en la costa oeste de Sudamérica poseían en una larga tradición de canalización y almacenamiento de agua. Los surcos que permanecen en el terreno próximo al lago Titicaca, un enorme cuerpo de agua (en realidad son dos) situado en el altiplano andino, son los restos supervivientes del sistema de canales construido en época del imperio de Tiahuanaco, que alcanzó su apogeo aproximadamente entre los años 500 y 900 e. c. En la costa septentrional de Perú, Chimú, un importante centro cultural entre más o menos el año 1000 hasta finales de la década de 1400 e. c., se adaptó a la variabilidad ambiental, ya fuese esta una sequía o una inundación. Los rebosaderos restringían el daño de las crecidas.[66] A finales de la era chimú, sus habitantes construyeron estructuras apartadas de las zonas con más probabilidades de sufrir inundaciones. Es probable que la sequía supusiese una amenaza aún más peligrosa. Los agricultores de la época chimú emplearon acueductos y otros sistemas de regadío. Además de estos ejemplos de ingeniería hidráulica, las comunidades de zonas como el norte de Chile respondieron a los riesgos planteados por las variaciones climáticas cambiando el tipo de cosecha, escogiendo nuevas tierras de labor e incrementando el comercio.[67]

La amplia persistencia de asentamientos humanos en la zona occidental de Sudamérica muestra que las fluctuaciones climáticas no llevan por sí solas al desastre, pues las sociedades complejas afrontaron los cambios que suponía pasar de un periodo seco a otro húmedo.[68] Por ejemplo, el pueblo nazca, asentado en la costa meridional de Perú, se adaptó a un entorno árido y unas lluvias más abundantes lo beneficiaban. La zona experimentó un aumento de las precipitaciones entre aproximadamente 800 a. e. c. y 650 e. c. Desde esta última fecha hasta más o menos 1150 e. c. hubo más humedad en la región circundante del lago Titicaca, en la frontera de lo que hoy es Bolivia y Perú. Las precipitaciones volvieron a incrementarse en la zona de Nazca entre 1150 y 1450.[69]

Los posibles efectos de las variaciones climáticas en las sociedades complejas de la Sudamérica occidental han generado diversos debates. En el norte de Perú, la arena cubrió el sistema de regadío elaborado por los mochicas, pertenecientes a una sociedad compleja ubicada en la costa septentrional del país. Su capital fue abandonada en el siglo VI e. c. y la cultura se desplazó al este, hacia el interior, en dirección a un terreno más elevado y con más agua. Un cambio en el clima que derivase en un periodo seco proporciona una posible explicación para tal movimiento migratorio.[70] No obstante, una contraargumentación señala que el factor clave más probable fue un cambio social.[71] Otro posible ejemplo de la influencia del cambio climático en Sudamérica es la sociedad de Tiahuanaco, que floreció durante siglos en las orillas del lago Titicaca antes de que a principios del siglo XI comenzase un largo periodo de sequía. En Tiahuanaco, la capital de un imperio, había muchos centros ceremoniales, como templos y pirámides. Además, estaba rodeada de bancales (terrazas de cultivo). Esta enorme y compleja sociedad decayó y encontró su final entre los siglos XI y XII. Según un posible escenario, el Estado vio cómo se erosionaba su poder y su desmoronamiento final debido a una mengua de la precipitación.[72] Por el contrario, otra interpretación sería contemplar cualquier cambio en la agricultura como un acontecimiento ajeno al devenir del Estado de Tiahuanaco.[73]

La correlación no demuestra que los impactos climáticos fuesen causa directa de cambios sociales y políticos en la Sudamérica occidental, pero las pruebas genéticas muestran periodos migratorios relacionados con épocas de fluctuación climática. Las muestras de ADN correspondientes a pobladores de la zona meridional de Perú entre los años 840 y 1450 e. c. indican dos importantes fases migratorias. Hacia el último periodo de la cultura nazca se incrementó el movimiento migratorio desde los valles costeros hacia los Andes centrales. Más tarde, el final de los Imperios de Huari y Tiahuanaco, hacia 1200 e. c., parece haber impulsado la migración de nuevo hacia las áreas litorales.[74] En el caso del Imperio de Huari, en los Andes peruanos, su final, hacia el año 1100 e. c., coincidió con una larga sequía sufrida entre los años 900 y 1350 e. c. Las luchas intestinas fueron la causa inmediata de una crisis que causó un incremento de heridos por actos violentos y una mengua alimenticia, aunque la sequía exacerbó los desafíos que hubo de afrontar la cultura huari durante su periodo final.[75]

Durante un gran lapso de tiempo nacieron muchas sociedades complejas en la Sudamérica occidental; el Estado inca obtuvo su supremacía en la región andina poco antes de que los españoles conquistasen buena parte de las Américas. Muchos factores contribuyeron a la capacidad de los incas para sojuzgar e incorporar a un gran número de sus vecinos en un imperio que se extendía a lo largo de más de tres mil doscientos kilómetros. Los incas, haciendo uso de su capacidad diplomática y militar, también se expandieron durante un periodo de calentamiento experimentado en la región, el cual les permitió aprovechar una mayor variedad de zonas elevadas.[76]

RESUMEN

La investigación del clima y la historia humana durante el periodo subsiguiente al desmoronamiento de los imperios más poderosos de la época clásica, la llamada era Axial, en Eurasia muestra la potencial influencia de las fluctuaciones climáticas regionales. Las claras pruebas de un periodo cálido durante la Plena Edad Media europea indican una interacción entre un clima favorable y la expansión de los europeos, tanto dentro del continente como en el Atlántico Norte. Las variaciones acaecidas en otras regiones, como Asia central, Centroamérica y zonas del interior y el suroeste de lo que hoy es Estados Unidos, también muestran que dichos cambios, sobre todo los hidrometeorológicos, impusieron restricciones en las sociedades complejas. Las sociedades humanas desarrollaron una eficaz resistencia frente a las variaciones climáticas del Holoceno, pero los Estados complejos llegaron a un punto en el cual su capacidad para almacenar suministros no logró satisfacer las demandas impuestas por largos periodos de sequía.

La ACM se ha citado con frecuencia en las últimas discusiones acerca del cambio climático. Sobre todo, los ataques contra la ciencia del cambio climático o los descubrimientos que apuntan a la actividad humana como principal agente causante, con frecuencia suelen señalar a la anomalía climática medieval. Según una versión, el periodo fue tan cálido que las tendencias de la temperatura global y las temperaturas regionales de la actualidad no son un hecho inaudito. Estos argumentos recurren a las pruebas más sorprendentes, sobre todo a referencias de existencia de vides en Inglaterra, en Europa, y Vinlandia (identificada con la actual Terranova), en Norteamérica. El cultivo de la vid, como el de muchos otros productos, puede servir como uno de los muchos modelos existentes de fluctuaciones climáticas, pero su cultivo también depende de otros factores. Los agricultores pueden plantar vides o reemplazarlas por otros frutales en función de cambios en el gusto o la competencia de otras regiones vinícolas. Del mismo modo, las referencias de los vikingos a Vinlandia (que quizá ni siquiera se refieran a las vides) o el hecho de describir Groenlandia como «verde» no nos proporcionan un registro exacto de su temperatura en el pasado.

Otro problema al emplear la ACM como argumento para descartar la función fundamental del forzamiento humano en el clima a partir de la Revolución Industrial es que muy probablemente se tratase de un calentamiento regional. Algunas zonas pudieron ser tan cálidas como en la actualidad, pero el calentamiento general fue un fenómeno regional y asincrónico. El término «regional» es coherente con las fluctuaciones climáticas internas (ENOS, OAN) que pudieron ser consecuencia de un ligero aumento de la radiación solar.

Por último, el periodo cálido medieval no puede servir de prueba lógica contra el forzamiento humano del cambio climático porque las causas de cualquier fluctuación durante la Edad Media eran diferentes de las actuales. Los humanos del Medievo se dedicaban a la explotación agrícola y muchas otras actividades económicas, algunas de las cuales requerían el empleo de turba o carbón como combustible, pero no había una Revolución Industrial, ni motores de combustión interna, ni un crecimiento logarítmico de la extracción y empleo de combustibles fósiles.

5. LA PEQUEÑA EDAD DE HIELO

Una compleja tendencia al enfriamiento agravada en varias regiones con unas notables fases gélidas influyó en la historia humana durante los siglos posteriores a la ACM. Este periodo se conoce en la literatura histórica y científica como Pequeña Edad de Hielo (PEH). Aunque varía su fecha de inicio y la severidad del enfriamiento, las fluctuaciones del clima afectaron a las sociedades humanas de amplias regiones, sobre todo en Europa y las zonas circundantes del Atlántico Norte, pero también a pueblos ubicados en Asia y Norteamérica.

Durante los periodos de frío más intenso, la PEH supuso un desafío para los Estados y sociedades de muchas regiones del mundo. Al mismo tiempo, las sociedades presentaron respuestas muy distintas frente a la PEH. A principios de la Edad Moderna, algunas de las sociedades más prósperas mostraron una gran resistencia. Otras sufrieron periodos de crisis, pero continuaron y se adaptaron para seguir desarrollándose hasta que las temporadas de frío se convirtieron en un recuerdo lejano. Pero algunas, sobre todo las situadas en zonas que ya de por sí las hacían más vulnerables al frío, afrontaron amenazas más serias.

Como muestran los casos estudiados en este capítulo, la PEH tuvo grandes efectos en el Atlántico Norte y Europa. Lo cierto es que los primeros escritos acerca de este tema se centran en estas regiones. La colonización europea de Norteamérica comenzó durante la PEH. El estudio de esta PEH y su interacción con la historia humana también se ocupa de las sociedades situadas en Eurasia, desde el Imperio otomano hasta China.

EL CLIMA EN LA PEQUEÑA EDAD DE HIELO

La documentación histórica del avance glacial en Europa, muy abundante sobre todo a finales de los siglos XVII y XVIII, proporciona algunas de las primeras pruebas de un periodo más frío extendido durante la segunda mitad del último milenio. Aunque en general se experimentaron unas condiciones frías en el hemisferio norte entre 1300 y 1850, esta «Pequeña Edad de Hielo» no fue sincrónica en todo el mundo, y tampoco fue un periodo de frío continuo. Los registros indican que el periodo más gélido se vivió en Europa durante el siglo XVII, pero algunas regiones norteamericanas no sufrieron sus temperaturas mínimas hasta el XIX, mientras la experiencia en Extremo Oriente consistió en unas temperaturas más frescas que las habituales. No obstante, esas temperaturas parecen ser más frías que las de los siglos anteriores y, desde luego, más que las actuales. La complejidad del registro de temperaturas ha llevado a proponer que las olas de frío no supusieron una tendencia clara al enfriamiento, e incluso al escepticismo frente a la idea de una PEH. Sin embargo, como replica el historiador Sam White: «En la actualidad no hay abierto ningún debate sustancial acerca de un enfriamiento del clima global entre c. 1300 y c. 1850, o si ese enfriamiento causó fuertes impactos en los humanos».[1]

No debemos asociar la evocativa expresión «Pequeña Edad de Hielo» con que este periodo supuso otro máximo glacial. El enfriamiento de la PEH evidente en muchos registros llega a uno o dos grados Celsius. Por su parte, durante el UMG las temperaturas descendieron una media de diez grados centígrados.

Con el fin de determinar las causas de la PEH, los climatólogos analizan factores externos como la cantidad de energía emitida por el Sol y la actividad volcánica. En una escala temporal medida en décadas y siglos, las perturbaciones solares se deben sobre todo a las manchas en su superficie y las tormentas geomagnéticas causadas por eyecciones de masa coronal. En la actualidad, las alteraciones del número de manchas solares sigue un ciclo de once años, pero sus registros históricos, que comenzaron a principios del siglo XVII, revelan que en el pasado hubo extensos periodos con muy pocas manchas. Varios de estos mínimos tuvieron lugar durante la PEH, y entre ellos cabe destacar el mínimo de Maunder (desde 1645 hasta 1715), el mínimo de Sporer (desde 1460 hasta 1550) y el mínimo de Dalton (desde 1790 hasta 1830). Tales mínimos de las manchas solares suelen coincidir con temperaturas también mínimas, pero si la escasez de manchas solares lleva a una bajada de temperaturas como la de la PEH, o cómo lo hace, es un tema abierto a debate en el campo de las investigaciones modernas.

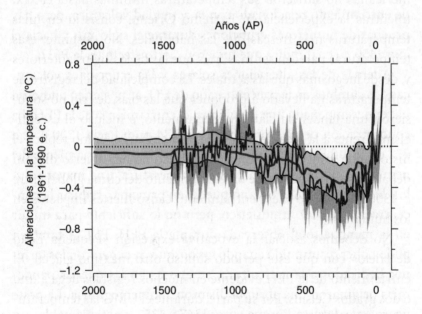

5.1. Variaciones de las temperaturas durante los últimos dos mil años.
Fuente: Marcott, Shaun A. *et al.*, «A Reconstruction of Regional and Global Temperature for the Past 11.300 Years», cit. en *Science* 339, 1198-201, 2013.

Es probable que el activo vulcanismo del siglo XIII contribuyese al enfriamiento experimentado durante la PEH. A primera vista, esta relación parece sorprendente. Las erupciones volcánicas suelen ocasionar enfriamientos a corto plazo, ¿entonces cómo la actividad volcánica por sí sola puede llevar a siglos de enfriamiento, como sucedió en la PEH? Una posible respuesta se encuentra en las retroalimentaciones climáticas: una rápida sucesión de varias erupciones fuertes podría haber iniciado un proceso de enfriamiento capaz de provocar el crecimiento de la banquisa. A su vez, el aumento del reflejo de luz solar causado por el hielo y la nieve podría haber originado aún más frío. Esto se conoce como efecto albedo, y es uno de los varios factores que acentúan los cambios climáticos. La época correspondiente al incremento de la actividad plutónica parece guardar cierta relación con la idea de un forzamiento volcánico de la PEH: el enfriamiento debería haber comenzado en el siglo XIV para que los glaciares alcanzasen su máxima extensión hacia el año 1600.[2] Es difícil concretar el grado de enfriamiento relacionado con la actividad volcánica, pero hay pruebas de numerosas erupciones durante el siglo XIII y hacia el año 1450, lo cual indica que tuvieron cierto efecto en la PEH.

Además de las alteraciones solares y las erupciones volcánicas, los cambios en la concentración de CO_2 atmosférico pudieron haber desempeñado una función en el enfriamiento de la PEH. La concentración de CO_2 disminuyó de 284 ppm hacia 1200 e. c. a 272 en 1610.[3] Esta concentración menguó tras el enfriamiento del hemisferio norte. Al disminuir la temperatura, una mayor solubilidad de gases en el océano puede, en principio, reducir la concentración de CO_2 atmosférico, pero no lo suficiente para influir en la mengua total observada durante la PEH. El CO_2 también pudo haber disminuido cuando los bosques recuperaron los terrenos dedicados a la agricultura, en épocas en las que las pandemias originaron una abrupta disminución demográfica. La peste negra, que devastó Europa entre 1347 y 1352, redujo la población en unos veinticinco millones de individuos. La población disminuyó a cincuenta millones entre 1492 y 1700, cuando los europeos contagiaron a los nativos americanos con nuevas enfermedades. China sufrió un descenso demográfico durante los siglos XI y XII primero, y de nuevo en los siglos XVII y XVIII. El repentino descenso regional de la población llevó a la reforestación de las tierras de labor abandonadas; el nuevo crecimiento de árboles redujo el CO_2 atmosférico, causando un enfriamiento.

Estos forzamientos externos influyeron en el clima en escalas anuales y seculares, y es muy posible que hasta cierto punto contribuyesen al enfriamiento de la PEH. Las variaciones del clima interno también son importantes en esta escala temporal. Por ejemplo, la ralentización de la circulación oceánica profunda supondría otra posible explicación para el enfriamiento de la PEH.[4] Como hemos visto en el caso del Dryas Reciente, el agua resultante del deshielo ralentizó la circulación termohalina y situó al Atlántico Norte bajo unas condiciones casi glaciales. En una escala mucho menor, el calentamiento de la ACM podría haber incrementado el agua de deshielo y ralentizado la circulación. Esto podría explicar los patrones de enfriamiento observados en este periodo de tiempo. Hubo otro fenómeno climático que pudo haber contribuido a los patrones geográficos de la temperatura así como a las anomalías en las precipitaciones durante la PEH. En una inversión del prolongado fenómeno meteorológico llamado La Niña y unas condiciones positivas de OAN, en la PEH prevalecieron las características opuestas (El Niño y una OAN negativa).

LA PEQUEÑA EDAD DE HIELO EN EL ATLÁNTICO NORTE

Fuese cual fuese la causa definitiva de la PEH, la tendencia al enfriamiento característica del Atlántico Norte tuvo serias consecuencias en los asentamientos humanos dedicados a la agricultura y el pastoreo establecidos en sus márgenes. En ellos se incluyen los poblados situados en el norte y los ubicados en altitudes elevadas. Uno de los debates más importantes acerca de los efectos de la PEH en el Atlántico Norte versa sobre el sino de las remotas colonias vikingas fundadas durante la previa ACM. Los colonos nórdicos establecieron en Groenlandia una economía mixta a partir de dos asentamientos principales: uno en el extremo meridional de la isla y otro, de mayor tamaño, a lo largo de la costa occidental. La suma total de sus poblaciones rondaba los cinco mil individuos. Se dedicaban al comercio, sobre todo con Noruega. Los europeos podían adquirir vestidos de cuero y lana que vendían los groenlandeses a cambio de otros recursos, pero los colmillos de morsa y oso polar eran la marca distintiva de las mercancías groenlandesas en los mercados de Europa.

Para alimentarse, los colonos establecieron granjas en ambos asentamientos, unas doscientas cincuenta en total. Al principio replicaban sus antiguas prácticas ganaderas criando vacas y cerdos, pero poco después abandonaron la explotación del ganado de cerda debido, probablemente, al enorme daño que causaba en el suelo groenlandés.[5] En Groenlandia, el ganado lanar prosperaba mucho mejor que el vacuno, pues las ovejas podían permanecer pastando a la intemperie durante más tiempo que las vacas, a las que debían mantener encerradas en los establos durante unos nueve meses al año. Con el paso del tiempo también se incrementó la cantidad de cabras, animales bien preparados para consumir maleza. El abandono de la cría de vacas y cerdos es una prueba evidente de que los nórdicos se adaptaron a la vida en Groenlandia. A pesar de sus experiencias previas, realizaron los ajustes necesarios para dedicarse al tipo de ganado más adecuado para vivir en la zona. El desplazamiento a una región con un paisaje, clima y recursos diferentes no implica un sino concreto.

Los nórdicos también cazaban, y se adaptaron a la vida en Groenlandia escogiendo las presas adecuadas. Los grandes rebaños de caribúes existentes en la isla suponían una importante fuente de carne, al igual que las focas. Aprendieron cuándo y a dónde migraban las focas de la vasta isla y en primavera organizaban campamentos para cazarlas. Con el paso del tiempo, los nórdicos comenzaron a depender cada vez más de la caza y las focas para obtener alimento. Sorprendentemente, y a pesar de la presencia evidente de aguas oceánicas, al parecer no se dedicaron a la pesca, como demuestra la escasa cantidad de espinas halladas en los restos de sus poblados. Jared Diamond propuso que la ausencia de pescado podía indicar que los nórdicos establecieron algún tipo de tabú respecto a su consumo.[6]

A pesar de que adaptaron su estilo de vida a las condiciones groenlandesas, su presencia supuso cierta presión en los recursos de la isla. No tardaron en talar el escaso número de árboles, y la lenta recuperación del terreno, sobre todo criando herbívoros, implicaba que no podrían obtener con facilidad nuevas fuentes de madera. Aparte de algún que otro tronco a la deriva o la ocasional importación de madera procedente de Noruega, podían obtener este material embarcándose en peligrosas expediciones a lo largo de la costa del Labrador. Por otro lado, la falta de carbón vegetal impedía a los groenlandeses el acceso a la fuente de combustible necesaria para fundir el hierro de pantano.

Los groenlandeses sobrevivieron durante siglos en una zona ya de por sí marginal antes de enfrentarse a la PEH. En Groenlandia, y en apenas unas décadas, las temperaturas mostraron un brusco descenso en el siglo XIV (4 °C en ~ 80 años).[7] Un registro de microfósiles correspondientes a un núcleo de sedimento obtenido en la bahía de Disko proporciona más pruebas de enfriamiento en la Groenlandia occidental hacia el año 1350.[8] El marcado enfriamiento dio paso a unas condiciones más difíciles para el pastoreo. Una temporada de cultivo más breve redujo la ya escasa cosecha de heno, haciendo peligrar la cría de ovejas y cabras. Inviernos más largos y crudos y veranos más cortos y fríos estrecharon el margen de error a la hora de obtener y almacenar alimentos. Bajo tales circunstancias, era lógico que aumentase la proporción de carne de foca en la dieta groenlandesa, aunque esta adaptación debió ser resultado de una presión muy fuerte. Dados los limitados recursos alimenticios, los nórdicos groenlandeses no tenían razón alguna para evitar el consumo de cualquier tipo de alimento.

Las gélidas aguas árticas también hacían de la navegación oceánica una empresa más dura y peligrosa. En el mejor de los casos, a los groenlandeses nunca les tuvo que resultar sencillo navegar a bordo de sus pequeños navíos para dirigirse al norte a la caza de morsas o la búsqueda de madera, pero esas travesías habrían de volverse aún más peligrosas; además, la escasez de madera hacía que no fuese fácil construir nuevas embarcaciones. Los largos periodos de banquisa también obstruían el crucial intercambio de productos entre los groenlandeses y los demás asentamientos nórdicos europeos. La comunicación con Noruega se resintió. A finales del siglo XIV apenas alguna que otra nave viajaba entre Noruega y Groenlandia, y a principios del siglo XV la comunicación se interrumpió por completo. En 1492, bastante después de la última travesía documentada desde Noruega a Groenlandia, el papa Alejandro VI escribió: «La navegación a ese país es muy infrecuente debido a la enorme congelación de sus aguas... Se cree que ningún barco ha llegado a sus costas desde hace ochenta años».[9] El papa no tuvo en cuenta las enormes distancias surcadas por los pescadores, pero la idea básica era correcta: Groenlandia había desaparecido del mapa europeo.

Hubo otros factores que se combinaron con el cambio climático de la PEH para amenazar la supervivencia de los groenlandeses. Aunque el enfriamiento y la banquisa del Atlántico Norte ya suponían unas buenas razones para que los marinos evitasen la larga y peligrosa travesía a Groenlandia, en ese momento hubo otros cambios en las relaciones comerciales que interfirieron en el intercambio con las colonias groenlandesas. Los patrones comerciales europeos variaron con la ganancia de poder de las ciudades hanseáticas. Estos puertos, situados en el mar del Norte y el Báltico, favorecieron el desarrollo comercial de productos como el pescado y el aceite de pescado más que el de objetos de lujo, como colmillos de morsa; además, los europeos deseosos de adquirir marfil encontraron otras fuentes de suministro en el este de Europa.[10]

Los nórdicos groenlandeses, situados cada vez más en la zona periférica de la extensa red comercial europea, también hubieron de afrontar la competencia de otros emigrantes recién llegados a Groenlandia, los inuit o thule, que se habían desplazado hacia el este a través de la zona septentrional norteamericana reemplazando a los paleoesquimales. Estas dos poblaciones vivieron separadas: no hay pruebas genéticas de que se mezclasen nórdicos e inuit. Los nórdicos proporcionan pocas referencias de sus contactos con los inuit, pero las suficientes para saber que fueron predominantemente hostiles. Las crónicas del siglo XIV hablan de ataques perpetrados por gentes que los nórdicos llamaban *skraelings*, entre ellos la matanza de ochenta hombres y la esclavización de dos niños. Además del pesar por la pérdida de vidas, es probable que estas muertes tuviesen severas consecuencias económicas y daños psicológicos en una población reducida.

Según algunas interpretaciones, los groenlandeses no lograron aprender de sus competidores inuit. Hay un debate abierto acerca de hasta qué punto los groenlandeses suplementaron su dieta de focas con pescado pero, al parecer, su dedicación a la pesca no fue ni remotamente parecida a la de los thule. Además, los thule cazaban más variedades de focas que los nórdicos, como la foca ocelada, que se puede capturar en invierno. Si los nórdicos hubiesen cooperado o, tan solo, aprendido de los thule, podrían haber obtenido más alimentos en invierno. Podrían haberse dedicado a cazar focas durante sus migraciones anuales, en primavera, y a capturar focas oceladas y barbudas en invierno, cuando se asomaban a los respiraderos abiertos en el hielo. La adopción de las técnicas de caza y navegación de los inuit les habría proporcionado una valiosísima ampliación de sus limitados recursos alimenticios.

A partir de estas diversas variables, los especialistas han propuesto varias teorías para explicar el fin de los antiguos asentamientos nórdicos en Groenlandia. Una teoría catastrofista combina el cambio climático con un creciente aislamiento y las malas relaciones con los inuit para explicar la desaparición de los nórdicos groenlandeses. Por el contrario, una teoría alternativa contempla el fin de los asentamientos nórdicos como una elección. Los groenlandeses del siglo XIV se dedicaron a la caza de focas para incluir su carne en la dieta, un punto de consenso con la teoría más catastrofista. Incluso alimentaron a sus cerdos con restos de pescado y focas antes de abandonar por completo la cría de este ganado. Unas condiciones de vida desagradables, una dieta limitada y pocas posibilidades de contacto con el mundo abierto más allá de Groenlandia proporcionaron a los habitantes más jóvenes de la isla buenas razones para llevar su lugar de residencia a Islandia y otros lugares de Occidente. La mengua demográfica causada por la peste del siglo XIV en Islandia y Escandinavia también pudo abaratar las parcelas para los groenlandeses que decidiesen emigrar.[11]

El escenario alternativo concede más importancia a las decisiones humanas que al cambio climático pero, en cualquier caso, los groenlandeses eligieron y mostraron una gran capacidad de adaptación. Evidentemente, escogieron ir a Groenlandia y permanecer allí y, además, decidieron asentarse en un lugar que de inmediato se reveló como un paraje muy diferente a Islandia y sin punto de comparación respecto a Noruega, a pesar de que la ACM facilitase las travesías. En primer lugar, se las arreglaron para sobrevivir en Groenlandia todo ese tiempo adaptando el pastoreo a la isla y, en segundo, incrementando su consumo de focas. En otras palabras, el escenario catastrofista no obvia la importancia de las decisiones humanas y tampoco niega que los groenlandeses poseyeran una gran capacidad de adaptación.

Esta explicación alternativa enfatiza la importancia de las decisiones humanas, pero no descarta la influencia del clima. Según una interpretación, el cambio climático durante la PEH vació tanto de población las aisladas y desamparadas colonias groenlandesas que acabaron desapareciendo. Una segunda interpretación afirma que el cambio climático causó el abandono de muchas actividades económicas, haciendo sus vidas tan deleznables que la menguante población abandonó las colonias. Es posible que se diese este escenario, menos dramático, pero las pruebas de migraciones fuera de Groenlandia son muy escasas. Los autores de un estudio citan una carta fechada en 1424 remitida a un obispo de Islandia por una pareja que se había casado en Groenlandia en 1408 pidiendo pruebas de su estado civil después de haber cambiado su lugar de residencia. Sin embargo, carecemos de pruebas documentadas de otros casos similares de migración desde Groenlandia a Islandia o de registros que expliquen el destino de los groenlandeses que permanecieron en la isla.

El tipo de elecciones realizadas por los groenlandeses nórdicos durante las últimas décadas de su periodo indican desesperación más que un simple ajuste al entorno. ¿El cambio a una dieta basada casi exclusivamente en focas fue de verdad una adaptación o fue fruto de la desesperación? Es difícil imaginar por qué los nórdicos abandonaron la cría de ovejas y cabras si disponían de tan escasas fuentes alimenticias, a no ser porque no tuviesen otra opción. Quizá alguna cantidad importante de groenlandeses sobreviviese regresando a Islandia pero, aun así, eso no descartaría la función de un empeoramiento del clima en la contribución a tales migraciones. Los groenlandeses no fueron grupos de poblaciones transitorias, ni bandas de pescadores o cazadores que establecían campamentos de temporada, cazaban, o pescaban, y después se iban. Al contrario, habían sobrevivido en las remotas regiones occidentales del Atlántico Norte durante más de cuatrocientos años, dedicando enormes esfuerzos e inversiones al asentamiento de sus poblados. Incluso en el mejor de los casos, el enfriamiento del clima habría contribuido al fin de la presencia nórdica en Groenlandia.

La misma tendencia al enfriamiento también presentó desafíos a una población más numerosa: la de Islandia. Como en Groenlandia, la influencia de los colonos nórdicos durante la ACM supuso una presión para el entorno. Los nuevos pobladores talaron la mayor parte de los árboles de la isla y el pastoreo impidió el crecimiento de los nuevos, además de dañar el terreno, pues la falta de plantas acentuó la erosión. Los suelos volcánicos no tardaron en agotarse, convirtiendo buena parte de la isla en un desierto. Lo cierto es que aún podemos contemplar los desiertos creados durante este periodo.

Los colonos islandeses, vulnerables por el agotamiento de recursos, hubieron de enfrentarse al enorme desafío de la PEH. Abandonaron las granjas situadas en los márgenes y redujeron aún más sus ya limitadas tierras de labor. La banquisa creció, cerrando el acceso al mar en los puertos septentrionales. La escasez de recursos y el brote de peste originaron, según muchas estimaciones, un descenso demográfico, aunque no hay consenso acerca de la cantidad exacta. Los islandeses también hubieron de soportar erupciones volcánicas. En 1362, la erupción del volcán Oraefajokull obligó al abandono de las granjas situadas en esta región del sur islandés.

A pesar de estos desafíos, la sociedad islandesa, al contrario que los poblados groenlandeses, sobrevivió a la PEH. Una población más numerosa y vínculos más estrechos con Europa situaron a los islandeses en una posición más ventajosa. Se adaptaron a la pérdida de ciertos recursos alimenticios incrementando el consumo de productos del mar y hallaron una nueva fuente de ingresos al vender pescado seco para satisfacer su creciente demanda en Europa.

LA PEQUEÑA EDAD DE HIELO EN EUROPA

Pocas sociedades afrontaron el mismo peligro al que se tuvieron que enfrentar los habitantes de las islas del Atlántico Norte durante la PEH, pero su comienzo también supuso un gran desafío para los Estados europeos. La serie de erupciones volcánicas que pudo haber originado el comienzo del enfriamiento llevó a repentinos máximos de mortalidad ya antes del siglo xiv. Por ejemplo, la erupción de un enorme volcán tropical causó pobres cosechas en Inglaterra durante los años 1257 y 1258. Un monje reflejó el sufrimiento al escribir: «Durante meses sopló el viento del norte… Apenas apareció alguna florecilla o un minúsculo brote, mientras la esperanza por cosechar algo permanecía incierta… Murió una incontable multitud de pobres, y sus cuerpos se encontraban desperdigados, hinchados por la necesidad… Ni siquiera los que tenían un hogar osaban acoger a enfermos y moribundos por miedo a la infección. La peste fue terrible, insoportable; se cebó sobre todo en los pobres. Solo en Londres fallecieron quince mil de estos desdichados; en Inglaterra, y en cualquier otra parte, murieron por millares».[12]

El cambio climático del siglo XIV tuvo dramáticas consecuencias para muchos europeos cuando los golpeó la hambruna entre los años 1315 y 1322. Las fuertes lluvias erosionaron el terreno e impidieron la siembra. Muchos observadores de la época subrayaron las copiosas precipitaciones del año 1315 y el frío del verano y el otoño. Llovió todos los días durante un periodo de cinco meses. La lluvia y la humedad arruinaron las cosechas y barrieron el suelo, sobre todo en las áreas recién pobladas gracias a la expansión agrícola efectuada durante el anterior periodo cálido medieval. Las crecidas de ríos y arroyos destruyeron molinos, puentes y pueblos enteros. En 1316 hubo otro año de fuertes precipitaciones y cosechas desastrosas.[13] Las lluvias, las inundaciones y el gélido invierno de 1317 arruinaron las cosechas e hicieron pasar grandes penurias a los animales de granja, pues escaseó su alimento.

El previo crecimiento demográfico incrementó el efecto de la hambruna en comunidades que ya se encontraban al límite del nivel de subsistencia. Hubo carestía de pan en Flandes y Francia. Los habitantes de los campos alemanes fueron a mendigar a las ciudades del Báltico.[14] Algunas comunidades desaparecieron con la marcha de sus pobladores. La gente de la época se quejaba de los desórdenes y la anarquía. La destrucción de las semillas ralentizó la recuperación tras 1317. Disminuyó el rendimiento de los campos y las muertes por enfermedad aumentaron entre una población debilitada. En la década de 1320, el frío constante y los parásitos mataron muchas ovejas, dañando la importante industria lanar inglesa.

La fase de enfriamiento causó, sobre todo, daños en las sociedades que compartían áreas de características similares: las situadas al norte o en lugares elevados. En Noruega, la PEH contribuyó al abandono de muchas granjas. Cerca de un 40 % de estas se abandonaron tras la llegada de la PEH. Los granjeros ya no podían confiar en obtener cosechas de cereal en terrenos situados por encima de los trescientos metros, y esta circunstancia hizo tan vulnerables a las comunidades dependientes que muchos de sus residentes las abandonaron para buscar nuevas oportunidades en otra parte.[15] El modelo de abandono de pueblos se extendió a otras regiones, como Gran Bretaña y Alemania. Se abandonaron miles de pueblos ingleses. En la actualidad, unos cuantos se han convertido en atracciones turísticas, como el pueblo abandonado de Wharram Percy, en Yorkshire del Norte. Alemania también tiene sus pueblos abandonados, los llamados *Wüstungen*.

Sin embargo, el enfriamiento no fue el único factor que llevó al abandono de pueblos: la población europea sufrió una abrupta disminución demográfica debido a la peste negra, o peste bubónica, entre 1347 y 1353. Llegó desde Asia y se extendió por Occidente siguiendo las rutas comerciales. Llegó a Constantinopla y Alejandría en 1347. En la egipcia Alejandría mató a más de mil personas al día. En otoño de ese mismo año llegó a Sicilia y en 1348 ya había alcanzado el norte de Italia, donde la mortandad fue devastadora. Un residente sienés escribió: «Yo, Agnolo di Tura... he enterrado a mis cinco hijos con mis propias manos... Murieron tantos que solo podía creer que fuese el fin del mundo».[16] En Aviñón, en el sur de Francia, el papa Clemente VI se sentaba entre dos hogueras intentando evitar el contagio. En París, murieron ochocientas personas por día a finales de 1348. En total, pereció al menos un tercio de la población europea, aunque algunas estimaciones indican una tasa de mortalidad más elevada, llegando incluso al 60 %.

Resulta difícil discernir los efectos del enfriamiento de la pérdida de población en los pueblos abandonados más allá de las regiones donde la PEH dificultó la labor agrícola. Es probable que el modelo de abandono comenzase en algunas zonas a principios del siglo XIV, antes de la peste negra, aunque existe un debate abierto acerca del momento preciso en el que comenzaron los hechos. El abandono de algunos lugares, como Dinamarca, también tuvo lugar después de la peste, alcanzando su máximo a principios del siglo XV.[17] Incluso si suponemos que la PEH no fue siempre la causa del abandono de pueblos, sí proporcionó a la población rural una razón para no regresar a los lugares explotados en el pasado. Los fríos veranos ralentizaron o impidieron la recuperación de las zonas azotadas por la peste. Tenía sentido no regresar a pueblos como Wharram Percy, sobre todo si estaban disponibles otros terrenos.

Cerca de las montañas, el enfriamiento supuso una amenaza más directa para las granjas y pueblos aledaños. Los crecientes glaciares descendían lentamente hacia los pueblos situados en elevadas zonas alpinas. Mucho antes de la llegada del turismo, y de las industrias de los deportes estivales e invernales, las comunidades alpinas eran pobres y se encontraban aisladas. La falta de acceso a fuentes de yodo causaba grandes índices de enfermedad. En algunos casos, el avance de los glaciares durante la PEH obstruyó el fondo de los valles creando presas de hielo, y cuando esas presas se fundieron llegaron las inundaciones. Por ejemplo, en el valle del Saas, en el cantón de Valais, en el sur helvético, el glaciar Allalin formó una de estas presas de hielo en 1589. En 1633, la inundación resultante del desbordamiento del lago fue desastroso para los pobladores del valle: «La mitad de los campos quedaron enterrados bajo los detritos y la mitad de los habitantes se vio obligada a emigrar a cualquier otra parte en busca de un mísero trozo de pan».[18]

Las temperaturas fluctuaron durante la PEH. Por ejemplo, en Europa hubo un periodo particularmente frío durante la década de 1430. Autores de la época describen el daño sufrido en los campos de cereal, viñedos, pastos y ganado. Disminuyó la producción alimenticia y se elevaron los precios de la comida.[19]

LA PEQUEÑA EDAD DE HIELO EN EXTREMO ORIENTE

Frente a las gélidas temperaturas dominantes en latitudes septentrionales, las fluctuaciones entre sequías y periodos de abundantes precipitaciones, o gran pluviosidad, dirigieron el cambio climático y las respuestas sociales en Asia. Las persistentes condiciones de La Niña cambiaron conformando un patrón climático, similar a El Niño, que acompañó a la transición de la ACM a la PEH en Asia. Durante este periodo, la ZCI se desplazó varios cientos de kilómetros al sur, debilitando el monzón estival en el sudeste asiático. Es probable que otras dinámicas climáticas internas, como la OAN y la Oscilación del Pacífico Norte (PDO, según sus siglas en inglés, Pacific Decadal Oscillation), modulasen los ciclos de ENOS al principio de la PEH. Hubo, por ejemplo, una severa y prolongada sequía a mediados del siglo XIII. El monzón se debilitó durante el siglo XIV y la región sufrió de nuevo una fuerte sequía a principios del siglo XV.

El debilitado monzón fue especialmente dañino para el reino jemer, en Camboya, que dependía de un elaborado sistema para suministrar agua y alimento a la extensa ciudad de Angkor. El vasto sistema de irrigación, con cientos de estanques, canalizaba el agua a los depósitos. No existía un núcleo urbano compacto; el patrón de asentamiento recuerda al encontrado en las ciudades-estado de la época clásica maya. Los arrozales, parcelas arrebatadas al bosque, proporcionaban sustento a la población. La enorme escala de explotación llevó a la deforestación y erosión del terreno.[20]

Las variaciones climáticas supusieron una importante amenaza para la infraestructura de la fontanería de Angkor. Las súbitas fluctuaciones en la pluviosidad redujeron la disponibilidad de agua para el campo y afectaron gravemente al enorme e importantísimo sistema de fontanería e irrigación urbana. La combinación de sequía y cortas e intensas lluvias monzónicas produjo una ingente cantidad de sedimentos que bloqueó los canales antes de que las fuertes precipitaciones desafiasen los límites del sistema.[21] Los indicios de que los jemeres intentaron reconstruir los canales son prueba de su esfuerzo por dar una respuesta que, probablemente, al final no surtió efecto.

En pocas palabras, estas alteraciones climáticas minaron los cimientos económicos de Angkor Vat precisamente cuando el Imperio jemer hubo de afrontar amenazas externas, entre ellas un conflicto con Siam, el reino del pueblo thai. La conquista mongola de Yunnan, una provincia de la China meridional, empujó a los thais hacia el sur. Los thais del reino de Ayutthaya, en el sur de la moderna Tailandia, comenzaron a presionar al Imperio jemer. Su ejército ocupó varias veces la capital de los jemeres, Angkor, antes de saquearla en 1444. Por tanto, no cabe duda de que el conflicto con las fuerzas tailandesas dañó al Imperio jemer, y a pesar de que las fluctuaciones climáticas no fueron la única causa de su declive, sí interactuaron con las otras amenazas que consumieron al Estado camboyano.

El debilitamiento del monzón en Extremo Oriente también afectó a China y a su dinastía gobernante, los Yuan, de origen mongol. Toghon Temür, cabeza de esta dinastía desde 1333 hasta 1368, fue testigo de cómo China afrontaba una serie de crisis: alternancias entre severas sequías y fuertes inundaciones. Las inundaciones sufridas durante la década de 1340 causaron numerosas muertes. El hambre y la epidemia azotaron China. Estas crisis desbarataron los esfuerzos del Gobierno de los Yuan por paliar el problema al crear unas condiciones ideales para la rebelión y el pillaje. La verdad es que Zhu Yuanzhang, fundador de la dinastía Ming, inmediata sucesora de la Yuan, desarrolló sus primeras campañas durante los años de severa sequía correspondientes al último periodo de la dinastía precedente.

Hubo otras sociedades indochinas que sufrieron duros reveses durante ese mismo periodo. Además de invasiones mongolas, el reino de Pagan, en la actual Birmania, afrontó repetidas incursiones y rebeliones a lo largo de los siglos XIII y XIV.[22] Dai Viet, situado en la zona septentrional del moderno Vietnam, sufrió revueltas campesinas en la década de 1340, además de invasiones. Como en el previo periodo de expansión, su mengua y declive se debió a varios factores. El éxito conllevó nuevos problemas, pues este crecimiento presionó los recursos y el entorno de la región. Por ejemplo, en Dai Viet, la escasez de terreno llevó al estallido de rebeliones. Al mismo tiempo, estas sociedades hubieron de afrontar amenazas militares externas, sobre todo la derivada de la migración thai. La fluctuación climática combinada con estos otros factores acentuó e incrementó la situación de crisis sufrida por los Estados del sudeste asiático. Las precipitaciones no disminuyeron todas a la vez, pero las sequías sí se hicieron más frecuentes y hubo un notable descenso de la pluviosidad ente 1340 y 1380.[23] Buena parte del siglo xv también fue relativamente árido; la mayor brevedad y menor intensidad de los monzones contribuyeron a la reducción del suministro de agua que se podía almacenar y emplear con facilidad.

LA PEQUEÑA EDAD DE HIELO EN LOS TRÓPICOS

Como indican los casos del sudeste asiático, la fluctuación de la pluviosidad fue característica de la PEH. Es evidente un enfriamiento generalizado en los trópicos durante el siglo xvii, aunque los regímenes de precipitaciones fueron más variados. Las pruebas obtenidas en los lechos lacustres del África oriental indican efectos complejos. Los sedimentos extraídos del lago Eduardo, entre la República Democrática del Congo y Uganda, señalan un régimen de sequías entre 1450 y 1750, pero los correspondientes al lago Naivasha, en Kenia, indican un periodo húmedo.[24] Los sedimentos de los lagos Kitigata y Kibengo, ambos en Uganda, muestran sequías de un siglo de duración en los años 1100, 1550 y 1750. Este modelo indica una combinación de periodos áridos en la zona oeste del África occidental y húmedos en su zona este.[25] Es posible que el pequeño glaciar Furtwängler, en el Kilimanjaro (Tanzania), se formase durante la PEH.[26]

Estas fluctuaciones climáticas pudieron haber influido en las sociedades africanas. En la región occidental de Uganda, por ejemplo, hubo un aumento demográfico a partir de 1000 e. c. Durante los siglos xv y xvi proliferaron los asentamientos circundados por grandes terraplenes. Un periodo de mayor pluviosidad contribuyó a este tipo de concentración. Al parecer, sus habitantes practicaron la agricultura además de cierto pastoreo. Los poblados se dispersaron hacia el año 1700 y se abandonó la práctica de rodearlos con terraplenes. Durante esta etapa de la PEH, las zonas elevadas se volvieron más áridas. Ese cambio pudo haber contribuido al incremento del pastoreo y de las diferencias sociales.[27]

Las fluctuaciones climáticas tuvieron el poder de desplazar de nuevo la frontera del Sáhel. Durante los periodos más húmedos, la zona de cultivo de mijo se desplazaba al norte, pero regresaba al sur en tiempos de sequía. Entre los años 300 y 1000 e. c., estas áreas se desplazaron al norte antes de retrotraerse. En el África occidental, al sur de la cuenca del Chad, la sequía pudo haber contribuido al cambio del centro político del Estado kanuri al Imperio de Bornu, acaecido durante el siglo xv.[28] Las fluctuaciones en la pluviosidad también afectaron, con mucha probabilidad, a las relaciones entre los pueblos de la sabana, o Sáhel, y el Sahara.

Según un modelo, el aumento de la pluviosidad habría permitido a los campesinos desplazarse hacia regiones septentrionales. Tales condiciones también habrían llevado más al norte los límites del hábitat de la mosca tse-tsé, limitándose así las actividades de guerreros a caballo. En cambio, durante periodos más secos, los Estados situados en el Sáhel, como Mali, habrían sido capaces de expandirse más hacia el sur.[29] En principio, este es un modelo lógico, pero requiere datos sólidos relativos a los patrones históricos de las precipitaciones. Otra interpretación propone una tendencia general a la sequía durante la cual los estrechos contactos entre el Sahara y la sabana facilitaron la comunicación y las actividades comerciales, entre ellas el tráfico de esclavos.

Las fluctuaciones climáticas durante la PEH y la ACM pudieron tanto beneficiar como desafiar a los Estados del África meridional. El reino de Mapungubwe (900-1300 e. c.) es un ejemplo importante. Este Estado, situado entonces en la zona fronteriza de los modernos Botsuana y Zimbabue, cerca del lugar donde el Shashe afluye en el Limpopo, cobró fuerza en el siglo x. Las explicaciones relativas a su expansión se centran en factores económicos, como la cría de ganado y el comercio, y climáticos. El incremento generalizado de la pluviosidad durante la ACM contribuyó a su prosperidad. La población de la capital del reino de Mapungubwe llegó a sumar unos nueve mil individuos.[30]

A principios del siglo xiv e. c., la población de Mapungubwe abandonó la ciudad, aunque el modelo de sociedad compleja sobrevivió en la región gracias al progreso del Gran Zimbabue, en el norte. Las severas sequías vinculadas al inicio de la PEH parecen haber contribuido al fin de Mapungubwe. Los cambios en el comercio junto a las fluctuaciones climáticas pudieron haber debilitado al Estado. Existe un debate abierto acerca de cuándo comenzó la PEH en el África meridional, pero los datos climáticos obtenidos en los análisis de los baobabs muestran un periodo de sequía a principios del siglo xiv. Esta sequía pudo haber minado la autoridad de los gobernantes que realizaban ceremonias de invocación a la lluvia.[31]

LA CRISIS DEL SIGLO XVII

Las condiciones de frío generalizado durante la PEH (1400-1850) fueron más pronunciadas durante el siglo xvii. El enfriamiento y la variación climática de la Pequeña Edad de Hielo correspondientes al final del siglo xvi y el comienzo del xvii tuvieron lugar en un tiempo de agitación y crisis generalizadas. Thomas Hobbes, el filósofo político inglés que condenó la rebelión y el colapso de la autoridad, concretó su pesimismo en el libro *Leviatán*, publicado en 1615: «En tal condición no hay lugar para la industria; porque el fruto de la misma es inseguro. Y, por consiguiente, tampoco cultivo de la tierra; ni navegación, ni uso de los bienes que pueden ser importados por mar, ni construcción confortable; ni instrumentos para mover y remover los objetos que necesitan mucha fuerza; ni conocimiento de la faz de la tierra; ni cómputo del tiempo; ni artes; ni letras; ni sociedad; sino, lo que es peor que todo, miedo continuo, y peligro de muerte violenta; y para el hombre una vida solitaria, pobre, desagradable, brutal y corta».[32] El mayor interés de Hobbes era sostener una poderosa autoridad soberana, pero sus escritos indican la existencia de una crisis muy amplia y profunda que iba más allá del ámbito político.

Historiadores posteriores se concentraron en la idea de una situación crítica generalizada en la historia del siglo XVII europeo. Durante este periodo se desencadenaron muchas guerras y rebeliones. Entre 1618 y 1648, la guerra de los Treinta Años devastó los principados alemanes y sus territorios circundantes. Inglaterra sufrió una prolongada tensión entre el rey y parte de sus súbditos que llevó a una guerra civil, la llamada Revolución inglesa; en 1649, el Parlamento dispuso la ejecución de Carlos I de Inglaterra. Otra revolución, la Revolución Gloriosa, derrocó a Jacobo II de Inglaterra en 1689. En Francia, los aristócratas protagonizaron una serie de rebeliones, la Fronda, entre los años 1648 y 1653, es decir, a principios del reinado de Luis XIV. En los Países Bajos, los holandeses se rebelaron contra la dinastía de los Habsburgo, que también hubo de encarar levantamientos en España e Italia.

La narrativa histórica habitual describe y explica esta situación de crisis sin realizar una incidencia particular en el clima; aunque es cierto que hubo sobradas causas políticas y religiosas para el conflicto. Las monarquías centralizadas ya habían comenzado a recortar el poder de los señores feudales mucho antes del siglo XVII. En el caso de Europa, la Reforma protestante y la respuesta católica, la Contrarreforma, supusieron un nuevo motivo de división. Muchas de las guerras que azotaron la Europa del siglo XVII fueron, en buena parte, guerras de religión como la guerra de los Treinta Años, por ejemplo, que comenzó después de que los protestantes de Praga, en Bohemia, defenestraran a los emisarios del papa; naturalmente, el suceso se conoce como la Defenestración de Praga. Los ejércitos católicos del Sacro Imperio Romano Germánico sofocaron las revueltas, aunque después hubieron de enfrentarse con el apoyo a los protestantes por parte de Dinamarca, en 1625, y por Suecia, este con más éxito, en 1630. Las rivalidades dinásticas también contribuyeron a la guerra, como la intervención de la católica monarquía francesa contra la católica familia Habsburgo en la extensa fase final de la guerra de los Treinta Años.

Al mismo tiempo, la renovada tendencia al frío presionó en muchos aspectos a las sociedades de la época. La fluctuación climática durante esta fase de la PEH contribuyó de manera decisiva al riesgo de hambruna. La Pequeña Edad de Hielo no fue un periodo uniforme de bajas temperaturas; la tendencia al calentamiento entre 1500 y 1550 causó un incremento demográfico. Por tanto, la posterior fluctuación al frío originada a finales del siglo XVI y principios del XVII acrecentó la posibilidad de sufrir una hambruna. La ruina de las cosechas no solo se debió al frío, sino también a la variabilidad climática. El cambiante clima vinculado a la PEH supuso una circunstancia especialmente peligrosa tras el previo aumento de población.

En Europa hubo un incremento de hambrunas y epidemias entre 1550 y 1700. En Francia, el periodo húmedo y frío extendido desde el verano de 1692 hasta principios de 1694 aumentó el número de fallecidos por inanición.[33] Aproximadamente el 10 % de la población del norte de Francia murió durante la hambruna de 1693-1694, la tasa de fallecimientos fue mayor en Auvernia, una región situada en el sur del interior del país. Las cosechas fallidas de la década de 1690 también ocasionaron hambrunas en Escocia. La población disminuyó en un 15 % debido a una combinación de muerte y migración. Los titulares de la tenencia de tierras con tasas e impuestos sobre determinados bienes (encargados de administrar propiedades y recaudar rentas) escribían: «Muchos pobres mueren de necesidad, el campo está abonado pero no hay semillas para plantar, y esas son las marcas evidentes de hambruna». En 1698, los asesores del monarca describieron unas condiciones muy duras: «no solo escasez, sino auténtica hambre, más de la que nunca antes sufrida en esta nación».[34]

Las enfermedades epidémicas azotaron con frecuencia durante la PEH. Hubo brotes de plaga en Italia y Francia en 1629 y 1639, y en el reino de Nápoles, al sur de Italia, desde 1656 hasta 1658; y en Inglaterra durante el año 1665. En su diario, Samuel Pepys realizó una memorable descripción del brote de la plaga en Londres. En la entrada correspondiente a finales de agosto de 1665, escribió: «Así acaba el mes, con mucha tristeza en lo público por la gran plaga que está en casi todas partes del país. Cada día las noticias son más tristes por los aumentos. En la ciudad murieron esta semana siete mil cuatrocientos noventa y seis, y de ellos seis mil ciento dos de la plaga, pero se teme que el número real sea mayor, de cerca de diez mil esta semana, en parte porque es difícil tomar nota de los pobres cuando el número es muy grande, y porque los cuáqueros no quieren que toquen campanas por ellos».[35] La frecuencia de las epidemias disminuyó en Europa durante el siglo XVIII, aunque no desaparecieron hasta principios del XIX.

A medida que las plagas se hacían menos frecuentes, aparecieron otras epidemias de enfermedades que causaron enorme pavor, sobre todo la viruela. En el siglo XVIII, la viruela causó la muerte de cientos de miles de personas en Europa. En Suecia acabó con la vida de uno de cada diez niños y en Rusia la tasa aún fue más elevada.[36] En las Américas, y en las regiones más remotas del norte euroasiático, los brotes de viruela causaron una mortandad incluso mayor entre la población nativa que mantuvo un contacto directo o indirecto con los europeos. Así, la epidemia de viruela afectó a los colonos, soldados de la Revolución americana, entre 1775 y 1782 y a las poblaciones indias, algunas de las cuales vivían alejadas de la zona de conflicto.

La interacción entre las epidemias, incluida la plaga, y la PEH fue indirecta. El enfriamiento, en general, y el mal tiempo, en particular, no fueron la causa directa de las epidemias. Un periodo frío quizá podría haber reducido la población de pulgas portadoras de la enfermedad. No obstante, las hambrunas contribuyeron de otro modo a la expansión de las epidemias. En primer lugar, y por norma general, la gente mal alimentada es más propensa a fallecer víctima de alguna dolencia. En segundo lugar, las cosechas pobres sacaron a los campesinos de las tierras de labor para ir a las ciudades en busca de alimento; el hacinamiento contribuyó a extender el contagio. Por ejemplo, en 1597, a la hambruna sufrida en Cumberland y Westmoreland, condados situados ambos en el noroeste de Inglaterra, le siguió una plaga en 1598 y 1599.[37]

El efecto general de una salud deficiente y una pobre alimentación es patente en la mengua de la altura media. El estudio de esqueletos correspondientes al norte de Europa señala una asombrosa disminución media de unos cinco centímetros entre la Plena Edad Media y principios del siglo XVIII. La estatura de un individuo depende de muchos factores, entre ellos la genética y la nutrición, pero las fluctuaciones en la estatura media de toda una población sirven como modelo o medida del estado de salud general. Otros factores, además de la enfermedad y el cambio climático, como el crecimiento de las ciudades, pudieron haber afectado a la estatura media.[38]

La crisis también fue demográfica. Las malas cosechas, la enfermedad y la guerra acentuaron la inseguridad y afectaron negativamente a las labores agrícolas. En Europa, la población disminuyó en la mayoría de las regiones, excepto Inglaterra y Holanda. En Europa central se desplomó y en la española Castilla hubo un pronunciado descenso demográfico a mediados del siglo XVII.

Las respuestas de los seres humanos interactuaron con el cambio climático para incidir en las posibilidades de hambruna. Frente a un problema común de grandes dimensiones, los resultados variaron según el nivel relativo de salud, la eficacia administrativa y el transporte. Por ejemplo, Francia sufrió mucho más que Inglaterra bajo las mismas condiciones climáticas, en parte por las dificultades para transportar suministros al interior del país y en parte porque, en Inglaterra, la ayuda a los pobres pudo haber sido más eficaz en la tarea de llevar alimentos a esos necesitados. La guerra también agravó el número de muertes. Tomando de nuevo el caso de Francia, los soldados requisaron cereales durante la guerra de los Nueve Años, desde 1688 hasta 1697, en tiempo de hambruna. Las compras de grano por parte del ejército agravaron la crisis al provocar un aumento de precio. En Gran Bretaña, algunas respuestas gubernamentales influyeron en la magnitud de la catástrofe. El Consejo Privado escocés (una institución compuesta por los consejeros del rey) se esforzó por proporcionar la ayuda adecuada.[39]

La hambruna sufrida en Escocia tendría consecuencias en el futuro devenir de Irlanda, pues las malas cosechas y la escasez de alimentos animaron a los escoceses a emigrar a la zona norte de Irlanda. Alrededor de cincuenta mil individuos cruzaron el mar de Irlanda hacia el Úlster, y la cifra se elevó en la década de 1690: un folleto publicado en 1697 señala que veinte mil individuos habían emigrado a Irlanda desde 1695.[40] En las regiones más castigadas de Escocia, al menos un 15 % de la población emigró a la isla Esmeralda. Algunos pudieron haber regresado, pero el grueso de emigrantes escoceses o, como se les llamaría después, de irlandeses escoceses se estableció definitivamente en Irlanda del Norte. Por tanto, la hambruna causó un importante pulso migratorio que, a partir de entonces y con el paso de los siglos, hizo de Irlanda del Norte una región de mayoría protestante dentro de una isla de mayoría católica.

El daño causado por la hambruna y los esfuerzos del país por recuperarse también influyeron en la constitución del Reino Unido. Inglaterra y Escocia eran dos naciones independientes que compartían monarca desde que en 1603 el rey Jacobo VI de Escocia se convirtiese, tras la muerte de la reina Isabel I, en Jacobo I de Inglaterra. Los países se unieron en 1707. La unión de Inglaterra y Escocia se debe a varias causas. Es cierto que los ingleses deseaban ejercer un mayor control sobre Escocia, y obtener de ella recursos humanos en un tiempo de guerras frecuentes, pero las consecuencias de la hambruna también dieron razones a los escoceses para aceptar la unión.

La verdad es que algunas regiones y países prosperaron en medio de la crisis del siglo XVII. Por ejemplo, probablemente los Países Bajos alcanzaron el culmen de su poder e influencia durante este periodo.[41] En la década de 1650, los rebeldes frente a la autoridad española supieron aprovechar las gélidas condiciones para defender su naciente república. Durante el siglo XVII, la república holandesa mostró capacidad de resistencia ante las mismas fluctuaciones climáticas que dañaron a muchos otros Estados.

La idea de una crisis del siglo XVII, en origen aplicada a la Europa de principios de la Edad Moderna, se puede extender y aplicar a una gran variedad de sociedades de buena parte del hemisferio norte. Las revueltas y rebeliones no solo azotaron Europa, sino también China, Japón y la India. Un persistente estado de guerra se extendió desde Europa hasta China. La alta mortalidad también fue generalizada; China sufrió grandes pérdidas de población.

Cualquier caso concreto de rebelión, guerra civil, alzamiento o hambruna, como sucede con cualquier otro trastorno social o político, tiene su origen en varias causas, pero la idea de una crisis generalizada que afectó a muchas y muy distantes regiones apunta a un problema más profundo; el clima ayuda a explicar este modelo. Las fluctuaciones y el enfriamiento del siglo XVII supusieron una carga añadida para muchas sociedades ya enredadas con otras en conflictos y tensiones. En el sudeste europeo y el occidente asiático, por ejemplo, el Imperio otomano afrontó una importante traba tras un largo periodo de expansión. La conclusión de la ACM por sí sola no minó su poderío. En conjunto, el Imperio otomano prosperó al principio de la Edad Moderna. Los turcos otomanos obtuvieron notables victorias en la península de los Balcanes a lo largo del siglo XIV, al conquistar la ciudad de Adrianápolis (la moderna Edirne) y Bulgaria. Las fuerzas otomanas combatieron a los serbios en la batalla de Kosovo, librada en 1389. Controlaban mucho más territorio que los asediados restos del Imperio bizantino, y en 1453 el sultán Mehmet II conquistó Constantinopla tras ponerle sitio. Obtenida esta victoria, los otomanos continuaron construyendo su imperio, aunque jamás lograron tomar Viena, baluarte de la dinastía Augsburgo en Austria. El imperio en expansión experimentó un fuerte crecimiento demográfico. Pero este no fue solo fruto de la conquista. Entre finales del siglo XV y finales del siglo XVI, la población del imperio aumentó. Las autoridades otomanas desarrollaron un eficaz sistema de aprovisionamiento en sus territorios.

El Imperio otomano había demostrado su capacidad de resistencia, pero las fluctuaciones climáticas y los periodos de frío sufridos a lo largo de los siglos XVI y XVII supusieron un importante desafío para el Estado. Tras experimentar un fuerte crecimiento demográfico, el imperio padeció las consecuencias del empeoramiento del clima. En la cuenca mediterránea, la PEH dio paso a sequías más frecuentes y severas.[42] El periodo comprendido entre finales del siglo XVI y mediados del XVII supuso el periodo más árido en quinientos años.[43] La sequía arruinó cosechas y los gélidos inviernos acabaron con buena parte del ganado. Como sucediese en la Europa central, la producción vinícola disminuyó en la Bosnia otomana a finales del siglo XVI, y los campesinos hubieron de dedicarse al cultivo de ciruelas para hacer *brandy*.[44]

Diversos problemas, entre ellos la sequía y el frío, interactuaron entre sí para crear una crisis en el Imperio otomano a finales del siglo XVI. Las sequías y los inviernos rigurosos de la década de 1590 llevaron a la hambruna. Mientras, el empeño del imperio por recaudar impuestos para sufragar sus guerras con los Augsburgo agravó la situación de carestía. Los soldados del ejército otomano destacado en Europa vivían en la miseria y, además, la situación también empeoró en los territorios asiáticos. Vernier, el embajador, describió las terribles circunstancias de Constantinopla en febrero de 1595. La comida escaseaba... Una «escasez fruto de las inclemencias del tiempo».[45] El frío pasó una fuerte factura al ganado, y muchos animales cayeron enfermos. La gente comenzó a abandonar el campo en busca de comida, deshabitando zonas enteras del occidente anatolio.[46] A su vez, el hacinamiento urbano ayudó a la propagación de epidemias.

La crisis contribuyó a alimentar rebeliones, entre ellas la Rebelión celali, que tomó su nombre de una pequeña revuelta del siglo XVI dirigida por un *sheikh* (jeque) llamado Celâl. La requisa de ovejas realizada en 1596 contribuyó al estallido de la rebelión. Incrementó el bandidaje, hasta el punto de que en 1598 toda la provincia de Larende (la actual Karaman), en la zona meridional del centro de Anatolia, estaba en manos de salteadores o rebeldes, entre ellos los estudiantes de las madrasas conocidos como *sohtas*.

Los rebeldes celali derrotaron a las fuerzas otomanas y saquearon buena parte de Anatolia hasta 1609, año de su derrota definitiva.

El imperio sobrevivió a pesar de sufrir pérdidas de población y rebeliones. En la década de 1640, hubo una disminución demográfica en muchas regiones anatolias; y el frío y la sequía que marcaron el periodo comprendido entre finales del siglo XVII y principios del XVIII ralentizaron la recuperación demográfica. El Imperio otomano no recuperaría la cantidad de población existente hacia 1590 hasta el año 1850.[47]

Una vez más, las disrupciones climáticas acentuaron las penurias causadas por ambiciosas campañas militares. En 1683, las fuerzas otomanas que marchaban sobre Viena padecieron el frío y la lluvia antes de sufrir la derrota. Las crecidas de ríos y arroyos destruyeron los puentes, el barro hizo los caminos casi intransitables y las carretas de la intendencia turca se averiaban con frecuencia. La caballería otomana también hubo de aguardar hasta que la hierba fuera adecuada para proporcionar el forraje necesario para sus monturas, así que la campaña se ralentizó. Al final, las huestes turcas sitiaron Viena en julio, pero en septiembre un contingente de refresco rompió el cerco. Esa sería la última vez que el Imperio otomano intentase tomar Viena.

En la India, la dinastía Mogol obtuvo y consolidó su poder en el siglo XVI y gobernó un vasto territorio hasta su colapso, a principios del siglo XVIII. Durante el siglo XVII, la India del Gran Mogol sufrió varios periodos de severas sequías. El sultán mogol, el *sah* (rey) Jahal, respondió a la sequía sufrida entre 1630 y 1632 proporcionando ayuda alimenticia y económica.[48] Aurangzeb, su sucesor, se dedicó a largas y agotadoras campañas militares en la India meridional; el Imperio mogol se fragmentó poco después de su muerte, acaecida en 1707. Lo cierto es que el coste de la empresa de expansión y la dificultad de mantener cohesionado un territorio tan asombrosamente diverso contribuyeron más que el clima a la erosión del Imperio mogol.

LA CRISIS DEL SIGLO XVII EN CHINA

La crisis del siglo XVII afectó a los imperios del Asia oriental y occidental. En China, la caída de la dinastía Ming fue uno de los sucesos cruciales de la crisis del siglo XVII. Tras derrocar a la dinastía mongola de los Yuan, los Ming vivieron un largo periodo de crecimiento demográfico y económico. Entre 1393, fecha de un censo, y 1600 la población china aumentó de sesenta u ochenta y cinco millones de individuos a unos ciento cincuenta o doscientos millones. El comercio interior del imperio prosperó impulsado por las obras de mantenimiento y restauración del Gran Canal, una vía que une los ríos Yangtsé y Amarillo, a principios del siglo XV. Con este proyecto, el emperador Yongle pretendía mejorar el suministro de cereal a Pekín. Durante la dinastía Ming también hubo un incremento de la producción agrícola, y un gran número de colonos se desplazaron a la China meridional. En el exterior, los Ming fueron testigos del mayor periodo de actividad en ultramar de toda la historia; la gesta culminante fueron las expediciones navales del almirante Zheng He, que entre 1405 y 1433 surcó las aguas del océano Índico y el sudeste asiático.

A pesar de la expansión y el crecimiento demográfico, la dinastía Ming colapsó durante la crisis del siglo XVII. La narrativa histórica habitual atribuye el declive de los Ming a una combinación de ataques externos y conflictos internos. A finales del siglo XVI, la dinastía lanzó una campaña militar contra los hmong, en el sur, y envió soldados a Corea para ayudar frente a la invasión japonesa dirigida por Hideyoshi justo en el momento en que hubo de encarar la nueva y terrible amenaza de los manchúes. Los manchúes, también llamados yurchen, vivían al nordeste de China. Este pueblo, como los mongoles, premiaba la habilidad de jinetes y arqueros, aunque muchos practicaban la agricultura. A principios del siglo XVII los yurchen, o manchúes, lograron un gran poder militar bajo el mando de un caudillo llamado Nurhaci. Este unió las tribus manchúes mediante un sistema de banderas militares y lanzó campañas al sur de la Gran Muralla. A medida que los manchúes presionaban en el norte, las rebeliones minaban el poder Ming dentro de China. Uno de los rebeldes, un soldado llamado Li Zicheng, combatió a principios de la década de 1640 en regiones chinas azotadas por el hambre y la sequía. Sus tropas se desplazaron a zonas donde había fallecido gran parte de la población. Marchó sobre Pekín, donde en 1644 se suicidó el último emperador Ming. Como había distintas facciones rebeldes luchando por el poder, los manchúes obtuvieron el apoyo de un comandante Ming, se desplazaron al sur y reclamaron para sí el Mandato del Cielo como gobernantes de la nueva dinastía, la dinastía Qing, que se mantuvo hasta 1912 y fue la última de la historia china. Los ejércitos de los Qing sofocaron las rebeliones de los partidarios de los Ming y en 1681 obtuvieron la victoria definitiva.

La dinastía Ming, asediada por enemigos internos y externos, también padeció los efectos de las fluctuaciones climáticas. A finales del siglo XVI, la aridez y la expansión de los desiertos minaron el sistema de explotaciones agrícolas militares, cruciales para el avituallamiento de las tropas destacadas a lo largo de la frontera septentrional. El enfriamiento y la aridez redujeron la producción general de alimento a finales de la era Ming; las sequías sufridas en el siglo XVII contribuyeron al estallido de rebeliones.[49] El periodo árido extendido desde 1614 hasta 1619 fue tan severo que la *Historia de Ming*, una historia oficial redactada en el siglo XVIII, describía el territorio como una tierra quemada. Durante la sequía de 1640, los desesperados campesinos de la provincia de Shandong hubieron de comer cortezas de árbol. La gente incluso recurrió al canibalismo. En 1641, el Gran Canal se secó a su paso por Shandong. El frío también azotó buena parte de China, incluso en las provincias meridionales. Al describir la miseria de Henan, un oficial escribió: «Las personas tienen las mandíbulas amarillentas y mejillas inflamadas; sus ojos muestran el color de la bilis de los cerdos».[50] La gente, desesperada, acudía en manada a las ciudades en busca de alimento; hay denuncias de canibalismo. Una reseña de Shanghái describe la magnitud del desastre:

Sequía general.

Langostas.

Elevado precio del mijo.

Los cadáveres de los fallecidos por inanición yacen en las calles.

Dos celemines de cereal cuestan entre tres y cuatro décimos de onza de plata.[51]

Según los datos dendrocronológicos, esta sequía, coincidente con los últimos años de la dinastía Ming, fue la más severa sufrida en la China oriental en cinco siglos, y quizá desde el año 500 e. c. Comparada con los años previos, la frecuencia de las sequías en la China septentrional durante el último periodo de los Ming fue un 76 % más elevada.[52] Los campos dedicados al cultivo de alimentos básicos se arruinaron y los precios se desorbitaron.

Si bien la sequía y el frío por sí mismos no determinaron el colapso de los Ming, sí pusieron en peligro a la dinastía. Las fluctuaciones climáticas debilitaron las guarniciones militares. Las gélidas temperaturas y la aridez minaron el sistema de avituallamiento empleado por las dotaciones destacadas en la frontera septentrional. Las autoridades Ming de finales del siglo XVI y principios del XVII reaccionaron incrementando el gasto en las guarniciones norteñas, el cual agotó las arcas del imperio. La aridez debilitó la producción agrícola, causando hambrunas. A su vez, el flujo de campesinos desesperados abandonando sus tierras de labor proporcionó una cantera de reclutas para los numerosos movimientos rebeldes.[53]

LA COLONIZACIÓN DE NORTEAMÉRICA DURANTE LA PEQUEÑA EDAD DE HIELO

En Norteamérica, los colonos europeos afrontaron los desafíos de un clima extraño y a menudo severo. Tras la conquista de México, los adelantados y misioneros españoles se aventuraron en el territorio septentrional, pero las condiciones de la región les parecieron tan extremas como a sus competidores de otros países europeos.[54] No solo se quejaron del frío y la nieve, sino también de la sequía. El frío de la PEH también afectó a las sociedades indígenas. Y, en efecto, una interpretación de la migración de los iroqueses hacia el oeste indica que el clima gélido los llevó a buscar un nuevo hogar más al sur.

En la zona oriental de Norteamérica, los colonos ingleses vivieron insólitas situaciones extremas.[55] Lo cierto es que los escritores ingleses dieron voz al temor de los efectos negativos de un clima extraño para ellos. Pronto descubrieron que incluso la zona septentrional norteamericana era más fría de lo esperado. Más al norte, la duración y severidad de los gélidos inviernos sorprendieron a exploradores franceses como Samuel Champlain; por su parte, los colonos ingleses sufrieron situaciones similares en Terranova. No obstante, la colonización continuó y los promotores y defensores de los asentamientos europeos se dedicaron a optimizar su capacidad de adaptación a las condiciones norteamericanas.

En algunos casos, la colonización fracasó por completo. Antes de Plymouth y Jamestown, una expedición inglesa estableció una colonia en Roanoke, en la moderna Carolina del Norte, en 1585, que recibió un nuevo grupo de colonos en 1587. La guerra impidió el abastecimiento de la colonia, y cuando al fin un barco inglés arribó a su costa, año 1590, todos los colonos habían desaparecido. No se ha concretado el motivo concreto del abandono de Roanoke: los colonos pudieron padecer una enfermedad o caer en enfrentamientos con los indios de la zona, aunque no hay rastros visibles de violencia. El último grupo de colonos llegó durante una severa sequía, entre 1587 y 1588, la cual pudo haber contribuido al fracaso de la colonia.[56] En 1607, fracasó un intento por establecer una colonia en Popham Maine, la colonia Sagadahoc.

En Nueva Inglaterra, los Padres Peregrinos afrontaron un frío severo. No estaban preparados para aquel primer invierno. Según recoge la entrada del diario de una plantación correspondiente a diciembre de 1620: «... teniendo en cuenta la debilidad de los nuestros, muchos enfermos por el frío debido a las heladas y las tormentas; y tanto vadear cabo Cod nos ha debilitado en gran medida, y esta debilidad crece más y más cada día, y es la causa de muchas de las muertes».[57] El rigor invernal no fue la única fuente de infortunios de los Padres Peregrinos: habían llegado demasiado tarde para plantar cualquier cosa. De los que llegaron a Provincetown sobrevivieron solo la mitad, más o menos. Los Padres Peregrinos habrían tenido que afrontar grandes desafíos, en cualquier caso, pero el clima de la PEH acentuó la dureza y duración de los inviernos.

Mucho después de haber establecido de modo permanente su presencia en el Nuevo Mundo, los periodos fríos de la PEH causaron penurias entre los colonos ingleses. Tras décadas de vivir en Nueva Inglaterra, los colonos del siglo xvii detectaron que el clima se había enfriado. Esto se concretó en un almanaque de 1699: «Las estaciones no son como eran; los veranos se han convertido en inviernos; y los inviernos llegan cargados de penalidades como no se recuerdan».[58]

Los colonos ya habían conseguido establecer un potente control militar en el sur de Nueva Inglaterra durante la guerra del Rey Felipe, 1675-1676, pero las fuertes nevadas incrementaron el poder guerrero de los indios en las áreas septentrionales. En la década de 1690, bandas de la confederación abenaki aprovecharon las fuertes nevadas para asaltar los asentamientos ingleses. Durante sus cacerías invernales, atravesaban los gruesos mantos de nieve del interior empleando raquetas. Cazaban alces, comían su carne y sacaban, virtualmente, provecho de todo el animal. Durante los excepcionalmente crudos inviernos de la década de 1690 y primeros años de la de 1700, expandieron sus territorios de caza.[59]

La capacidad de perpetrar asaltos en lugares lejanos causó consternación y pavor entre los colonos ingleses. Una partida de franceses e indios abenaki, por ejemplo, recorrió más de trescientas millas (casi quinientos kilómetros) para atacar Salmon Falls, en la actual frontera entre Maine y New Hampshire. Los ingleses, incapaces de moverse debido al groso de la nevada, ni siquiera pudieron intentar perseguirlos. Como relató Cotton Mather, un prominente autor y reverendo puritano:[c] «Debido a sus desventajas para andar en la nieve, no pudieron hacer nada».[60] En enero de 1692, asaltantes abenaki atacaron York (Maine), matando a unos cincuenta colonos y llevándose un centenar de cautivos. Golpearon incluso más al sur, pues asaltaron Haverhill, a las orillas del río Merrimack (Massachusetts), en marzo de 1697 y Andover un año después, a principios del mes de marzo de 1698.

Uno de los asaltos más ambiciosos y, desde el punto de vista de los ingleses, más devastadores fue el perpetrado en febrero de 1704 por una partida de franceses e indios en Deerfield, población situada en la zona norte de Massachusetts, concretamente en el valle del río Connecticut. El grueso manto de nieve permitió a los atacantes salvar el muro defensivo de la población. Una vez dentro mataron, aproximadamente, a medio centenar de colonos y tomaron unos ciento doce cautivos, entre ellos el reverendo puritano John Williams, su esposa Eunice y cinco de sus hijos. Otros dos cayeron asesinados durante el asalto, y Eunice murió asesinada durante la marcha a Canadá. Al llegar a Montreal, John Williams obtuvo su libertad o la recuperó previo pago de un rescate; tiempo después regresaron cuatro de sus hijos pero, para asombro de los Williams, la hija menor, también llamada Eunice, permaneció con una familia india y terminó casándose con un indio. Más tarde, cuando la visitó John Williams, no mostró el más mínimo interés por regresar con su familia o vivir con los colonos ingleses.[61]

Los asaltos a granjas y establos perpetrados tras una cosecha escasa amenazaron el suministro alimenticio de los colonos ingleses durante la época más fría del año. Increase Mather,[d] un importante clérigo puritano, escribió acerca de la falta de comida y el temor a la hambruna: «Aún persiste la calamidad de la guerra. En el NE hay gran temor […] Pues en estos cincuenta años no se había visto un estado de escasez semejante».[62]

Frustrados por los asaltos de los abenaki, los colonos ingle-

c   También fue notable por su participación en los juicios de Salem. *(N. del T.)*

d   Padre de Cotton y, como él, participante en los juicios de Salem. *(N. del T.)*

ses obtuvieron algunos logros militares al adoptar el empleo de raquetas para la nieve. La nueva legislación exigía que los soldados se ocupasen del mantenimiento de sus raquetas. Los soldados ingleses ya podían lanzar campañas en los territorios de caza indios. Los abenaki ya no podían pasar el invierno en ningún lugar próximo a los asentamientos ingleses.[63] El invierno ya no les proporcionaba ninguna ventaja.

EFECTOS SOCIALES Y CULTURALES

La experiencia de vivir un periodo de fluctuación climática, de hambre y frío, influyó en la cultura y la sociedad. Las respuestas sociales y culturales a la PEH están bien documentadas en los casos de Europa y en las sociedades creadas por colonos europeos. Hay famosos iconos culturales y preferencias sociales que cobran sentido si consideramos la diferencia climática durante la PEH, cuando los europeos vivían en un entorno más abundante en hielo y nieve. El patinaje de velocidad, por ejemplo, es uno de los deportes nacionales de los Países Bajos. En 2014, durante los Juegos Olímpicos de Invierno celebrados en Sochi, los holandeses ganaron veintitrés medallas en la categoría de patinaje de velocidad en distancia.[e] El país cuenta con numerosas pistas y asociaciones profesionales dedicadas al patinaje de velocidad. Obviamente, esta asombrosa destreza en el patinaje de velocidad es moderna, pero se cimenta en una costumbre antigua; la afición al patinaje se remonta a la PEH.

¿Por qué el patinaje se iba a enraizar de ese modo en un país que en la actualidad apenas tiene hielo natural? La miríada de obras de los maestros de la pintura flamenca, ya sean grandes o menores, nos proporciona una imagen muy poderosa de cómo era la vida en los Países Bajos a principios de la Edad Moderna. Los

---

e   Veintitrés medallas de oro de las treinta y seis en disputa. *(N. del T.)*

motivos son variados. En sus cuadros vemos plasmados rústicos molinos de viento y campesinos, orgullosos burgueses (los miembros de la influyente clase media urbana), escenas de la vida cotidiana de hombres y mujeres, bodegones que muestran abundancia, historias bíblicas y muchas otras cosas. Pero la producción artística también nos muestra paisajes helados, con gente caminando o patinando sobre el hielo. Tales imágenes no bastan por sí solas para estudiar la PEH en Europa a principios de la Edad Moderna, pues la oferta artística puede ser reflejo de las preferencias del mercado, pero, a pesar de todo, nos ayudan a imaginar la vida en un clima más frío.[64] También sabemos que los periodos de grandes heladas son cada vez más escasos. Cada año, los aficionados holandeses al patinaje esperan poder celebrar la carrera del Elfstedentocht, una carrera de patinaje de velocidad sobre hielo dividida en once etapas para recorrer una distancia de casi doscientos kilómetros, que tiene lugar en la provincia de Frisia. La primera edición tuvo lugar en 1909, pero solo se puede celebrar cuando el hielo es suficientemente grueso. En total, se ha celebrado en quince ocasiones, la última fue en 1997, y solo ha habido tres desde 1963 (las otras dos tuvieron lugar en 1985 y 1986). El frío invierno de 2012 sembró la esperanza de celebrar una carrera, pero las condiciones climáticas no duraron el tiempo suficiente.

El hielo también llevó a organizar ferias urbanas. En Londres se celebraban las llamadas «ferias de hielo» cada vez que se congelaba el Támesis. Este río se congeló al menos en veinte ocasiones entre 1309 y 1814 y, como mínimo, se celebraron cinco de estas ferias… La última en 1814. Estos mercados proporcionaban la posibilidad de continuar con la actividad comercial cuando el hielo bloqueaba la navegación fluvial. Además de la venta de bebidas y alimentos, las ferias de hielo dieron pie a la presentación de espectáculos, como la marcha de un elefante a través del río. También hubo otras causas que influyeron en el congelamiento del Támesis, como la enorme estructura del antiguo puente de Londres (que ralentizaba el flujo de caudal), pero las ferias de hielo evocan el gélido clima de la PEH.

Las fluctuaciones climáticas no solo crearon diferentes condiciones de vida, también tuvieron efectos más complejos en la cultura. Todo tipo de fenómenos extraños (auroras boreales, grandes nevadas y desastres naturales) se podían interpretar como señales de castigo.[65] La PEH amplificó la magnitud de algunos de estos fenómenos. Si los acontecimientos desconcertantes o desastrosos se podían atribuir al pecado, era lógico buscar a los pecadores. El pecado podía ser un concepto vago y una falta generalizada, por eso el castigo era para todos, pero también se podía cargar en un grupo concreto, sobre todo si este causaba desconfianza, era objeto de escarnio o infundía temor.

Ilustración 5.2. Hendrick Avercamp (1585-1634), *Paisaje invernal con patinadores sobre hielo. Fuente*: Comprada por el Rijksmuseum (Museo del Reino o Museo Nacional de Ámsterdam) con la colaboración de la fundación Vereniging Rembrandt, http://www.rijksmuseum.nl/collectie/SK-A-1718.

Sin embargo, podía ser difícil establecer un vínculo directo entre el desastre climático y la cabeza de turco. Los judíos eran la minoría religiosa más abundante en buena parte de Europa, pero el antisemitismo europeo (la hostilidad a los judíos) es anterior a la PEH. El entusiasmo causado por la primera cruzada sirvió para alentar ataques generalizados contra los judíos, como sucedió con los habitantes no cristianos de las ciudades ubicadas a lo largo del Rin en 1096. El comienzo de la PEH llegó acompañado por una oleada de políticas y actos antisemitas, como la expulsión de judíos en Inglaterra (1209) y de Francia (1306). Los monarcas franceses expulsaron y acogieron periódicamente a los judíos hasta que Carlos VI decretó su expulsión definitiva en 1394.

Los autores alemanes de principios de la Edad Moderna hicieron a los judíos responsables de unas cuantas calamidades. Así, Martín Lutero escribió: «Para nosotros, ellos son una grave carga, la calamidad de nuestra existencia. Son una peste enclavada en nuestras tierras».[66] No obstante, a los judíos de la época no se les solía acusar de causar el mal tiempo. Más bien, la animosidad contra los judíos se cimentó en acusarlos de explotadores que se aprovechaban de las penurias ajenas. Por ejemplo, en una ilustración de 1629, titulada *Der Wein Jud*, o el *Catador judío*, representa a un judío que lleva una bandera estarcida con la palabra «monopolio» a bordo de una carreta conducida por el diablo. Aquí tenemos un ejemplo de cómo se culpaba a los judíos por el mal tiempo. Los textos y dibujos de la escena se refieren al mal tiempo con un pasaje bíblico: «La dejaré desolada, y no será podada ni cultivada; le crecerán espinos y cardos. Mandaré que las nubes no lluevan sobre ella».[67]

La búsqueda de una cabeza de turco como responsable del mal tiempo llevó a una más directa, y asombrosa, oleada de acusaciones de brujería. Para muchos europeos, el mal tiempo era señal de magia negra y hechicería. Jordanes de Bérgamo, maestro de Teología en Cortona, Italia, afirma que «mediante el poder de palabras y gestos las *strigae* (las brujas) pueden provocar lluvia, granizo y ese tipo de cosas». Una bula papal expedida por Inocencio VIII acerca de las maldades de las brujas sirvió como prólogo a un manual publicado en 1486 dedicado a las hechiceras titulado *Malleus maleficarum* (*El martillo de los brujos*). El papa Inocencio VIII asevera que «por cierto que en los últimos tiempos llegó a Nuestros oídos, no sin afligirnos con la más amarga pena, la noticia de que [...] muchas personas de uno y otro sexo [...] arruinaron los productos de la tierra, las uvas de la vid, los frutos de los árboles; más aún, a hombres y mujeres, animales de carga, rebaños y animales de otras clases, viñedos, huertos, praderas, campos de pastoreo, trigo, cebada y todo otro cereal». Muchos compartían la opinión del papa. En 1597 el rey Jacobo VI de Escocia, por ejemplo, escribió que las brujas provocaban «tormentas y tempestades».[68]

Las acusaciones de brujería y la severidad de los castigos se agravaron durante la PEH, sobre todo durante la fase fría de finales del siglo XVI y el XVII, cuando hubo un importante aumento de las cacerías y juicios de brujas. La estadística muestra que las bajas temperaturas coinciden con los castigos por hechicería. La persecución a brujos y hechiceras se incrementó en el centro de Europa durante la década de 1560. Nada menos que sesenta y tres mujeres acusadas de brujería fueron quemadas en la hoguera en Wiesensteig (Baden Württemberg, Alemania), en 1563. También hubo persecuciones de brujas en Escocia e Inglaterra durante la década de 1560.[69]

Los ataques a las brujas alcanzaron una nueva cota entre 1580 y 1620. El frío y las cosechas arruinadas trajeron la hambruna. Las húmedas y gélidas primaveras y el tiempo tormentoso causaron grandes penurias en lugares elevados o remotos. A estas les siguió una verdadera epidemia de quemas en la hoguera. La cantidad de brujas quemadas es asombrosa: más de un millar en la región de Vaudois, en el cantón suizo de Berna, y más de ochocientas en el ducado de Lorena entre 1580 y 1595; en 1620 se habrían ejecutado a dos mil setecientas. En Tréveris también se quemó: más de trescientas cincuenta entre 1581 y 1595.[70]

La vinculación del mal tiempo propio de la PEH y la caza de brujas fue especialmente sólido en los pequeños principados alemanes durante la década de 1620. En Franconia, al sur de Alemania, hubo una severa helada tardía en mayo de 1626 y los lugareños culparon a las brujas; según informa una reseña redactada en la región: «Todo está helado, [algo] que nunca había sucedido desde que uno tiene memoria, y eso ha causado una enorme subida de los precios [...] Como resultado, comenzaron los ruegos e imploraciones entre la muchedumbre, [que] se preguntaba por qué las autoridades continuaban tolerando que brujas y hechiceros destruyesen las cosechas. Así que el príncipe-obispo castigó esos crímenes».[71] También hubo matanzas en otros principados alemanes: en los territorios gobernados por el príncipe-obispo de Bamberg, en Baviera, seiscientas personas ardieron en la hoguera. Como señalan estos ejemplos, las oleadas de asesinatos de brujas fueron más fuertes en pequeñas regiones que en grandes territorios, o en pueblos y villas que en ciudades de mayor tamaño.[72]

El mal tiempo de la PEH también facilitó el escenario para la perpetración del más famoso juicio por brujería, el perpetrado en nueva Inglaterra, en un lugar llamado Salem, Massachusetts. Catorce mujeres y cinco hombres fueron acusados y ahorcados en 1692. Aplastaron con piedras a Giles Corey, de setenta y un años de edad, para obligarlo a que se declarase culpable; el anciano murió por las lesiones. Otros murieron estando bajo custodia. En 1693 juzgaron a unos cuantos más. El análisis de las actas de estos juicios revela la existencia de motivos variados, entre ellos los económicos y psicológicos. La PEH no hizo que la caza de brujas en Salem fuese un suceso inevitable. No obstante, el frío y las penurias, combinados con la guerra, fueron claves para las duras condiciones sufridas en vísperas de la persecución.[73]

ADAPTACIÓN

Las sociedades afectadas por la PEH se enfrentaron a verdaderos desafíos y penurias. Para algunas situadas en los márgenes de las rutas comerciales o áreas cultivables, la fluctuación climática pudo obligar al abandono de las mismas, e incluso pudo tener peores consecuencias. La crisis fue lo bastante severa para derrocar a la élite gobernante en la China de los Ming y aceleró los movimientos migratorios en áreas afectadas, como Escocia. La combinación de cambio climático y guerra llevó a un descenso demográfico, al menos temporalmente, así como a un empeoramiento general de la salud. En lugares donde había crecido la población, como China, una mayor variabilidad y la acentuación de los extremos climáticos pusieron en peligro la vida de muchas personas. Al mismo tiempo, las sociedades intentaron adaptar sus refugios, ropas y empleo de energía durante este periodo. Desde una perspectiva histórica, la PEH puso de manifiesto la vulnerabilidad humana frente a las fluctuaciones climáticas, pero también su resistencia y capacidad de adaptación.

Debido al descenso de las temperaturas los europeos, al menos en algunas regiones, confeccionaron ropas más cálidas. En Islandia, por ejemplo, las mujeres cambiaron el modo de confeccionar ropa de lana. Las islandesas habían tejido lana a lo largo de toda la Edad Media. Estos tejidos no solo suponían su mayor exportación a Europa, también actuaban como moneda de cambio en Islandia. A medida que las temperaturas descendían, entre los siglos XVI y XVIII, las islandesas incluyeron hilo en los tejidos caseros, obteniendo así ropa más eficaz frente al frío, más densa y cálida debido a la añadidura de hebras. Los groenlandeses ya habían comenzado a emplear una estrategia similar en el siglo XIV, aunque los historiadores se preguntan por qué no comenzaron a emplear pieles al estilo de los inuit, cuyas comunidades sobrevivieron a la PEH en Groenlandia. En el caso de Islandia, el mayor empleo de hilo en la urdimbre indica una respuesta similar frente a las fluctuaciones climáticas. El final del empleo de tejidos como moneda, combinado con el enfriamiento, proporcionó motivos para realizar este cambio textil.[74]

Los europeos también realizaron numerosos cambios en la construcción y diseño de viviendas con el fin de obtener hogares más cálidos. Algunas de estas innovaciones fueron parte de una tendencia generalizada hacia la modernidad, pero también sirvieron para proporcionar una mayor comodidad durante el gélido clima de la época. Las ventanas con cristales protegieron frente a la ventisca. El empleo de algunos enseres domésticos, como los colchones de plumas, se hizo más habitual durante el siglo xvi.[75]

El clima frío llevó a los europeos a vestir ropas más cálidas. En general, incluso entre las élites, la moda tendió al empleo de tejidos más fuertes. Se buscaban pieles para confeccionar abrigos y gorros. Obviamente, el gusto y la moda influyeron en la selección del atuendo, pero también lo hizo la búsqueda de una protección contra el frío. El historiador Wolfgang Behringer nos proporciona información acerca de la importancia que tenía la ropa cálida para Hermann Weinsberg, vecino de Colonia, Alemania. Weinsberg poseía un camisón especial, hecho por él mismo, relleno con un forro de piel de zorro.[76]

Por su parte, la caza de pieles puso en peligro la existencia de las especies más cotizadas para confeccionar ropa cálida. Los europeos tenían sus propias reservas, pero las agotaron. El castor desapareció de muchas regiones, y otras fuentes, como los conejos, comenzaron a escasear y encarecerse.[77] Los castores se reintrodujeron en un bosque escocés en los años 2009 y 2010 y, por primera vez en siglos, en Inglaterra se detectó su presencia en libertad en 2014. En el siglo xvi se habían extinguido en todo el país.

La demanda de pieles en Europa alentó la expansión imperial y el comercio de pieles en lugares lejanos. La expansión rusa hacia el este, a lo largo de Siberia, durante los siglos xvi y xvii dio lugar a un vasto comercio de martas cibelinas. Siberia poseía otros recursos, como oro y plata, pero las pieles generaban mayores y más inmediatas ganancias. La conquista, colonización y tráfico de pieles fueron de la mano. Petr Beketov, un oficial cosaco, informó en 1633 de su expedición a lo largo del enorme río Lena, en la Siberia oriental, realizada a las órdenes del gobernador militar de Yeniséisk. Tras más de dos años, Beketov y sus hombres «pusieron en las poderosas manos de Su Majestad, el zar de Rusia, vastos territorios yacutos y tungús del río Lena».[78] Cobraron tributos en forma de pieles y cuero y construyeron un fuerte llamado Yakutsk, que pronto se convertiría en el principal puerto del Lena. El comercio de martas cibelinas creció de inmediato. El número de pieles enviadas a Occidente, a la Rusia europea, llegó a 256.837 en 1698, y a 489.900 en 1699.[79] Este fue un comercio lucrativo durante generaciones. En 1779, el naturalista Peter Simon Pallas describió cómo las «martas cibelinas» «abundan más cuanto más al este va uno; y, además, su piel es más valiosa cuanto más al norte y al este se crían, o si lo hacen en cumbres elevadas».[80] Las tendencias de la moda, reforzadas por la PEH, lograron que parte del suministro mercantil se lograse mediante la expansión de Rusia hacia Oriente.

Del mismo modo, la demanda de bonitas ropas de abrigo proporcionó un incentivo para la expansión comercial hacia el oeste norteamericano. Los comerciantes buscaban variedad de pieles y cueros: zorro, marta americana, visón, oso e incluso mapache y rata almizclera, pero, sobre todo, castor.[81] La moda y la calidez se combinaron para acabar creando una demanda de piel de castor. Por todos lados se veían gorros de castor, y el forro de castor proporcionó cálidos abrigos para burgueses y miembros de las élites europeas.

Los comerciantes de Francia, Holanda e Inglaterra recorrieron enormes distancias en busca de castores. Los comerciantes ingleses remontaron los ríos Connecticut y Delaware, pero no tardaron en acabar con todo castor disponible en la cuenca del primero. En Canadá, al final lograron llegar a lugares situados tan al norte como la bahía de Hudson, donde ingleses y franceses compitieron por la hegemonía. Poco después de llegar a Quebec, a principios del siglo XVII, los franceses comenzaron a comprar pieles y cuero a los hurones; el comercio no tardó en hacer llegar cada año a los puestos de avanzada franceses decenas de miles de pieles procedentes del interior. El centro de comercio de pieles se trasladó al oeste, de Quebec a Montreal. Los comerciantes franceses recorrieron el río San Lorenzo y los Grandes Lagos internándose en el corazón de Norteamérica.

Por otro lado, la matanza de castores afectó al entorno. La muerte de centenares de miles de estos animales llevó a la sequía de muchos humedales. Se mataron más de cincuenta millones de ejemplares. En principio, la casi extinción de los castores en muchas regiones pudo haber afectado al flujo de metano y CO_2 en los estanques lo suficiente para disminuir la concentración atmosférica de este último.[82]

El comercio de pieles también remodeló las sociedades indias. La competición por conseguir el producto provocó conflictos y guerras. El contacto con los europeos se incrementó a lo largo del tiempo, proporcionándoles acceso a todo tipo de bienes y utensilios, entre ellos las armas y el alcohol. Estos contactos también abrieron el paso al intercambio de enfermedades y a la proliferación de devastadoras epidemias en el interior de Norteamérica.

La PEH no destruyó los principales centros de civilización, pero el desarrollo económico y los cambios culturales acaecidos a lo largo y ancho del hemisferio norte aceleraron las mejoras en los sistemas de calefacción doméstica. A principios de la Edad Moderna, los europeos adoptaron la chimenea construida en una de las paredes del hogar. Esto proporcionaba muchas ventajas frente al sistema medieval, consistente en dejar salir el humo por un agujero abierto en el tejado. Los europeos, como mejora de la eficiencia calorífica, comenzaron a emplear estufas cerradas. La posesión de una sala limpia y caldeada también llevó a cambios sociales y culturales, y no solo entre las élites. Esta nueva sala, llamada en Alemania *Stübe*,[f] se convirtió en el centro de la vida doméstica de los campesinos durante las estaciones más frías del año.[83]

Vinculamos, y con razón, a la Revolución Industrial con el carbón, pero bastante antes de este proceso los residentes de varias regiones ya habían dejado de quemar madera para caldear sus hogares. El consumo de combustible y el deseo de mantenerse calientes incrementaron la demanda de leña. En Europa, su precio se elevó durante el siglo XVI, como se elevaron los casos de robo de leña.[84] Los precios de la leña y el carbón continuaron subiendo en toda Europa durante el siglo XVIII.[85] La escasez de leña y el gélido

---

f   En alemán, «sala de estar». (*N. del T.*)

224

clima supusieron un incentivo para la mejora de los sistemas de calefacción. En el norte de Europa, se instalaron estufas de alfarería durante los siglos XVI y XVII, que tenían un uso más eficiente de la leña y retenían el calor mejor que las chimeneas.[86] En las casas de los acaudalados, el diseño de las alas hizo posible el cierre de ciertas áreas del edificio para poder reducir el coste de la calefacción y el consumo de combustible.

En Inglaterra, la creciente demanda de leña para calentar, construir y alimentar al naciente sistema industrial agotó las reservas de madera. Por ejemplo, el recuento de cinco bosques ingleses mostró un descenso de 232.011 «árboles madereros» en 1608 a 51.500 en 1783.[87] Inglaterra, en su intento por paliar la escasez, importó madera de Norteamérica, pero los precios continuaron al alza.

Los colonos norteamericanos talaron grandes cantidades de árboles con el fin de emplear su madera en la construcción, limpiar parcelas de terreno y calentarse. Y para calentarse, estos colonos partieron ingentes cantidades de leña. Como aseveró un visitante a una hacienda de Virginia durante la Navidad de 1686: «Hacía mucho frío, pero a nadie se le ocurría acercarse al fuego, pues ponían en la chimenea una carretada de madera y mantenían caldeada toda la casa».[88] En 1770, un granjero de North Neck, Virginia, llamado Landon Carter se preguntaba de dónde sacarían la madera en el futuro: «Debo plantearme qué se empleará en los años venideros como leña. Ahora nos vemos obligados a mantener el fuego encendido durante tres cuartas partes del año; tenemos que vallar nuestras parcelas con postes, construir o reparar nuestras casas… Y cada cocina ha de tener fuego disponible a lo largo del año».[89]

La demanda de madera y el incremento de precios aceleraron el cambio a una mayor explotación de otras fuentes de combustible, sobre todo carbón. El carbón ya llevaba tiempo empleándose en Inglaterra, aunque a pequeña escala; sin embargo, en China llevaban siglos extrayéndolo a gran escala. El carbón ya era una importante fuente de combustible en algunas partes del norte del imperio durante la dinastía Song. Y esa era la principal fuente de combustible en Kaifeng, la capital.[90]

En cualquier caso, el crecimiento de la extracción carbonífera en Gran Bretaña hizo de este material la principal fuente de combustible antes incluso del comienzo de la Revolución Industrial. Así, la producción total de carbón en Gran Bretaña aumentó de doscientas mil toneladas métricas en 1550 a nueve millones en 1800.[91] Hacia 1550, se habían transportado por barco unas treinta y cinco mil toneladas métricas desde Newcastle a Londres, pero la suma total se elevó a quinientas sesenta mil en 1700.

EL REPENTINO CAMBIO CLIMÁTICO DURANTE LA PEQUEÑA EDAD DE HIELO

Dentro del extenso lapso de tiempo correspondiente a la PEH hubo varios periodos de abruptas fluctuaciones climáticas. Las erupciones volcánicas causaron repentinos episodios de enfriamiento. Estas no tuvieron las mismas consecuencias que la cadena de erupciones que pudo causar el inicio de la PEH, pero alguna de ellas, o algún breve periodo de intensa actividad volcánica, también podría explicar las fluctuaciones acaecidas durante la PEH.[92]

Algunas de las erupciones que tuvieron lugar en los últimos estadios de la PEH causaron un notable enfriamiento durante breves periodos de tiempo. Uno de estos episodios de cambio repentino se debió a una erupción volcánica en Islandia. En junio de 1783, la lava comenzó a fluir por la fisura Laki, al suroeste del glaciar Vatnajökull, en la Islandia meridional. La erupción continuó hasta febrero de 1784, lanzando a la atmósfera unos 120 tg de dióxido de azufre.[g] Jon Steingrimsson, sacerdote en un pueblo cercano, nos proporcionó una vívida reseña de la erupción Laki. Escribió: «Comenzó con la Tierra alzándose, con grandes estruendos y vientos de las profundidades, para después separarse, partiéndose, abriéndose, cortándose y rompiéndose como si la desga-

g   120 tg, es decir, ciento veinte millones de toneladas métricas. (N. del T.)

rrase un animal enfurecido». La pestilencia era abrumadora: «El hedor del aire, amargo como el de las algas y apestoso como algo dejado pudrir durante días, fue tal que mucha gente, sobre todo los aquejados de enfermedades respiratorias, solo podían llenar hasta la mitad sus pulmones de aire, y más cuando el Sol desaparecía del cielo: la verdad es que fue sorprendente ver que alguien pudiese sobrevivir una semana más».[93] A pesar de que la lava se acercaba al pueblo, Steingrimsson permaneció firme en su iglesia: el flujo de lava se detuvo justo antes de llegar al templo. El sacerdote fue famoso por lo que se ha llamado «el Sermón de Fuego».

La erupción Laki mató a más del 20 % de la población islandesa. Muchas personas y animales perdieron la vida debido a la intoxicación por flúor. En la isla, murieron tres cuartas partes del ganado lanar y la mitad del caballar. Las pérdidas fueron tan devastadoras que el reino de Dinamarca, por entonces a cargo del gobierno de Islandia, consideró la posibilidad de reubicar a toda la población de la isla. Los efectos de Laki fueron visibles a miles de kilómetros de distancia. Benjamín Franklin escribió acerca de «una niebla persistente en toda Europa y gran parte de Norteamérica». A esta erupción le siguió una serie de inviernos gélidos que afectó a lugares muy alejados del volcán, como Brasil.[94]

A principios del siglo XIX, la erupción del Tambora provocó otro periodo de enfriamiento. El volcán Tambora se encuentra en la isla de Sumbawa, Indonesia, al este de Bali. Estalló el día 10 de abril de 1815. La erupción continuó hasta el colapso de la montaña, que perdió unos mil cuatrocientos metros de altitud. Miles de personas murieron al instante. Los supervivientes a la explosión hubieron de afrontar tsunamis, murallas de agua de más de tres metros y medio de altura creadas por las vibraciones de la erupción. La erupción y los tsunamis arruinaron las cosechas y decenas de miles de personas murieron durante la subsiguiente hambruna.

La erupción del Tambora afectó al clima de lugares apartados de su ubicación. En el Asia meridional, el azufre lanzado a la atmósfera ralentizó la llegada de los monzones, provocando sequía y hambrunas. En Norteamérica hubo, tras la erupción, heladas estivales en la región de Nueva Inglaterra; los lugareños se refirieron a un año sin verano. El año sin verano fue notable por las bajas temperaturas de las repentinas olas de frío. Tras una fuerte helada sufrida en mayo, hubo otra en junio y, además, cayeron unos treinta centímetros de nieve. El verano también trajo sequía. Hubo un periodo gélido a principios de julio y heladas a mediados de agosto. El trágico verano concluyó con una helada más a finales de septiembre. Los granjeros de Vermont se dedicaron a comer ortigas. La ruina de las cosechas aceleró las migraciones al Medio Oeste. Más de cuarenta mil colonos abandonaron el este para establecerse en Indiana.[95]

En Europa también se arruinaron las cosechas. Por ejemplo, en 1816 las tormentas azotaron Irlanda.[96] Las repetidas precipitaciones anegaron los campos. «Que se sepa, nunca antes hubo tal aflicción y falta de dinero», escribió Daniel O'Connell, un importante dirigente político del nacionalismo irlandés.[97] También hubo fuertes precipitaciones en territorios de Inglaterra, Francia y Alemania. La gente de la época hablaba de abundantes precipitaciones en Checoslovaquia, aunque sus efectos pudieron haber sido menos severos que en otras regiones europeas.[98]

Las cosechas arruinadas, la subida de precios y los tiempos difíciles acentuaron el malestar político. Gran Bretaña acababa de triunfar sobre Napoleón. Los británicos, junto con sus aliados, derrotaron al emperador francés en Waterloo, 1815, pero los años posteriores a esta victoria llevaron al descontento político. La causa no fue solo una alteración del clima, pero los efectos del Tambora interactuaron con las razones ideológicas para generar resentimiento. Los radicales ingleses exigían una reforma del Parlamento. En 1819, la caballería británica cargó contra una multitud compuesta por los sesenta mil individuos reunidos en St. Peter Field, en Manchester, para escuchar al orador radical Henry Hunt. Los soldados mataron a once personas e hirieron a muchos más durante una jornada que poco después se llamaría «Perterloo», como airada referencia a la gran victoria obtenida pocos años antes en la belga Waterloo.

La pobre cosecha, consecuencia de la alteración climática provocada por el Tambora, impulsó la emigración a las Américas. En Irlanda, las arruinadas cosechas llevaron a estallido de un movimiento migratorio a Estados Unidos.[99] Los campesinos desarraigados mendigaban comida. El invierno de 1816 fue tan severo que impidió la importación de cereal en lugares como Renania y Suiza, que ya sufrían las consecuencias derivadas de un verano frío y lluvioso. La gente intentó marchar por todos los medios, ya fuese a América o incluso a Rusia.[100]

Las tormentas impresionaron a los viajeros, entre ellos algunas de las figuras más prominentes del Romanticismo inglés. Lord Byron, Percy Bysshe Shelley y Mary Wollstonecraft Shelley visitaron Suiza en el verano de 1816, donde el sombrío tiempo influyó en *Frankenstein*, el inmortal clásico de esta última. No obstante, su influencia es incluso más patente en el poema *Oscuridad*, de lord Byron.

El brillante sol se apagaba, y los astros
vagaban apagándose por el espacio eterno,
sin rayos, sin rutas, y la helada tierra
oscilaba ciega y oscureciéndose en el aire sin luna;
la mañana llegó, y se fue, y llegó, y no trajo consigo el día...[101]

En China, el Tambora pudo haber debilitado a la dinastía Qing. Esta dinastía, fundada por los manchúes, había disfrutado de una situación de prosperidad general durante el siglo XVIII. El imperio experimentó un fuerte crecimiento demográfico. Respecto a la política exterior, logró estabilizar su frontera con los pueblos seminómadas del oeste y el norte. La dinastía Qing obtuvo una decisiva victoria sobre los mongoles. El emperador Qianlong, que comenzó su gobierno en la primera mitad del siglo XVIII, respondió a la sempiterna amenaza de los mongoles zúngaros, o del oeste, ordenando a sus generales que los destruyesen. El emperador ordenó su masacre: «No tengáis la más mínima piedad con esos rebeldes. Solo se salvarán los ancianos y los débiles».[102]

La China de finales del siglo XVIII era un Estado fuerte y poderoso, como descubrirían los británicos al intentar expandir el comercio. En 1793 se emprendió una misión diplomática, encomendada al lord George Macartney, con el fin de persuadir a China para que se involucrase más en actividades comerciales. La misión transportó una selección de objetos con los que se pretendía impresionar y seducir a los chinos: relojes de pared, de bolsillo, telescopios, fuentes de Wedgewood y pinturas. Sin embargo, la dinastía Qing declinó realizar cambio alguno. En realidad, el emperador Qianlong le envió una carta al rey Jorge III diciéndole que los británicos no tenían nada que China necesitase. «Como su embajador puede ver por sí mismo, poseemos todas las cosas. No valoro los objetos extraños o ingeniosos, y no tengo ningún uso para los fabricantes de su país».[103]

Sin embargo, a finales del siglo XVIII y principios del XIX la dinastía Qing hubo de encarar grandes problemas. China sufrió una fuerte caída económica y tensiones étnicas; además, una repentina fluctuación climática se añadió a la lista de contratiempos. En concreto, la erupción del Tambora causó una hambruna en Yunnan, al suroeste del imperio.[104] Las cosechas arruinadas pudieron empujar a los desesperados campesinos a abandonar el cultivo de sus productos básicos, como el arroz, y dedicarse a las adormideras y entrar en el comercio de opio. De ese modo encontraron una fuente de ingresos lucrativa y fiable.[105]

En conjunto, los efectos del cambio climático fueron menos severos durante la dinastía Qing que durante la pasada era Ming. El clima de la China septentrional se enfrió desde la década de 1780 hasta la de 1830, pero el descenso de temperatura no fue tan pronunciado como el correspondiente al último periodo Ming. La Administración Qing también se mostró más capaz que el Gobierno Ming para organizar la ayuda y, además, los movimientos migratorios internos fueron mayores durante la época Qing que en tiempos de la dinastía Ming.[106]

En el África meridional, la enorme erupción del Tambora acentuó las condiciones de un tiempo de inestabilidad social y política. Los historiadores emplean el nombre Mfecane o Difaqane para designar un periodo bélico y migratorio acaecido a principios del siglo xix, durante el cual el movimiento de grupos zulúes desplazó a muchos otros pueblos, originando la consolidación y expansión del poder del Estado zulú. Los patrones de precipitación ayudan a explicar la secuencia de los acontecimientos. Así, la mayor pluviosidad de finales del siglo xviii combinada con el cultivo de maíz influyó en el crecimiento demográfico que hubo justo antes de que la población del sur africano se enfrentase a las sequías de los últimos años de ese mismo siglo y los primeros del siguiente.[107] Los historiadores debaten la interacción de la situación social y política con el clima. El término «Mfecane» (destrozo) atribuye la migración y la guerra a la hegemonía del poder zulú bajo el mando de un jefe tribal llamado Shaka, pero estas circunstancias no se deben solo a la política de este pueblo.

La erupción del Tambora, combinada con los efectos de actividades volcánicas previas, agravó la sequía en el África meridional. Los modelos obtenidos a partir de los efectos del Tambora muestran un pronunciado enfriamiento y una fuerte sequía en el sur de África, circunstancias que dañaron el cultivo de maíz y la cría de ganado. Los análisis dendrocronológicos realizados en Zimbabue confirman la existencia de un periodo árido a principios del siglo xix.[108]

RESUMEN

La PEH desafió la existencia de muchos Estados y civilizaciones, pero al final revela la creciente resistencia de las sociedades complejas más avanzadas. A pesar de los debates abiertos destinados a encontrar una fecha concreta, hay pruebas fehacientes de enfriamiento, aunque el momento exacto de las fases de frío más intenso varía según las regiones. En el Atlántico Norte y Europa, el periodo más temprano de la PEH fue más severo para los habitantes de altas latitudes o los asentados en alturas elevadas. En el Extremo Oriente y el sudeste asiático, las variaciones hidrometeorológicas vinculadas con el cambio de la ZCI contribuyeron a las crisis sufridas en regiones como la correspondiente al Imperio jemer.

Una de las etapas de la PEH mejor documentadas es la pronunciada etapa de enfriamiento que comenzó a finales del siglo XVI y se extendió hasta entrado el XVII. El frío contribuyó al estallido de una situación que los historiadores llaman, en sentido general, «crisis del siglo XVII». Muchos otros factores, como conflictos dinásticos y religiosos, favorecieron tal crisis, pero el frío agravó la hambruna y, en China, la aridez se sumó a la carga que hubieron de soportar los últimos gobernantes de la dinastía Ming.

Al mismo tiempo, el largo periodo de la PEH también fue testigo de la creciente separación entre el clima y algunas de las sociedades más avanzadas. Los Países Bajos, por ejemplo, prosperaron durante la crisis del siglo XVII, y los Estados europeos de principios de la Edad Moderna mostraron grandes diferencias en su capacidad para responder a la amenaza del hambre.

6. LOS HUMANOS TOMAN EL PODER

La Revolución Industrial remodeló las sociedades y transformó la relación entre los humanos y el clima terrestre. Sociedades previas extrajeron y aprovecharon fuentes de energía, modificaron paisajes y cambiaron el entorno local. En algunos casos, es posible que esas sociedades alterasen la composición de la atmósfera lo suficiente para afectar al clima, aunque esta cuestión, si las sociedades preindustriales afectaron o no al clima terrestre, es aún objeto de debate.[1] La Revolución Industrial tuvo lugar a partir de esas mismas tendencias, pero la intensidad de la extracción de recursos y la aceleración con la que se transformaron paisajes y entornos locales y regionales no tenían precedentes. La industrialización causó una serie de crecientes oleadas de cambios económicos que comenzaron con la propia revolución, se expandieron con el auge de un nuevo modelo de producción y consumo en el siglo xx y se propagaron aún más con la globalización de la industria a finales del siglo xx y principios del xxi. Todas estas sucesivas oleadas de crecimiento económico se valieron de la energía producida por combustibles fósiles y causaron notables cambios en la atmósfera terrestre. La actividad humana se convirtió en el principal agente de forzamiento climático.

La industrialización tuvo efectos paradójicos en la relación entre las sociedades y el clima. Intensificó la tendencia a largo plazo al fortalecimiento de la resistencia e independencia de los huma-

233

nos frente a las fluctuaciones climáticas pero, al mismo tiempo y junto a la expansión global de los modelos de producción y consumo modernos, también hizo que las sociedades corran el riesgo de ser cada vez más vulnerables al cambio climático.

Durante varios milenios, las sociedades aprovecharon el relativamente estable y cálido clima del Holoceno. Poco a poco, la gente se dedicó al desarrollo de una agricultura intensiva en una escala inimaginable para los cazadores-recolectores del pasado. El cambio al modelo agrícola como fuente de sustento tuvo su coste, como cierto declive en el nivel de salud general y la proliferación de enfermedades epidémicas, pero también es cierto que los grandes cultivos pudieron mantener dramáticos incrementos demográficos. Los Estados y las élites capaces de obtener excedentes agrícolas crearon imponentes infraestructuras físicas. Los acueductos romanos, el gran canal chino, los complejos religiosos mayas, los santuarios de Angkor... Todos ellos, y más, dependían de la obtención y almacenamiento de un excedente hasta entonces inaudito. Las sociedades del Holoceno también desarrollaron extensas redes comerciales, pero el grueso de la población se concentró en labores de cultivo y pastoreo.

A pesar de la estabilidad climática vivida en el Holoceno, las sociedades de la época experimentaron fluctuaciones. Una serie de pequeños cambios, por lo general beneficiosos para la agricultura y las comunicaciones, contribuyeron al crecimiento demográfico experimentado, entre otros, por el Imperio romano, la China de la dinastía Han, y los mayas de la época clásica. En Europa, la anomalía climática medieval contribuyó a la expansión de los límites de las tierras cultivables y facilitó la colonización del Atlántico Norte. Una situación de clima favorable no determinó ninguna clase de resultado concreto en civilización alguna, ya fuese Roma, la China de la dinastía Han, el conglomerado de ciudades-estado mayas o cualquier otra sociedad compleja, pero un clima relativamente cálido y un régimen regular de precipitaciones crearon condiciones propicias para su crecimiento y la expansión. En cambio, las fluctuaciones que llevaron a condiciones climáticas más frías o secas presentaron una serie de desafíos a las sociedades del Holoceno. El tipo de variaciones experimentado durante esta era no condujo irremisiblemente al declive y el colapso..., pues muchas sociedades se adaptaron a las fluctuaciones de la Pequeña Edad de Hielo. No obstante, las variaciones climáticas pudieron ejercer presión suficiente para contribuir al colapso total o parcial de una sociedad concreta, como es el caso de la ubicada en el cañón del Chaco, cuya población la abandonó por completo, o los mayas, que resistieron pero solo a cambio de abandonar algunas de las más grandes ciudades y asentamientos de su época clásica.

En general, las sociedades complejas del Holoceno se hicieron más resistentes frente a las habituales fluctuaciones climáticas. El comienzo de esta separación se puede rastrear hasta la Edad de Bronce; el posterior desarrollo de sistemas de almacenamiento y redes de transporte experimentado durante la Edad de Hierro y la aparición de Estados capaces de prever y reaccionar frente a la escasez de cereal proporcionaron una mayor resistencia. Por ejemplo, antes de su declive, la dinastía Qing pudo almacenar grano y reducir la presión fiscal en regiones azotadas por la hambruna y la sequía. Las fluctuaciones climáticas causaron penurias en las zonas afectadas, sobre todo en aquellas ya situadas cerca de los márgenes agrícolas o comerciales, pero normalmente no pusieron en peligro la existencia de sociedades y civilizaciones complejas.

La resistencia frente a las fluctuaciones climáticas propias del Holoceno continuó incrementándose a principios de la Edad Moderna, cuando las mejoras agrícolas optimizaron las cosechas y el fortalecimiento del comercio permitió mayor diversidad de alimentos en los centros mercantiles. Las redes comerciales que reunían cosechas recogidas en diferentes estaciones y distintos lugares produjeron una mayor seguridad alimenticia. Algunas regiones de Europa lograron salir del modelo de subsistencia incluso antes de la conclusión de la PEH. Por ejemplo, a mediados del siglo XVII la mayor parte de Gran Bretaña ya no sufría grandes hambrunas. En el sudeste asiático, las sociedades complejas también lograron una mayor resistencia frente a las sequías.[2]

Sin embargo, a pesar de que las sociedades del Holoceno desarrollaron una mayor capacidad de adaptación y respuesta a las fluctuaciones del clima, el crecimiento demográfico supuso un mayor riesgo potencial de catástrofe. El contraste respecto a la prehistoria del *Homo sapiens* es asombroso. Los primeros humanos afrontaron todo tipo de desafíos y peligros mortales pero, aunque ciertos periodos fríos pudiesen haber causado la extinción de linajes humanos, lo cierto es que una pequeña población de cazadores-recolectores se podía dispersar de un modo que le resultaría muchísimo más difícil a un gran grupo de labradores y granjeros. En el mejor de los casos, esos campesinos responderían a la hambruna emigrando, en caso de que hubiese disponible una nueva región donde asentarse, como sucedió con los irlandeses escoceses. En el peor, morirían millones de personas, sobre todo si las respuestas contribuían a acentuar los efectos de las fluctuaciones climáticas.

LA REVOLUCIÓN DE LA ENERGÍA

El principio de la Edad Moderna fue testigo del comienzo de una revolución en el empleo de la energía. En general, las sociedades del Holoceno tardío requirieron más recursos. Incrementaron las cosechas, ampliaron las redes comerciales y generaron mayores demandas de agua y energía. Unas cuantas se dedicaron a intensas fases de desarrollo económico y tecnológico sin ocasionar una industrialización a gran escala.

Hubo varios motores económicos preindustriales, como China, los Países Bajos e Inglaterra. En China, la dinastía Song expandió enormemente su producción de hierro y carbón. Los residentes de la capital, Kaifeng, recurrieron al carbón como principal fuente de energía.[3] No obstante, este impulso de renovación tecnológica y económica se ralentizó. La dinastía Qing también obtuvo grandes niveles de crecimiento demográfico y económico, pero esa combinación no continuó a partir de finales del siglo XVIII.[4]

A finales del siglo xvi y principios del xvii, los Países Bajos también experimentaron una aceleración del crecimiento demográfico, económico y tecnológico. Grandes grupos de población comenzaron a trabajar en empleos no relacionados con la agricultura. La gente recurrió cada vez más a la turba como fuente de energía. Las excavaciones destinadas a la obtención de turba realizadas en ciertas áreas, como la que en el futuro se encontraría el aeropuerto internacional de Ámsterdam-Schiphol, crearían nuevos lagos.[5]

También Inglaterra fue una sociedad que buscó nuevas fuentes de energía tras casi agotar los recursos existentes. Ya en la Baja Edad Media, la escasez de madera para hacer carbón vegetal causó un descenso en la producción de hierro y vidrio en el sudeste de Inglaterra. El carbón se convirtió en la principal fuente de combustible para la calefacción, lo cual llevó a un aumento de la minería durante el siglo xvii. El crecimiento urbano, sobre todo el londinense, incrementó la demanda. La población londinense aumentó de unos doscientos mil individuos en 1600 a unos quinientos setenta y cinco mil, quizá seiscientos mil, un siglo después; y el creciente número de residentes urbanos obtenía calefacción principalmente mediante la quema de carbón. El escritor y novelista Daniel Defoe, autor de *Robinson Crusoe*, subrayó la presencia de «prodigiosas flotas que constantemente llegaban cargadas de carbón para esta creciente ciudad».[6]

Los cargamentos enviados desde Newcastle, en el norte de Inglaterra, experimentaron un abrupto crecimiento desde el siglo xvi al xvii. Las primeras minas eran, a menudo, empresas de dedicación parcial explotadas principalmente por granjeros, pero la escala de la minería creció en el nordeste de Inglaterra, en Northumberland y Durham, y también en Staffordshire, en las Tierras Medias Occidentales. La minería también comenzó a crecer en el sur de Gales.

Al principio, los mineros excavaban los depósitos de carbón próximos a la superficie. Estos, en su empeño por extraer el material suficiente para satisfacer la creciente demanda, no tardaron en agotar las vetas superficiales. Tuvieron que realizar excavaciones más profundas, a más de treinta metros, alcanzando profundidades de noventa e incluso ciento veinte metros a principios del siglo XVIII. Eso hizo de la minería una labor más cara y peligrosa. Se hizo necesaria la entibación de los túneles y galería, por lo que hubieron de emplear madera, y, además, esas galerías más profundas necesitaban conductos de ventilación.

Los desafíos que planteaba la extracción de carbón destinada a satisfacer la creciente demanda de este como fuente energética llevaron a una revolución crucial en la generación de energía. Desde cierto punto de vista, el problema era sencillo: los mineros ingleses y galeses extraían más carbón si excavaban galerías más grandes y profundas... Pero el agua corre cuesta abajo. Aunque los mineros pudiesen respirar y evitar los derrumbes, las inundaciones continuaban siendo un problema. Sin embargo, la solución para este problema básico era cualquier cosa menos sencilla. Los mineros emplearon caballos para achicar el agua, pero el sistema no resultaba eficaz, además de ser lento y caro, sobre todo cuando las galerías alcanzaban grandes profundidades. En pocas palabras: los ingleses se arriesgaban a no disponer de carbón para satisfacer la creciente demanda de los consumidores y de las industrias emergentes si no encontraban un sistema eficaz para achicar el agua de unas galerías cada vez más profundas. Los intentos por crear nuevas máquinas que resolviesen este problema se remontan al siglo XVII, pero fracasaron. En la década de 1660, el marqués de Worcester pudo haber inventado alguna especie de mecanismo para achicar agua, quizá una versión primitiva de la máquina de vapor.

En 1712, un ferretero de Cornualles llamado Thomas Newcomen, que trabajaba con un fontanero llamado John Calley, inventó una máquina de vapor para achicar el agua de las minas. Presentaron su aparato en una mina de Staffordshire, en las Tierras Medias Occidentales inglesas. Era cara e ineficiente, pues gastaba la mayor parte de la energía en producir calor, pero aun así era mejor que achicar empleando cualquier método previo.

Una sola de las máquinas de Newcomen podía reemplazar bombas alimentadas por el trabajo de cincuenta caballos.

La máquina de Newcomen resultó ser crucial para el destino de la industria y el clima por dos motivos. El primero es que sostenía el crecimiento de las minas de carbón. Durante los veinte años siguientes, se instalaron más de un centenar de motores de Newcomen, contribuyendo al continuo crecimiento de la extracción minera durante el siglo XVIII. El segundo es que la máquina obtenía energía a partir del carbón que se paleaba en la cámara de combustión que calentaba la caldera. El aparato empleaba carbón como fuente de energía para ayudar a extraer más carbón que produjese más energía. Los efectos en la atmósfera fueron pequeños, pero emplear una máquina alimentada por combustibles fósiles para extraer más combustibles fósiles marcó el sendero que se seguiría en el futuro.

En la década de 1760, un inventor e ingeniero escocés llamado James Watt se dedicó a trabajar en la mejora del diseño de la máquina de vapor después de que le pidiesen reparar el motor de Newcomen de la Universidad de Glasgow. Para concentrarse en la solución del problema, en 1765 decidió dar un paseo por el célebre parque Glasgow Green. De pronto halló la solución: «Se me ocurrió que el vapor, al ser un cuerpo elástico, tendería a llenar cualquier vacío; y, por tanto, si se comunica el cilindro de trabajo con un contenedor, quizá el vapor se condense en este sin refrigerar el cilindro».[7] En la actualidad, en Glasgow Green se encuentra una escultura dedicada a Watt como conmemoración del momento. Al llevar a cabo su idea, Watt creó una cámara de condensación de vapor separada. La nueva máquina de vapor era mucho más eficiente que el motor de Newcomen; la mejora de Watt dio paso a una época de rápidas innovaciones.

Matthew Boulton, un empresario de Birmingham, le compró al socio de Watt su parte del arruinado negocio, y en la década de 1770 la empresa Boulton & Watt comenzó a fabricar y vender un modelo mejorado de máquina de vapor. Hacia 1800 habían producido unas cuatrocientas cincuenta.[8] Boulton también impulsó el empleo de máquinas de vapor en otras actividades, además de la minería. En 1785, Richard Arkwright empleó por primera vez máquinas de vapor en la confección de tejidos, al principio para bombear agua. Durante los veinte años siguientes, una serie de inventores desarrollaron y realizaron mejoras en el telar mecánico. El propio Boulton acuñó monedas empleando una máquina de vapor en el proceso.

LA REVOLUCIÓN INDUSTRIAL

En los últimos años del siglo XVIII, Gran Bretaña combinó el empleo de la máquina de vapor alimentada con carbón, el crecimiento industrial y el desarrollo de las técnicas agrícolas para batir todas las mejoras económicas y demográficas de la historia mundial. La Revolución Industrial desplazó a algunos trabajadores y encadenó a otros a miserables condiciones laborales, como no tardaron en advertir manifestantes y reformistas, pero también elevó la productividad a cotas sin precedentes. Allá donde se había estancado el crecimiento de otras sociedades tecnológicamente desarrolladas, Gran Bretaña logró décadas de aumento de producción, rendimiento, población y, con el tiempo, ingresos en la renta per cápita, abriendo el camino para un nuevo tipo de sociedad, una jamás vista en la historia.

Una serie de industrias experimentaron un rápido crecimiento. Durante los primeros estadios de industrialización, hacia la década de 1780, la confección textil creció a ritmo exponencial. Esto concretaría el modelo para los países posteriormente industrializados, que a menudo comenzaron con la manufactura de ropa y tejidos antes de diversificar las áreas de producción. Si pensamos, por ejemplo, en los países de origen de marcas de ropa como camisetas, gorras y jerséis, es posible ver como este modelo continúa en el presente.

La industrialización a principios del siglo XIX también fue testigo del rápido crecimiento de la producción de hierro. En la década de 1820, la aplicación de la máquina de vapor a un motor colocado sobre raíles condujo a un nuevo estallido de innovación y expansión industrial. El Reino Unido, y poco después otros países occidentales, pronto creó una extensa red ferroviaria que aceleró enormemente el transporte y las comunicaciones, además de proveer de una nueva fuente de demanda para la floreciente extracción de hierro. En Gran Bretaña se construyeron más de nueve mil quinientos kilómetros de vías ferroviarias entre 1830 y 1850.

6.1. El comienzo del industrialismo. Una población de Lancashire a principios del siglo xix. *Fuente*: Biblioteca Wellcome, Londres.

Las ciudades inglesas del siglo xix fueron célebres por su rápido crecimiento, dinámicos mercados y vida cultural, pero también se ganaron una triste fama por la suciedad y miseria. Las ciudades de las Tierras Medias y el norte de Inglaterra, lugares como Birmingham y Manchester, se convirtieron en grandes centros urbanos en cuestión de décadas. Birmingham, en la actualidad la segunda ciudad más populosa de Inglaterra, está situada en las Tierras Medias Occidentales, a unos doscientos kilómetros al noroeste de Londres. En 1800, Birmingham era una animada ciudad de más de setenta y tres mil habitantes. Continuó creciendo como importante centro metalúrgico, entre otras actividades industriales; el censo realizado en 1851 señaló que la ciudad contenía más de 233.000 residentes.

Manchester se encuentra aún más al norte, a unos trescientos cuarenta kilómetros de Londres. Esta ciudad, que ya a principios de la Edad Moderna era un importante centro textil, comenzó a industrializarse a finales del siglo XVIII. Su proximidad al puerto de Liverpool, apenas a cincuenta kilómetros al oeste, le concedió un fácil acceso a las importaciones de algodón. En 1821 ya había sesenta y seis molinos de algodón; pocas décadas después eran cientos los que punteaban el paisaje urbano.[9] La transformación económica remodeló Manchester y la convirtió en una gran ciudad. La población se incrementó, pasando de sumar poco más de setenta mil habitantes en 1800 a más de trescientos mil en 1851.

Las nuevas ciudades industriales, famosas por su producción, también lo fueron por el precio que hubieron de pagar. El nivel medio de los hogares de los trabajadores procedentes del campo era bajo. La quema de carbón producía mal olor y niebla. Charles Dickens, en su novela *Tiempos difíciles*, 1854, describe las condiciones de vida en una típica ciudad del norte de Inglaterra, a la que llama Coketown[h] en vez de emplear el verdadero nombre de una localidad real. Tal como la describe Dickens, Coketown «era una ciudad de ladrillo rojo, es decir, de ladrillo que habría sido rojo si el humo y la ceniza se lo hubiesen consentido; como no era así, la ciudad tenía un extraño color rojinegro, parecido al que usan los salvajes para embadurnarse la cara. Era una ciudad de máquinas y de altas chimeneas, por las que salían interminables serpientes de humo que no acababan nunca de desenroscarse, a pesar de salir

---

h   Ciudad de coque. *(N. del T.)*

y salir sin interrupción. Pasaban por la ciudad un negro canal y un río de aguas teñidas de púrpura maloliente; tenía también grandes bloques de edificios llenos de ventanas, y en cuyo interior resonaba todo el día un continuo traqueteo y temblor y en el que el émbolo de la máquina de vapor subía y bajaba con monotonía, lo mismo que la cabeza de un elefante enloquecido de melancolía».[10] Coketown bien podría haber sido Manchester, pues esta ciudad podría ser el ejemplo arquetípico de muchas otras poblaciones de la época. La tecnología ha cambiado, pero el modelo de contaminación del aire y el agua se ha repetido en muchos centros industrializados de los siglos XX y XXI.

Londres era, con diferencia, la ciudad más populosa de Inglaterra, y llegaría a ser la más populosa del mundo. Como capital y centro económico de Gran Bretaña, ya en 1801 contaba con cerca de un millón de habitantes y un siglo después, en 1901, había crecido hasta superar los 6,2 millones. Londres era un gran centro de producción, pero no se trataba de una ciudad industrial con el paisaje dominado por fábricas, como Manchester. Tenía barriadas atestadas de indigentes, pero también presentaba un importante consumismo. La creciente población y la mezcla de actividades económicas requirieron más energía. La nueva sociedad industrial impulsó la extracción de combustibles fósiles. La calefacción, la fabricación y el transporte de productos dependieron de una gran cantidad de carbón, sobre todo tras la construcción de vías férreas y el metro londinense.

A pesar de las críticas recibidas, la nueva sociedad industrial se consideró el motor del progreso. Para los británicos de mediado el siglo XIX resultaba evidente que vivían en una época muy diferente a la pasada. La Gran Exposición de 1851 representó el progreso del momento. Este evento, cuyo nombre oficial fue «Gran exposición de los trabajos de la industria de todas las naciones», se convirtió en una especie de prototipo de lo que serían las ferias mundiales del futuro. El principal espacio de exposición, un gran edificio de vidrio llamado Palacio de Cristal, mostraba a cada visitante y transeúnte los singulares logros de la industrialización.

Dentro de la sala, los asistentes podían ver numerosas exposiciones de máquinas y productos comerciales. Multitudes de gente acudieron a la exposición, hasta el punto de que un agente de viajes llamado Thomas Cook comenzó a preparar trenes especiales; asistieron más de seis millones de personas.

La Revolución Industrial se extendió de Inglaterra a otros países europeos, norteamericanos y asiáticos. A principios del siglo XIX, surgió en Nueva Inglaterra una industria creada a partir de la tecnología importada de Inglaterra. La producción creció rápidamente a mediados y finales del siglo XIX en colonias industriales como Lowell, Massachusetts. En la Europa continental, Alemania se industrializó. La extracción de carbón en la cuenca del Ruhr, al noroeste del país, se incrementó de 1,7 millones de toneladas métricas en 1850 a 11,6 en 1870.[11] A finales del siglo XIX, el recién unido Imperio alemán se convirtió en el principal productor de acero y en referencia mundial para nuevos sectores económicos como las emergentes industrias químicas y eléctricas.

La industrialización también arraigó en Japón después de que Estados Unidos forzase su apertura al comercio. Desde el siglo XVII, los sogunes japoneses, jefes militares que gobernaban en nombre del emperador, habían cerrado el país a casi todo tipo de comercio con Occidente pero en 1853 el comodoro de la marina estadounidense Matthew C. Perry, realizando una demostración de fuerza, se presentó con sus barcos de guerra en la bahía de Edo, ciudad hoy conocida como Tokio. Esto inició un periodo de rápidos cambios y luchas políticas en Japón que llevaron a un renacer de la autoridad imperial, la restauración Meiji de 1868. La restauración imperial inauguró un periodo de rápida modernización durante la cual Japón recurrió a especialistas extranjeros y comenzó a industrializarse. La *Carta de juramento* de 1868 declara en uno de sus puntos: «Deberá buscarse el conocimiento a través de todo el mundo, de manera tal que se fortalezcan los cimientos del gobierno imperial».[12]

La industrialización llevó a una mayor aceleración en la extracción y empleo de combustibles fósiles. Esto no se debió a que las primeras industrias se basasen exclusivamente, e incluso básicamente, en las máquinas de vapor. Tal como en la actualidad aún revela el paisaje creado a principios de la Revolución Industrial, los molinos de agua desempeñaron una importante función: todavía quedan ejemplares de estos molinos en los ríos de las viejas colonias industriales, si bien es cierto que durante el siglo XIX se incrementó el empleo de la máquina de vapor. En Gran Bretaña, la fuerte rebaja del coste del empleo de las máquinas de vapor durante las décadas de 1830 y 1840 facilitó el cambio al empleo de nuevas fuentes de energía. La utilización de máquinas de vapor alimentadas por carbón incrementó la producción textil británica. En Estados Unidos los primeros molinos solían emplear agua como fuente de energía, pero el uso de las máquinas de vapor se incrementó a partir de la guerra de Secesión.

El nacimiento y desarrollo de la Revolución Industrial causó muchos efectos catastróficos para el futuro de la historia climática. La industrialización generalizó e intensificó el empleo de combustibles fósiles a un ritmo exponencial. En 1815, el consumo per cápita de carbón en Gran Bretaña era cincuenta veces superior al francés y más de treinta veces al alemán.[13]

El carbón continuó siendo, con mucha diferencia, el combustible fósil dominante a lo largo del siglo XIX, pero la industrialización también aceleró la extracción y empleo del gas y el petróleo. En 1859 comenzaron a realizarse prospecciones petrolíferas en Pensilvania, y el desarrollo de motores de combustión interna alimentados por gasolina creó un nuevo mercado para el petróleo. En 1861, un ingeniero alemán llamado Nikolaus Otto[i] diseñó un motor alimentado por gasolina; y en 1876 creó un motor de combustión interna de cuatro tiempos. En 1885, Gottlieb Daimler inventó un motor de alta velocidad,[j] y en 1913 Henry Ford comenzó la producción en masa del Ford T.[k] Los nuevos motores

---

i   Padre del cofundador de BMW. *(N. del T.)*
j   Uno de los fundadores de Mercedes-Benz. *(N. del T.)*
k   Fundador de Ford. *(N. del T.)*

incrementaron la demanda de petróleo y abrieron el camino para un futuro de enorme consumo energético dedicado al transporte.

La electrificación aumentó aún más la demanda de combustibles fósiles. Ya bien entrada la era industrial, muchos hogares permanecían mal iluminados. La luz de gas se extendió rápidamente durante el siglo xix. A finales de este siglo y principios del siguiente, una serie de inventores ingeniaron cómo generar energía eléctrica y cómo emplear la electricidad para producir luz. Por ejemplo, Thomas Edison inventó la primera lámpara incandescente con posibilidades de salir al mercado. La generalización de la luz artificial transformó el estilo de vida y trabajo de la gente y, además, creó una nueva fuente de demanda de combustibles fósiles, sobre todo carbón. Durante la mayor parte de la era industrial, las centrales térmicas alimentadas con carbón supusieron la principal fuente de energía eléctrica.

Además del petróleo y el carbón, el gas natural también pasó a ser un combustible fósil de vital importancia. Este se encuentra en pantanos y campos petrolíferos. A menudo se quemaba, pero pasada la Segunda Guerra Mundial se impuso el empleo a gran escala del gas natural, y este continuó creciendo durante el resto del siglo xx como importante combustible para calefacciones domésticas y plantas de generación energética.

El incremento exponencial del uso de combustibles fósiles hizo que la gente de las sociedades industriales tuviese a su disposición una cantidad de energía imaginable para los humanos existentes en cualquier otro momento de la historia mundial. La extracción y consumo de este tipo de combustibles contribuyó a que se realizasen viajes a una velocidad sin precedentes. Los viajes en tren eran tan rápidos que los primeros informes de la época nos muestran la preocupación por los posibles efectos nocivos para la salud que la velocidad pudiese generar. Lo cierto es que los viajes en tren comprimieron los conceptos de tiempo y espacio, como también lo hicieron las travesías a bordo de vapores. La gente común de la era industrial podía cubrir grandes distancias con relativa facilidad. Británicos, alemanes, americanos y otros residentes en países industrializados también disfrutaban de un acceso a la luz y el calor nunca antes soñado. La industrialización a finales del siglo XIX, y aún más durante el siglo XX, mantuvo una producción en masa que permitió un consumo en masa.

La energía y la velocidad también tenían un aspecto mortal, y no solo por las víctimas de accidentes laborales o de transporte. La industrialización de la guerra hizo del campo de batalla un lugar aún más mortífero, si cabe, para un gran número de combatientes y civiles. Más gente que nunca podía recorrer grandes distancias, más gente que nunca podía comprar ropa o utensilios para el hogar y más gente que nunca podía morir en la rápida sucesión de los campos de batalla de las dos guerras mundiales.

EL CARBONO Y EL CLIMA

La industrialización británica de finales del siglo XVIII y principios del XIX conformó el futuro del forzamiento climático, no tanto porque la primera etapa de la industrialización de un país alterase de modo dramático la química atmosférica, sino porque Gran Bretaña creó el sendero que seguirían muchas otras naciones, y que juntas contribuirían a un incremento del nivel de CO_2 en el aire. Nuestro concepto de eso que ahora llamamos «efecto invernadero» nació más o menos en esa época. El primero en describir la función de la atmósfera en el calentamiento de la Tierra fue un matemático y físico francés llamado Joseph Fourier; lo hizo en 1824. Determinó que la temperatura terrestre sería mucho más fría si careciese de atmósfera, y realizó una analogía recurriendo a experimentos anteriores que habían demostrado cómo una tapa de cristal tenía el efecto de calentar una caja.[14] Treinta y cinco años después, un físico irlandés llamado John Tyndall comenzó a experimentar con las propiedades radiativas de diferentes gases, descubriendo que algunos, como el vapor de agua y el CO_2, eran grandes absorbentes de calor. Propuso que los cambios de estos gases se podían vincular con el cambio climático. La idea de que el clima pudiese variar no obtuvo mucha aceptación en la época, aunque ya la habían promovido naturalistas como Louis Agassiz. En 1837, a partir de las obras de naturalistas anteriores y basándose en sus propias observaciones realizadas en los Alpes, Agassiz propuso que la Tierra había experimentado una gran «Edad de Hielo». Al principio, la comunidad científica rechazó su teoría de la glaciación, pero en la década de 1870 esta logró una mayor aceptación.

La investigación decisiva acerca del impacto de los gases de efecto invernadero se la debemos a Svante Arrhenius, físico sueco y Premio Nobel de Química en 1903, que en 1895 presentó un trabajo sobre el efecto del CO_2 y el vapor de agua en la temperatura terrestre. Posteriormente contribuiría a esclarecer la función en la retroalimentación del vapor de agua. Arrhenius calculó que el CO_2 elevaba la temperatura 21 °C respecto a la que habría si la Tierra careciese de atmósfera, y descubrió que el vapor de agua generado por ese calentamiento contribuía a elevarla otros 10 °C. En 1904 también advirtió que el incremento de CO_2 generado por la actividad industrial podía incrementar la temperatura de la atmósfera. La mayoría de los científicos de la época desecharon la idea: el planteamiento prevalente durante la primera mitad del siglo xx era que las consecuencias de la actividad humana eran o bien demasiado débiles para imponerse a las fuerzas naturales o, en cualquier caso, el incremento del CO_2 y el calentamiento consecuente serían beneficiosos. En la década de 1930, las medidas de temperatura tomadas a lo largo y ancho de Estados Unidos, que comenzaron a realizarse a finales del siglo xix, indicaron un calentamiento generalizado. En 1938, el ingeniero inglés Guy Stewart Callendar atribuyó el calentamiento al incremento de los niveles de CO_2 atmosférico. Escribió que pocos «estarían dispuestos a reconocer que la actividad humana podría tener influencia alguna en fenómenos de una escala tan gigantesca» pero que con su estudio confiaba en «mostrar que tal influencia no solo es posible, sino que está sucediendo en la actualidad». Llegó a la conclusión de que «el regreso de los mortíferos glaciares sería pospuesto durante tiempo indefinido» debido al calentamiento.[15]

Las consideraciones acerca del incremento del CO_2 causado por la actividad industrial comenzaron a cambiar en la década de 1950. Roger Revelle, un científico del Instituto Oceanográfico Scripps, y Hans Suess, del Servicio Geológico de Estados Unidos, afirmaron que «los seres humanos estamos llevando a cabo un experimento geofísico a gran escala, sin precedente en el pasado e imposible de repetir en el futuro. En cuestión de décadas devolveremos a la atmósfera y los océanos el carbono orgánico concentrado que lleva cientos de millones de años almacenado en las rocas».[16] Advirtieron de la falta de información disponible en la época, útil para predecir cambios en el clima como resultado del empleo de combustibles fósiles, sobre todo si continuaba su incremento exponencial, e invitaron a los geocientíficos a reunir esa información.

Revelle trabajó con Charles Keeling, también del Instituto Scripps, y Harry Wexler, del Servicio Meteorológico Nacional (de Estados Unidos), para comenzar a realizar mediciones directas del CO_2 atmosférico. La primera de estas mediciones tuvo lugar en el volcán hawaiano Mauna Loa, en 1958, y desde entonces se han realizado en muchos otros lugares. La concentración atmosférica anterior a 1958 se ha determinado a partir de las burbujas del aire atrapado en los núcleos de hielo: los valores en 1850 eran de 285 ppm,[17] una cifra situada en la parte superior del rango natural observado durante las fluctuaciones glaciales/interglaciales. El desarrollo de la industrialización en Europa y Norteamérica elevó las concentraciones de CO_2 por encima de las 300 ppm en vísperas de la Primera Guerra Mundial. Las primeras mediciones en Mauna Loa, 1958, mostraron que las concentraciones alcanzaban las 315 ppm.

LAS SEQUÍAS DEL SIGLO XIX

Mientras los seres humanos se convertían en agentes más activos del cambio climático, las fluctuaciones naturales continuaron afectando al crecimiento demográfico. La sequía era el fenómeno que planteaba los más grandes desafíos. Por ejemplo, Norteamérica sufrió varios periodos de sequía a finales del siglo xix. Una especialmente severa se extendió desde mediada la década de 1850 hasta mediada la década de 1860, afectando gravemente a los bisontes, que ya estaban siendo cazados en grandes cantidades. Otra fuerte sequía golpeó durante la década de 1870, y otra más en la de 1890.[18]

La sequía originada por El Niño a finales de la década de 1870 también afectó a otras regiones, como China, Corea, la India, Brasil, Egipto y el África meridional. Entre 1877 y 1879, la gran sequía brasileña devastó la economía del país. Los *retirantes*,[1] o refugiados locales, del nordeste, al enfrentarse a una muy posible muerte por inanición, abandonaron el *sertao*, el interior; la población disminuyó en, aproximadamente, un 90 % en dos años. Estos refugiados a causa de la sequía sufrieron más calamidades y peligros al hacinarse en ciudades costeras.[19] En la India, la mortandad sumó entre seis y diez millones de individuos. Aquellos que lograron salir de las regiones azotadas por la hambruna se trasladaron a lugares como Ceilán.[20] La sequía también se extendió por el norte de China a finales de la década de 1870. La hambruna, que duró desde 1877 hasta 1879, causó entre nueve y trece millones de muertes en las provincias septentrionales.[21] Una de las más afectadas fue Shanxi, situada en un altiplano formado por *loess*. La mala condición de los caminos dificultó la tarea de enviar ayuda a la provincia. La prensa de Shanghái se hizo eco de la magnitud de la tragedia y citó casos de necrofagia e incluso antropofagia.[22]

La pérdida de eficacia administrativa contribuyó a acentuar el desastre. En el pasado, el Imperio Qing había establecido un número de medidas destinadas a responder a la hambruna. Los oficiales habrían de comprar cereal a bajo precio y venderlo a precios igualmente bajos durante tiempos de escasez. También se previó una exención fiscal para las regiones afectadas. Los administradores habrían de investigar las condiciones locales y cola-

---

1   En portugués en el original. (*N. del T.*)

250

borar con las élites de la zona para proporcionar ayuda.[23] Pero a finales de la década de 1870, años de fuertes desafíos externos y problemas internos habían debilitado al Estado chino. Menos de cincuenta años después de haber rechazado las propuestas británicas para desarrollar el comercio, China se vio incapaz de neutralizar los ataques británicos durante la guerra del Opio, 1839-1842, y aún sufriría más pérdidas durante una segunda guerra, entre 1856 y 1860. China también padeció terribles rebeliones y alzamientos internos, entre ellos la Rebelión de los taiping, que convirtió vastas regiones del imperio en zonas de guerra y dejó millones de muertos. En la zona occidental, los musulmanes se rebelaron en la provincia de Xinxiang.

El Imperio Qing que se enfrentó a las sequías de El Niño durante el siglo XIX fue un Estado mucho menos eficiente que la China de las generaciones pasadas en el momento de encarar una hambruna. Los años de guerra y agitación dañaron el sistema de almacenamiento de cereal. La reserva de grano era inferior a la mitad existente durante los mejores años de la dinastía Qing.[24] Las derrotas también contribuyeron a que se otorgase prioridad al aprovisionamiento militar que a la ayuda civil.[25] El equilibrio de los Qing se rompió cuando hubo de encarar amenazas acuciantes. Los simpatizantes de un movimiento partidario de fortalecer China intentaron hacer que los gobernantes Qing empleasen el dinero destinado a mejorar las fortificaciones costeras para paliar la hambruna.[26] Con el fin de encarar estas acuciantes necesidades, la corte de los Qing intentó continuar fortaleciéndose al tiempo que trataba de paliar la hambruna.[27]

La mortandad causada por las hambrunas provocadas por El Niño fue tan horrorosa como asombrosa porque parece revertir la tendencia hacia una mayor resistencia de los humanos frente a las fluctuaciones climáticas. La sequía y la respuesta de las personas afectaron a las posibilidades de supervivencia de la población en regiones azotadas por el hambre. Por ejemplo, los oficiales británicos destacados en la India se enorgullecieron por sus campañas dirigidas a obtener donaciones para los hindúes, aunque algunos de esos mismos oficiales opinasen que la política británica era desestabilizadora. Algunos indios ponían en duda el compromiso británico por evitar la hambruna. *Sir* Surendranath Banerjee, uno de los primeros nacionalistas indios, argumentó que el resultado de la sequía ponía de manifiesto las carencias gubernamentales. «Pero nos dicen que las hambrunas se deben a la sequía; que son el resultado de causas naturales, y que los Gobiernos y las instituciones son incapaces de paliarlas. Y nos preguntamos... ¿Acaso la sequía afecta solamente a la India? [...] Otros países sufren sequías, pero no padecen hambrunas».[28]

El siglo XIX concluyó con otra severa manifestación de El Niño. En 1898, la sequía golpeó a la China septentrional. Muchos campesinos se encontraron sin comida. Desesperados por la falta de alimentos, comieron cortezas de árboles y casi cualquier cosa que pudieron encontrar. Algunos incluso vendieron a sus hijos. La magnitud del desastre asombró a un observador: «En el interior se ha desatado una terrible hambruna. Toda nuestra ruta [...] es un desierto y este año la mortandad por inanición debe de ser enorme».[29] La sequía y la hambruna en China contribuyeron al alzamiento conocido como Rebelión de los bóxers. Los bóxers, practicantes de artes marciales y seguidores de una mezcolanza de prácticas religiosas y espirituales, se oponían a la creciente influencia extranjera en China y a la actividad de los misioneros cristianos. Lo cierto es que atribuían el mal tiempo a la influencia extranjera. En sus pasquines se leía: «Cuando los extranjeros sean exterminados, caerá la lluvia».[30] Los rebeldes atacaron a las misiones y a los misioneros, así como a las vías ferroviarias y las líneas telegráficas. Obtuvieron el apoyo de Cixi, la viuda emperatriz, y marcharon sobre Pekín, donde asediaron las delegaciones extranjeras hasta que una fuerza militar internacional compuesta por soldados de países como Japón, Rusia, Francia, Gran Bretaña, Estados Unidos y Alemania, tomó la capital en agosto de 1900.

El Niño originó otra severa sequía en buena parte de la India. La debilidad del monzón correspondiente a la primavera de 1896 causó una subida del precio del cereal; en otoño estallaron disturbios por el grano. «Los disturbios por el grano ya habituales», escribió R. Hume, un misionero americano, en una carta dirigida al *New York Times*. Julian Hawthorne, hijo del novelista Nathaniel Hawthorne,[m] describió cómo pudo ver los cadáveres de familias enteras desde la ventana del tren: «Allí estaban, en cuclillas, muertos, con las ligeras vestimentas flotando a su alrededor».[31] En Bombay murieron casi setecientas cincuenta mil personas. Lord Elgin, el virrey, estimó un total de cuatro millones y medio de muertes, pero aún perecieron muchos más en 1898, con el regreso de las lluvias. Nuevas alteraciones en el ciclo monzónico azotaron la India. La hambruna regresó en 1899, causando millones de muertos en la península del Indostán.

Las hambrunas de la década de 1890 y de principios de la de 1900 que causaron la ruina de la India, China, el nordeste de Brasil, las Indias Orientales Holandesas y África fueron resultado de la interacción de fluctuaciones climáticas y acciones humanas. El Niño causó una condición de aridez generalizada. La falta de lluvia fue la primera causa del fracaso de las cosechas, pero la mortandad y la miseria fueron especialmente asombrosas si tenemos en cuenta que los países occidentales ya habían logrado ser capaces de evitar crisis de subsistencia. Las fluctuaciones climáticas aún podían afectar a las cosechas y al suministro de agua, pero el mundo industrializado ya había conseguido una enorme capacidad para resistir frente a las típicas fluctuaciones climáticas del Holoceno sin sufrir una terrible mortandad y una desgarradora miseria. ¿Entonces, por qué murieron tantos en India, China, el nordeste de Brasil, las Indias Orientales Holandesas y el África oriental y meridional?

Además de las consecuencias de El Niño, el debilitamiento de los Gobiernos locales y el poder de las ideologías occidentales exacerbaron los efectos de la sequía. El momento y el lugar de estas hambrunas, en pleno imperialismo, también han llevado al aná-

---

m   Autor, entre otras, de *La letra escarlata. (N. del T.)*

lisis de la función de Occidente, sobre todo Gran Bretaña. En la India, Gran Bretaña no se abstuvo por completo de proporcionar ayuda, pero su persistencia en la libertad de comercio y el deseo de mantener bajos los costes administrativos agravaron los efectos de la hambruna. Lo cierto es que la India continuó exportando grano durante las hambrunas de 1878 y 1896, y también durante la de 1899-1900.[32]

En Filipinas también sufrieron la sequía, y el ejército estadounidense, que se las acababa de arrebatar a España en la guerra hispano-estadounidense, redujo el suministro de alimento para aplastar a la insurgencia nativa. Las fuerzas norteamericanas destruyeron almacenes de arroz en 1900... Las muertes resultantes fueron predecibles. El coronel Dickman, que escribió informes sobre Filipinas, afirmó: «Mucha gente habrá muerto de hambre en el plazo de seis meses». A su vez, la hambruna elevó la mortandad causada por las epidemias.[33]

Las respuestas políticas también agravaron la hambruna en Brasil. Las ciudades portuarias del litoral brasileño intentaron bloquear a los desplazados procedentes del interior. Muchos de estos buscaron refugio en un movimiento religioso dirigido por Conselheiro, un predicador místico creador de algo que calificó como una ciudad santa. Las fuerzas enviadas por el Gobierno brasileño, temerosas de que este movimiento persiguiese algún fin radical, atacó a la base del mismo, la comunidad de Canudos, en el estado de Bahía. Hay pocas pruebas que demuestren la intención de los pobladores de Canudos por intentar rebelarse contra Brasil, aunque la migración a la ciudad supuso la posibilidad de sufrir cierta escasez de mano de obra. La guardia católica encargada de la defensa repelió a las tropas federales en varias ocasiones hasta que un asalto lanzado por estas logró tomar la plaza.[34]

El Gobierno imperial acentuó el padecimiento en el sur y el este de África al acelerar la transmisión de enfermedades. La peste bovina es causada por un virus letal para el ganado, capaz de diezmar cabañas enteras, con el consecuente daño para la economía local. Las rebeliones estalladas en África a finales del siglo XIX y principios del XX contra los recién implantados regímenes imperiales europeos culpaban a los recién llegados de la enfermedad que estaba acabando con el ganado y de las cada vez menos fiables condiciones climáticas. Tal como informaba un dirigente religioso a los guerreros que se rebelaron contra los británicos en 1896, en el actual Zimbabue, «esos hombres blancos son vuestros enemigos. Han matado a vuestros padres, traído la langosta, causado la enfermedad en los animales y hechizado a las nubes para que no tengamos lluvia».[35] La sequía reforzó el resentimiento contra el Gobierno colonial hasta causar revueltas en Mozambique y Tanganica (la moderna Tanzania). Las fuerzas alemanas destacadas en el África oriental respondieron a la Rebelión maji maji, 1905-1907, con una campaña de exterminio.

En 1896 la peste bovina llegó a Namibia, por entonces llamada África del Sudoeste Alemana, y no tardó en acabar con la mayoría del ganado del pueblo herero. El programa de vacunación emprendido por Alemania obtuvo resultados dispares, pues al principio mató a muchas de las reses vacunadas. La epidemia, junto con la gran pérdida de vidas causada por la malaria y el tifus, dañó gravemente a la sociedad de los hereros y contribuyó a la rebelión protagonizada por este pueblo en 1904. El general Lothar von Trotha, comandante en jefe de las fuerzas alemanas en Namibia, respondió con una campaña de destrucción que los historiadores han descrito como un caso de genocidio perpetrado a principios del siglo XX.

Las sequías vinculadas a ENOS continuaron ya entrado el siglo XX, como la sufrida durante las décadas de 1930 y 1950 en Norteamérica. Como sucediese durante la prevalencia de las condiciones de La Niña, que originaron periodos de sequía en Norteamérica durante la ACM, las frías aguas tropicales del océano Pacífico compusieron el escenario propicio para esas sequías sufridas en el siglo XX. En el caso del Dust Bowl,[n] un fenó-

_____

n   En inglés, «Cuenco o Tazón de Polvo». (N del T.)

255

meno que en las Grandes Llanuras de Estados Unidos provocó terribles pérdidas agrícolas y la migración de millones de personas, la deficiente gestión de las tierras de labor aumentó los efectos de la sequía causada por La Niña. Así, el roturado de campos para plantar trigo, que es vulnerable a la sequía, junto con inadecuados métodos de cultivo, llevaron a la degradación del terreno. Cuando golpeó la sequía, a principios de la década de 1930, la pérdida de suelo generada por la erosión del viento se tradujo en grandes tormentas de polvo. El velo de polvo en suspensión bloqueó la luz solar y acentuó los efectos de la sequía.[36]

LAS GUERRAS MUNDIALES Y EL FORDISMO

Ya bien entrada la era industrial, los eventos de El Niño dieron lugar a fluctuaciones climáticas más dramáticas que aquellas debidas al forzamiento causado por la actividad humana, pero la escala de industrialización continuó aumentando a lo largo del siglo xx. El consumo y la producción de energía se incrementaron en varias etapas. El crecimiento económico no fue lineal. La Primera Guerra Mundial infligió un daño considerable a la economía del mundo, y su recuperación fue desigual durante los años veinte. Floreció en Estados Unidos, pero en las naciones europeas mostró unos índices de crecimiento más modestos. La caída de la bolsa de valores en 1929 y la Gran Depresión de los años treinta supusieron las mayores crisis de la economía mundial y el sistema capitalista. A pesar de semejante golpe, y de la súbita contracción de la producción industrial en países como Estados Unidos, Gran Bretaña o Alemania, la huella de la industrialización bastaba para que la concentración de CO_2 atmosférico continuase creciendo, aunque a un ritmo mucho menor que en la segunda mitad del siglo xx.

La Segunda Guerra Mundial produjo dos cosas: crecimiento económico y devastación. En Estados Unidos ya había finalizado la Gran Depresión. El producto interior bruto (PIB) creció aproximadamente un 70 % entre 1940 y 1945, y el país salió de la conflagración encaminado a convertirse en una superpotencia mundial. Al mismo tiempo, los países que conformaron el escenario bélico sufrieron un enorme daño en su infraestructura y, al final de la guerra, en la producción.

Pocos años después del final de la contienda, la economía mundial entró en un periodo de rápido crecimiento durante el cual la producción y el consumo masivo de bienes duraderos se incrementaron a pasos agigantados gracias a un modelo económico llamado «fordismo». Henry Ford fue el primero en introducir tal sistema de producción con la manufactura del modelo T, a principios del siglo XX, sacándolo al mercado a un precio tan asequible que permitió a una gran cantidad de personas adquirirlo. La combinación de producción en masa de bienes durables (artículos de precio respetable diseñados para durar cierta cantidad de tiempo), el elevado consumo o compra de dichos bienes y unos sueldos lo bastante altos para hacer posible estas adquisiciones recibió el nombre de fordismo, aunque el fordismo ya se encontraba en sus primeros estadios de desarrollo antes de la Segunda Guerra Mundial.

Concluida la Segunda Guerra Mundial, el fordismo como modelo económico se estableció con mucha más firmeza en el mundo industrializado. Por ejemplo, a finales de la década de 1940 la compra de casas y la adquisición de vehículos eran una rareza en Europa, pero pasó a ser un fenómeno habitual en los años sesenta y continuó creciendo a partir de entonces. Del mismo modo, la compra y propiedad de otros bienes durables, como lavadoras, experimentó un crecimiento exponencial. En general, los años cincuenta y sesenta fueron testigos de un índice de crecimiento sin precedente. En la Alemania occidental de la posguerra, la gente hablaba de un «milagro económico». El primer ministro británico, Harold Macmillan, declaró en 1957: «Vamos a ser sinceros al respecto... La mayoría de nuestro pueblo nunca había estado tan bien. Visiten la campiña, las ciudades industriales o las granjas y serán testigos de un estado de prosperidad como no he visto en mi vida... En realidad, como nunca se había visto en la historia de este país».[37] Lo cierto es que la economía británica crecía a un ritmo inferior al de muchos de sus pares europeos pero, en general, estas observaciones son correctas. El fordismo de posguerra elevó la producción y el nivel de vida, y ese nuevo nivel de vida incrementó la demanda de combustibles fósiles. Aumentó la extracción de carbón, aunque la contribución a la producción total varió en distintos países y regiones. En realidad, hubo zonas en las que la extracción de carbón disminuyó debido a las fluctuaciones originadas por nuevos competidores y el reemplazo de este mineral por petróleo y gas natural en muchas actividades, como el transporte. Por ejemplo, la producción de carbón en el Reino Unido alcanzó su máximo antes de la Primera Guerra Mundial. En la República Federal Alemana disminuyó debido a un cambio hacia otras fuentes de energía, como el petróleo y el gas. Al mismo tiempo, la producción y consumo de carbón pronto comenzó a experimentar un crecimiento en China. En Estados Unidos, la extracción de carbón creció a principios del siglo xx, fluctuó durante las guerras mundiales y la Gran Depresión, y de nuevo experimentó un acentuado incremento durante la segunda mitad del siglo xx.

A lo largo de buena parte del siglo pasado, la extracción y consumo de petróleo creció a un ritmo más rápido que la producción de carbón. La demanda petrolífera estadounidense intensificó las perforaciones y prospecciones, además de convertir a la industria extractora de petróleo en la más importante de lugares como Luisiana y Texas. La demanda global se incrementó a ritmo especialmente rápido tras la Segunda Guerra Mundial, proporcionando riqueza a los productores petrolíferos más importantes, sobre todo Arabia Saudí, donde las prospecciones hallaron importantes yacimientos en la década de 1930.

La Revolución Industrial, la explotación de combustibles fósiles llevada a una nueva escala y la expansión de una industrialización alimentada por este tipo de combustibles contribuyeron a un importante incremento de los niveles de CO_2 atmosférico. Las medidas obtenidas en Mauna Loa comenzaron durante la explosión económica de posguerra. La primera medición de una media anual determinó 315,98 ppm, lo cual indica un importante incremento respecto a las 285 presentes en los núcleos de hielo correspondientes a las primeras etapas de la Revolución Industrial.

Como advirtió Callendar a finales de la década de 1930, las temperaturas aumentaron, pero se estabilizaron desde la década de 1940 hasta entrada la de 1970. Las explicaciones para esta pausa en el calentamiento proponen una menor actividad solar, el efecto de las erupciones volcánicas y un enfriamiento vinculado con las variaciones orbitales. Mientras los científicos debatían la causa del estancamiento, las medidas obtenidas en el hemisferio sur revelaron que esa fase pudo haber sido un fenómeno específico del hemisferio norte más que un acontecimiento global. Eso llevó a que algunos científicos propusieran que las partículas emitidas por las fábricas, que llegaban a bloquear la luz solar, fueron responsables de este periodo de estabilidad, puesto que la mayor parte de la actividad industrial se encontraba en el hemisferio norte. Esta hipótesis ganó partidarios en décadas posteriores pues, en esa época, la acumulación de CO_2 atmosférico anulaba el efecto refrigerante de la contaminación.

LA GLOBALIZACIÓN

Un nuevo auge de la industria y la extracción y empleo de combustibles fósiles tuvo lugar con la industrialización global de finales del siglo xx. No fue la primera época globalizadora, pero fue el primer periodo de globalización que vio cómo la industria se enraizaba en buena parte del mundo. Las antiguas potencias industriales se enfrentaron a nuevos desafíos económicos en la década de 1970, cuando la época del fuerte y rápido crecimiento de posguerra tocó a su fin, pero la cantidad global de producción industrial alcanzó nuevas cotas a finales del siglo xx y principios del xxi. La globalización de la industria transformó las economías mundiales. Gran parte de Extremo Oriente experimentó un extraordinario nivel de industrialización. Japón, el primer motor industrial asiático, ingresó en un periodo sostenido de alto crecimiento económico desde los años de posguerra hasta la década de 1990. Compañías japonesas como Toyota, Sony y Honda se convirtieron en nombres de marcas habituales en los hogares de todo el mundo. En 1990, Japón era la tercera potencia exportadora mundial. El progreso económico japonés fue tal que el éxito del país causó preocupación en algunos sectores. Otros vieron el país como una fuente de lecciones modélicas, tema que trató un libro publicado en 1979 titulado *Japan as Number One: Lessons for América.*[o]

El crecimiento originado por la exportación proporcionó un camino similar para la expansión económica de otras naciones asiáticas, como Corea del Sur y Taiwán. Concluida la guerra de Corea, 1953, Corea del Sur era un país empobrecido. Sí, aunque parezca imposible imaginarlo a principios del siglo XXI, con Corea del Norte convertida en sinónimo de miseria y desnutrición para la inmensa mayoría de sus ciudadanos, el PIB surcoreano no era superior al norcoreano en la década de 1950. La economía de Corea del Sur continuó siendo relativamente pequeña durante los años posteriores a la guerra, pero el crecimiento originado por la economía orientada a la exportación llevó a un repentino incremento del PIB desde la década de los setenta hasta los años noventa y principios de la década de 2000. Las empresas productoras surcoreanas, como Hyundai, se convirtieron en importantes exportadores mundiales. Este modelo económico resultó atractivo para economistas y dirigentes políticos que buscaban incrementar la producción y el crecimiento en otros lugares. Otros países asiáticos, como Malasia, Indonesia y, en época más reciente, Vietnam (por citar solo algunos ejemplos), se dedicaron al mismo modelo de crecimiento originado por una economía orientada a la exportación.

---

o   Literalmente: *Japón como número uno: lecciones para América.* Hay trad. cast. Vogel, Ezra F., *Japón, 1,* Técnicos Asociados, S.A., Barcelona, 1981. *(N. del T.)*

Con diferencia, el caso más asombroso de crecimiento originado por una economía orientada a la exportación tuvo lugar en la República Popular China. Años de lucha entre comunistas y nacionalistas, además de las intervenciones de ciertos señores de la guerra, intercalados con la dura ocupación japonesa antes y durante la Segunda Guerra Mundial, concluyeron con la victoria comunista tras la guerra civil desatada entre 1945 y 1949. Las fuerzas nacionalistas del Kuomintang se exiliaron en Taiwán. En la China continental, el Partido Comunista, dirigido por Mao Tse-Tung, fundó la República Popular China.

Una vez en el poder, Mao y el Partido Comunista colectivizaron la agricultura e intentaron impulsar la industria pesada mediante un plan centralizado. A finales de la década de 1950, Mao intentó acelerar el proceso con el Gran Salto Adelante. El Partido Comunista exhortó a los campesinos para que produjesen acero en hornos caseros. Gran parte del acero obtenido era inútil, y el abandono de las labores agrarias acentuó la hambruna. Murieron decenas de millones de personas. Tras el Gran Salto Adelante, Mao recuperó la iniciativa política como dirigente supremo gracias al programa de la Revolución Cultural, que se extendió desde 1966 hasta su muerte, en 1976. Entonces China aún tenía una economía preeminentemente agrícola que suponía un pequeño porcentaje de las exportaciones mundiales, muy inferíos al de países como Japón, la República Federal Alemana y los Estados Unidos.

La economía china y el futuro del clima mundial dieron un giro decisivo bajo la dirección de Deng Xiaoping. Este veterano comunista, que participó en la Larga Marcha cuando el ejército Rojo chino escapó de la destrucción tras los ataques de sus enemigos nacionalistas, hubo de enfrentarse a la persecución durante la Revolución Cultural, cuando lo tildaron de «seguidor de la vía capitalista». En la década de 1970 protagonizaría un notable regreso a la política. Deng estaba decidido a mantener el poder comunista… En 1989, aplastó las protestas a favor de la democracia en la plaza de Tiananmén, Pekín; pero también se propuso reformar la economía china. Con ese fin, buscó obtener inversiones extranjeras y creó zonas comerciales libres de impuestos. Esto dio paso a décadas de una fuerte economía dirigida a la exportación que llevaría a China a ser el principal exportador del mundo en 2009 y la mayor economía exportadora en 2013.

En el ámbito interno, la transformación de China llevó a una rápida urbanización y nuevos patrones de consumo. Aunque una gran cantidad de chinos permanecieron en las zonas rurales del interior, hubo docenas de ciudades que experimentaron un repentino crecimiento demográfico. La proporción de la población urbana creció de un 13 % en 1950 a un 57 % en 2016. Además de asentarse en ciudades de fama mundial, como Pekín y Shanghái, centenares de ciudadanos chinos fueron a vivir a otras apenas conocidas en el resto del mundo, como Changshá, Hefei, Quanzhou, Xiamen, Hangzhou, Shenyang, Zhengzhou, Suzhou, Xi'an y Chongqing, entre muchas otras.

La rápida urbanización se convirtió en norma a finales del siglo xx y principios del xxi. La India es un ejemplo complicado al no haber disfrutado jamás del mismo índice de crecimiento causado por una economía orientada a la exportación que países de Extremo Oriente como Japón y China. Por otro lado, es evidente que la India ha experimentado un cierto incremento en la proporción de población urbana, aunque mantiene una inmensa población rural, y que el PIB per cápita experimentó un fuerte crecimiento a principios del presente siglo. A su vez, la urbanización llevó a cambios en los gustos y las preferencias del consumidor, además del consumo masivo.

Durante las últimas décadas, la expansión de la industria y el consumo masivo han sido especialmente sorprendentes en Asia, pero esta ha sido una tendencia mundial, a pesar del hecho de que en 2011 hubiese más de mil millones de personas viviendo con menos de 1,25 dólares americanos al día. La población urbana creció en Iberoamérica. África también experimentó un crecimiento de su población urbana, al igual que Próximo Oriente y el norte de África.

El contraste respecto a la situación a principios del siglo xx es asombroso. Puede ser difícil realizar una comparación precisa de poblaciones urbanas, dadas las diferencias en los sistemas del censo de ciudades o grandes áreas metropolitanas, pero la tendencia general es evidente. En 1900, cuando Londres era la ciudad más grande del mundo, había otras diez con al menos 1.418.000 habitantes, es decir, la población de Filadelfia en 1999... Por entonces, a principios del siglo xx, la décima ciudad más populosa de la Tierra. A principios del siglo xxi había más de doscientas ciudades con poblaciones superiores al millón cuatrocientos mil habitantes y alrededor de treinta con más vecinos que el Londres de 1900. La industrialización y la globalización habían dado paso al surgimiento de muchos «Londreses» en el mundo, núcleos no necesariamente medidos según su influencia cultural o poder económico, sino por su población. El superior nivel de vida medio londinense implicaba que el ciudadano medio de la urbe dejaba una huella energética mayor, como sucedía en cualquier otra parte de Occidente, pero también que el resto del mundo intentaba ponerse a su altura.

En teoría, la vida urbana podría reducir la huella de carbono per cápita de una sociedad industrializada gracias a un mayor empleo del transporte público y viviendas de menor tamaño, pero el cambio del campo a la ciudad llevó a un mayor consumo energético. Los residentes de las crecientes ciudades, los que se lo podían permitir, adquirían los mismos bienes que sus homólogos occidentales. Por ejemplo, en China solo funcionaban cuatro millones de frigoríficos en 1985, pero a finales de ese mismo siglo, poseer un frigorífico se estaba convirtiendo rápidamente en norma dentro de los hogares urbanos chinos. Lo mismo sucedió con la posesión de otros bienes como televisores o lavadoras. La propiedad de frigoríficos también experimentó un rápido crecimiento en la India, aunque el porcentaje de propiedad ha permanecido muy inferior al chino.

Los residentes y ciudadanos de sociedades urbanas e industrializadas ubicadas en climas cálidos también solían adquirir aparatos de aire acondicionado. Las ventas de estos aparatos se elevaron a un ritmo de un 20 % anual en la India. En las áreas urbanas de este país, muros de aparatos de aire acondicionado sobresalieron en las ventanas. El porcentaje de hogares urbanos chinos con aire acondicionado se elevó de un 8 % a un 70 % entre 1995 y 2004.[38] La explosión del crecimiento de propiedad y uso de aparatos de aire acondicionado parecía destinada a continuar en un futuro cercano. Estos aparatos también impulsaron el crecimiento de nuevos barrios. Nuevas zonas residenciales y el desarrollo de los cinturones urbanos de lugares como Shanghái o Cantón prometían todas las comodidades de un próspero estilo de vida. Sus residentes conducirían coches y disfrutarían de las mejores comodidades. El aire acondicionado los mantendría frescos. Con la refrigeración artificial de residentes de barrios y ciudades los países beneficiados por una rápida modernización siguieron un patrón muy similar al previamente marcado por los núcleos urbanos estadounidenses. ¿Cuán numerosa habrían sido las poblaciones de los cinturones urbanos de Houston o Atlanta sin aparatos de aire acondicionado?

El crecimiento de estos aparatos no solo elevó el consumo de energía, sino también amenazó con emitir grandes cantidades de toda una familia de fuertes gases de efecto invernadero. La producción de clorofluorocarbonos (CFC), el conocido freón, comenzó en la década de 1930 con el fin de ser empleado en la refrigeración, aparatos de aire acondicionado y como propelente de aerosoles. El CFC absorbe calor con una eficiencia miles de veces superior a la del CO_2, pero su mayor impacto ambiental tiene lugar en los estratos superiores de la atmósfera, donde reacciona con la protectora capa de ozono. El Protocolo de Montreal, un acuerdo internacional destinado a la eliminación gradual del empleo de CFC, destructor de ozono, se implementó en 1989. Los hidroclorofluorocarbonos (HCFC) y los hidrofluorocarbonos (HFC) reemplazaron al CFC, ayudando a preservar la capa de ozono, aunque aún permanece su potencial efecto favorecedor del calentamiento global. Aunque en la actualidad contribuye en menos de un 1 % al calentamiento causado por la actividad humana debido a su escasez, se estima que su empleo continuado podría haber supuesto alrededor de un 10 % del calentamiento antropogénico a mediados de siglo si no se hubiese abandonado su empleo.

Las fábricas y ciudades chinas, y de otras grandes franjas del mundo industrializado y urbano, solían depender del carbón como fuente de energía. Por ejemplo, las ciudades chinas no solo cobraron fama por su dinámico crecimiento, sino también por la excepcionalmente elevada contaminación ambiental. Con el fin de hacer el aire respirable y poder organizar los Juegos Olímpicos de 2008, las autoridades chinas ordenaron el cierre temporal de las fábricas cercanas. Las mediciones de la calidad del aire tomadas en la embajada estadounidense en Pekín acostumbraban a ser tan malas que excedían el valor 500 en la escala del Índice de Calidad del Aire... Que al principio había fijado 500 como valor máximo. En enero de 2013, la prueba realizada en la embajada dio un resultado de 755. La ciudad de Harbin, en el nordeste de China, se cerró virtualmente en octubre de ese mismo año (muchas escuelas dejaron de funcionar y se bloquearon carreteras), cuando el esmog llegó a ser tan denso que la concentración de partículas en suspensión fue cuarenta veces superior al considerado seguro por la Organización Mundial de la Salud. Tales resultados han llamado la atención, pero lo cierto es que algunas ciudades indias han dado cifras aún peores en las medidas de la calidad del aire, con un nivel medio diario en enero de 2014 superior a 400 y picos por encima de 500.

La expansión global de la industria y la urbanización, muy dependiente de un empleo cada vez mayor de combustibles fósiles, generó un abrupto incremento de las emisiones de CO_2. En 1958, cuando comenzaron a tomarse las mediciones, la concentración de anhídrido carbónico atmosférico ya era superior al hallado en los núcleos de hielo, máxima fijada en 315 ppm. La concentración global superó las 400 ppm en 2016.

LA RUPTURA DE RESTRICCIONES

La industrialización, la urbanización y el desarrollo económico alimentados por combustibles fósiles construyeron y remodelaron la relación de los humanos con el clima. Las sociedades complejas de principios de la Edad Moderna, y de la Edad Moderna en general, ya habían desarrollado una mayor resistencia frente a las fluctuaciones climáticas. Las mejoras agrícolas, la mayor capacidad administrativa y el mejor transporte acabaron con las épocas de importantes crisis de subsistencia en sociedades como la inglesa o la china de los Qing en su apogeo.

La nueva era de industrialización global llevó estas tendencias al extremo. Los centros de población se situaron lejos de las zonas con el clima apropiado para proveer de abundancia alimenticia. En ciudades como Londres, la población de la época preindustrial dependía del aprovisionamiento de la urbe. Guiaban a los animales por la calle para llevarlos al matadero. Lo cierto es que esta práctica no se abandonó hasta bien entrada la época industrial. A muchos los llevaban al mercado de Smithfield. Charles Dickens, en su novela *Oliver Twist*, nos da una idea de las dimensiones del mercado: «Todos los corrales situados en el centro de aquella dilatada explanada y muchos otros instalados con carácter provisional en los huecos vacantes estaban atestados de carneros, y a uno y otro lado de los mismos, en hileras interminables, veíanse bueyes y reses de toda clase formadas en filas de a cuatro en fondo. Lugareños, campesinos, carniceros, carreros, arrieros, muchachos, ladrones, raterillos, ociosos y vagabundos de toda clase se mezclaban, confundían y apelmazaban en revuelta masa. Los silbidos de los carreros, los ladridos de los perros, los bramidos y mugidos de los bueyes, los balidos de las ovejas, los chillidos y gruñidos de los puercos, los gritos de los cocheros...».[39]

Aunque los animales se podían llevar a pie hasta Londres, los grandes centros de población de los siglos xx y xxi surgieron cada vez con más frecuencia a gran distancia de las zonas apropiadas para el cultivo o el cuidado de los animales. En Estados Unidos, este proceso comenzó en una época relativamente temprana. Cuando el centro agrícola se desplazó al oeste durante el siglo XIX, las crecientes ciudades de la costa atlántica pasaron a depender de una vasta red de distribución alimenticia. Se podía cultivar cerca de las ciudades del este, aunque no a un coste tan bajo como en las nuevas zonas agrícolas del Medio Oeste. El siglo XX fue testigo del aumento de aglomeraciones urbanas y suburbanas en áreas con climas muy poco adecuados para el mantenimiento de una población numerosa. Tal fue el caso de las ciudades del Cinturón del Sol del oeste y el suroeste estadounidenses.

Las Vegas nos proporciona un ejemplo de cómo el desarrollo se separó del clima. Esta ciudad tiene una media de precipitaciones de poco más de 100 mm anuales, bastante por debajo del nivel considerado desértico, y en sus principios no fue más que un minúsculo asentamiento: en 1900 la población total era de veinticinco personas. En 1960, la población sumaba más de sesenta y cuatro mil, y en 2010 Las Vegas ya contaba con más de 584.000 residentes. La ciudad obtenía la mayor parte de su suministro acuático del lago Mead, un enorme cuerpo de agua artificial creado con la presa Hoover, obra concluida en 1936.

Las Vegas no fue una anomalía: vivimos en un mundo en el que muchos centros de población han ampliado las conexiones entre las comunidades humanas y la presencia de agua. China posee sus propias ciudades del desierto, y tiene planes para construir más: en 2012, una empresa de desarrollo anunció proyectos para alisar montañas y construir una nueva área metropolitana a las afueras de Lanzhou, al noroeste de China. Las ciudades chinas de la árida zona de Sinkiang, una región occidental, experimentaron un rápido crecimiento demográfico.

La extracción y empleo intensivo de combustibles fósiles proporcionó a muchas regiones una capacidad de transporte muy superior a la de épocas preindustriales. La Revolución Industrial contribuyó a la consecución de un gran crecimiento demográfico. El censo de 1801 realizado en Gran Bretaña calculó que la población de Gales y la de Inglaterra sumaban 8.900.000 individuos, y que en Escocia residían algo más de 1.600.000. En 1901 esas cifras ascendieron a treinta y dos millones para Gales e Inglaterra y 4.470.000 en Escocia. Lo cierto es que la proporción de gente con ancestros predominantemente europeos alcanzó su cúspide alrededor de esta época.

Durante el siglo xx, la población mundial ascendió de unos mil seiscientos millones de individuos en 1900 a dos mil quinientos cincuenta millones en 1950. La verdad es que el ritmo de crecimiento se incrementó durante la segunda mitad del siglo xx a más de seis mil millones en 2000. Este crecimiento demográfico fue posible gracias a un estallido de la productividad y obtención de productos agrícolas, la llamada «revolución verde», resultado de un empleo intensivo de combustibles fósiles. Esta revolución verde llevó a una creciente distribución y uso de nuevas semillas, pesticidas, fertilizantes y maquinaria. Los fertilizantes más importantes combinan el nitrógeno con el hidrógeno obtenido a partir del gas natural, y la mejora del regadío a menudo requirió combustibles fósiles para alimentar sus bombas. La adición de fertilizantes lleva a la emisión de anhídrido hiponitroso,[p] un potente gas de efecto invernadero. En total, la revolución verde añadió aún más gases de efecto invernadero a la atmósfera e incrementó el empleo energético de la agricultura entre cincuenta y cien veces.[40]

El uso intensivo de combustibles fósiles también sostuvo la economía de servicios, que en general se ha convertido en el mayor sector de las economías ya bien asentadas. Ya sea en Inglaterra, Estados Unidos, Alemania o cualquier otro motor de las primeras etapas industriales, lo cierto es que en la actualidad hay mucha más gente trabajando en servicios, oficinas, hospitales o escuelas, que en fábricas o minas; pero esos empleados del sector servicios todavía dependen de la energía generada en gran medida por combustibles fósiles. El tránsito al trabajo de oficina se ha basado casi en su totalidad en este tipo de combustibles, pues tienen la

---

p N_2O, también conocido como «gas de la risa». (N. del T.)

capacidad de calentar e iluminar los despachos, aunque esto está cambiando en países como Alemania, que han logrado grandes avances en la instalación de paneles de energía solar. El empleo del aire acondicionado ha crecido parejo al desarrollo de la economía de servicios a lo largo y ancho del mundo. Por ejemplo, en Singapur el sector servicios representó el 73 % del PIB en 2011. El aire acondicionado contribuyó al posicionamiento de Singapur como importante centro de este sector. Cuando a Lee Kuan Yew, primer ministro de Singapur y principal dirigente del país durante décadas, le pidieron que señalase el invento más importante del siglo xx, escogió al aire acondicionado.

HACIA LA DEPENDENCIA

La Revolución Industrial y el desarrollo de la economía mundial, ambos basados en el empleo de combustibles fósiles, transformaron las sociedades haciendo posible edificar grandes ciudades en el desierto; decenas o cientos de millones de trabajadores tienen su empleo en oficinas con aire acondicionado; y han permitido a los agricultores proveerse de fertilizantes, pesticidas, bombas de riego y tractores con los que cultivar alimento suficiente para mantener a muchos millones de personas... Pero esas mismas tendencias también han revertido otra tendencia histórica secular, la de obtener una mayor independencia del clima. Durante milenios, las sociedades obtuvieron beneficios de la relativa estabilidad climática del Holoceno. Pero tras décadas de incrementar las emisiones de carbono, esas mismas sociedades se enfrentan al creciente desafío de vivir en un entorno climático cada vez menos estable.

La cantidad de emisiones de carbono aumentó dramáticamente. Estados Unidos, la nación más industrializada del mundo, encabezaba las emisiones en 1850 con 123 toneladas métricas. En 1900, este mismo país ya era el mayor emisor de CO_2, produciendo 663 toneladas frente a las 420 del Reino Unido. Durante la posguerra, el fordismo llevó el incremento de la emisión a 2858 toneladas en Estados Unidos, acompañadas de grandes emisiones producidas por potencias industriales como la República Federal Alemana, con 814 toneladas. Mientras, el interés en el Bloque del Este por la industria pesada causó que en 1960 la Unión Soviética emitiese 891 toneladas. La economía orientada a la exportación aumentó las emisiones de carbono en Japón a 914 toneladas en 1980. La era de la industrialización global incrementó aún más el ritmo de emisión: China pasó a ser el mayor emisor del mundo en 2011, con 9511 toneladas. La India, aunque mucho menos importante en la producción manufacturera mundial, también va en camino de convertirse en un importante emisor con sus 1800 toneladas de CO_2.[41]

Acumulativamente, las emisiones producidas por las diversas oleadas de industrialización, globalización y crecimiento demográfico han hecho a las sociedades más dependientes frente a los golpes climáticos. Durante miles de años, durante el casi siempre estable Holoceno, habían logrado separar su nivel de prosperidad de las condiciones meteorológicas. Pero con la llegada de la industrialización, los humanos han creado un mayor nivel de inestabilidad climática que se refleja en mayores extremos. Como se muestra en el siguiente capítulo, los efectos variaron mucho en distintas regiones, y algunas sociedades fueron más vulnerables que otras.

7. EL FUTURO ES AHORA

A principios del siglo xx toda una montaña de datos y modelos cada vez más sofisticados mostraron un rápido cambio climático y un futuro cercano de pronunciada y acelerada alteración. La temperatura media de la superficie marca una tendencia muy clara. Hasta 2017 no ha habido un mes en el que la temperatura media de la superficie fuese inferior a la media habitual en el siglo xx desde febrero de 1985. En otras palabras, ningún niño, adolescente o joven ha sido testigo de tal mes. Sin embargo, a pesar del rápido calentamiento mundial, de vez en cuando algunas regiones concretas pueden sufrir unas condiciones gélidas, e incluso registrar marcas mínimas, pero la proporción de marcas máximas respecto a mínimas favorece a las primeras.

El poderoso fenómeno de El Niño en 2015 y 2016 contribuyó a un periodo de muchos meses seguidos durante el cual cada uno de ellos alcanzaba un máximo en el registro de temperaturas. El Niño contribuyó al pico de calentamiento, pues las temperaturas correspondientes al último caso de este fenómeno alcanzaron cotas sin precedentes. En agosto de 2016, la Oficina Nacional de Administración Oceánica y Atmosférica (NOAA, según sus siglas en inglés: National Oceanic and Atmospheric Administration) informó de un registro máximo de la temperatura media global durante seis meses seguidos respecto a un archivo de 137 años;

esa tendencia duró hasta septiembre de 2016, el segundo mes más cálido desde que tenemos este tipo de información.[1]

El cambio climático antropogénico ha incrementado la media de temperaturas globales de modo mesurable. Esto no implica una curva regular ascendente donde el calentamiento muestra el mismo ritmo en todas partes. Más bien, la propensión general al calentamiento lleva a fluctuaciones de temperaturas más rápidas en regiones concretas, al tiempo que estas contribuyen a la tendencia global. En concreto, las regiones situadas en elevadas latitudes se están calentando a un ritmo especialmente rápido.

Los océanos muestran la misma tendencia que la tierra firme. La temperatura superficial del océano ha mostrado un ascenso regular desde la década de 1970, con un calentamiento más pronunciado a partir de los años ochenta. La gran capacidad de absorción calorífica del agua, combinada con el inmenso volumen de agua marina del planeta, ha hecho que los océanos tomen aproximadamente un 90 % del incremento del calor fruto del calentamiento global. A su vez, el aumento del calor oceánico ha generado efectos de largo alcance, entre ellos cambios en las mareas, la elevación del nivel y retroalimentaciones climáticas.

EL ÁRTICO: TUNDRA Y BOSQUES BOREALES

Hasta la fecha, los efectos del cambio climático pueden ser tan sutiles que apenas serían detectables, pero en algunas regiones su impacto ya es tan dramático que resulta difícil que alguien pueda pasarlo por alto. La tendencia al calentamiento y sus efectos han sido especialmente notables en latitudes elevadas y la región ártica. Los residentes de estas regiones ya han sido testigos de consecuencias considerables y evidentes. Por ejemplo, la erosión costera de Alaska ha puesto en riesgo la existencia de muchas comunidades, hasta el punto de que, a principios del siglo XXI, algunos pueblos de este estado han planteado proyectos de relocalización. La menguante banquisa ha reducido la protección frente a las olas y el viento de las galernas. Mientras zonas de Alaska afrontan la subida del nivel del mar disponiendo de menos protección frente a las galernas, otras se elevan debido a la pérdida de masa de los glaciares cercanos. La disminución del peso de la capa de hielo produce un rebote isostático, es decir, una elevación del terreno después de que se haya reducido, o desaparecido por completo, el peso del hielo. En Alaska, cerca de Juneau, el propietario de un terreno construyó un campo de golf en una finca que en el pasado estaba sumergida.[2] La fusión de los glaciares, y el consecuente retraimiento de los mismos a terrenos montañosos, también está creando las condiciones apropiadas para sufrir corrimientos de tierra. El deshielo puede llevar a una lenta caída del terreno, aunque en la zona del parque nacional y reserva de la bahía de los Glaciares también se han dado casos de grandes y repentinos corrimientos de tierra.

En la región Ártica, el cambio climático está alterando el bioma de la tundra. Esta zona climática se caracteriza por temperaturas muy frías, breves estaciones cálidas y una vegetación compuesta por hierbas y matorrales. Debido a las gélidas temperaturas del lugar, existen amplias áreas donde el suelo está permanentemente congelado, el llamado «permafrost». En la actualidad, una buena parte se está descongelando debido a la subida de las temperaturas.

El permafrost en la tundra y otras regiones de la criosfera almacenan una vasta cantidad de carbono, en realidad una cantidad equivalente al doble del que en la actualidad se encuentra en la atmósfera. Por tanto, el descongelamiento del permafrost crea un escenario donde se acentuará aún más el calentamiento: su deshielo liberará CO_2 además de metano, cuyo efecto invernadero es unas veinticinco veces más eficiente que el del anhídrido carbónico. Al parecer, el descongelamiento del permafrost de la tundra del noroeste siberiano ha hecho surgir una serie de misteriosos cráteres con diámetros superiores a un kilómetro. En la actualidad hay un debate abierto acerca de cuál es el mecanismo responsable de la formación de estos cráteres. Según una hipótesis, el calentamiento ha liberado metano, el cual estalló debido a la presión. Una segunda

Ilustración 7.1. (a) Glaciar Muir. Parque Nacional y Reserva de la Bahía de los Glaciares, 1941. (b) Glaciar Muir. Parque Nacional y Reserva de la Bahía de los Glaciares, 2005. *Fuente*: https://nsidc.org/cryosphere/glaciers/gallery/retreating.html.

explicación atribuye, hasta cierto punto, la formación de estos cráteres a la rápida fusión del hielo. En el norte de Canadá, los movimientos del terreno causados por la descongelación del permafrost originan corrimientos de tierra que llevan barro y limo a los canales. En la tundra, el cambio climático también está generando unas condiciones más áridas. Unas temperaturas más cálidas incrementan la evaporación y la disminución de las nevadas reduce el suministro de agua. El norte de Alaska, por ejemplo, se está volviendo más seco. Muchos lagos de la tundra están desapareciendo.

En el cinturón de los grandes bosques boreales situados al sur de la tundra, el deshielo del permafrost ha originado un fenómeno llamado bosques ebrios, o árboles ebrios,^{q} en el cual los árboles tienden a inclinarse o torcerse. Esos bosques ebrios se pueden contemplar, por ejemplo, en el Parque Nacional de Denali, Alaska, además de en Canadá y Siberia. El descongelamiento del permafrost también ha creado nuevos humedales. En algunas regiones ha aparecido un nuevo paisaje, llamado «termokarst», a medida que el descongelamiento del permafrost ha formado estanques. En las áreas de asentamiento humano, los derrumbes del terreno dañan carreteras, líneas de abastecimiento de energía y edificios. Las casas se desnivelan y se hunden al derretirse el permafrost que les sirve de base.

Ya sea en la tundra o el bosque boreal, el cambio climático incrementa el peligro de incendios. Bajo unas condiciones más cálidas y secas, aumenta la posibilidad de que la incidencia de rayos prenda fuego a materiales orgánicos, como la turba. En 2007, por ejemplo, la descarga de un rayo causó un incendio a lo largo del río Anaktuvuk, en Alaska, creando la mayor quema jamás vista en la tundra. Se ha recuperado parte de la vegetación, pero un aumento de la frecuencia de incendios en este bioma liberaría las grandes cantidades de carbono almacenadas en el suelo.[3] Más al sur, también se han sufrido las graves consecuencias de los

---

q   *Drunken forest* o *Drunken trees*, en inglés. (*N. del T.*)

incendios en bosques boreales. En esta región, el cambio climático implica un mayor potencial de sufrir grandes incendios, ya sean provocados por los relámpagos o por los humanos. Por ejemplo, en 2016 los residentes de Fort McMurray, en Alberta (Canadá), hubieron de evacuar la ciudad debido a un enorme incendio forestal. Este gran incendio que tuvo lugar en Alberta no se puede atribuir exclusivamente al cambio climático, pero unas condiciones más cálidas y secas que contribuyan a la rápida expansión de las llamas se darán cada vez con mayor frecuencia a medida que continúe el calentamiento global.

REGIONES MONTAÑOSAS

Además de las altas latitudes, en la actualidad las cumbres más elevadas también son especialmente sensibles a los efectos del cambio climático. Las cordilleras de alta montaña a menudo contienen biomas distintos a los presentes en las áreas próximas menos elevadas. Las montañas ofrecen hábitats adecuados para especies concretas incluso en bajas alturas, y ejercen una importante influencia en los sistemas fluviales de la región.

La temperatura media de las regiones montañosas reduce el volumen habitual de nieve y el tamaño de los glaciares. La temperatura y la precipitación interactúan afectando al ritmo con el que los glaciares se expanden o retrotraen. Así, en teoría, un glaciar puede expandirse durante un periodo de calentamiento leve siempre y cuando haya suficientes precipitaciones en forma de nieve. Por el contrario, quizá los glaciares no experimenten un crecimiento durante periodos fríos si las precipitaciones no tienen el volumen adecuado. El calentamiento se ha convertido en el principal factor de incidencia en los glaciares durante las últimas décadas, hasta el punto de que la mayoría está disminuyendo a lo largo y ancho del mundo.

Los glaciólogos han documentado la retirada de los glaciares en muchas regiones del planeta, pero este solo es uno de los muchos efectos del cambio climático que cualquiera puede advertir con facilidad. Suponga el lector que visita o ve un imponente glaciar en los años setenta, ochenta y noventa, y que tiene la oportunidad de regresar veinte, treinta o cuarenta años después. En cualquiera de esos casos, el retraimiento del glaciar sería perceptible a simple vista como un dramático cambio en el paisaje local. Por ejemplo, los visitantes que regresaron al Parque Nacional de Los Glaciares, en Montana, pudieron ver por sí mismos la retirada de los glaciares. El mismo fenómeno se puede contemplar con facilidad en los Alpes; los glaciares permanecen, pero es evidente que muchos se han retirado a buen ritmo.

Los glaciares de las montañas tropicales, como los existentes en Nueva Guinea, el África oriental o los Andes, también se están retirando.[4] En una fecha tan reciente como la década de 1980, la cumbre más elevada de Nueva Guinea, el Puncak Jaya, con poco más de 16.000 pies de altura, es decir, 4884 metros, tenía cinco lenguas de hielo. Sin embargo, en 2009 ya habían desaparecido dos, y las tres restantes mostraban una fuerte retirada. La formación del Campo de Hielo Quelccaya, situado en los Andes peruanos, duró mil seiscientos años, o más, y se ha fundido en solo veinticinco.[5]

La fusión del hielo y el descongelamiento del permafrost en las cumbres elevadas causan varios efectos en las personas. El retroceso de los glaciares andinos originó devastadoras inundaciones a mediados del siglo XX.[6] El deshielo que tiene lugar en la actualidad deja lagos atrapados tras presas formadas por detritos que ponen en peligro de inundación a comunidades de países como Bolivia.[7] El calentamiento del permafrost también supone un peligro. El suelo congelado bajo la superficie actúa como una especie de pegamento que mantiene unidas laderas que se elevan a un ritmo que a la vista parece increíblemente alto. El deshielo del permafrost puede causar un repentino derrumbe del terreno, y en las montañas aumenta el riesgo de corrimientos de tierra. Por ejemplo, en 2006 se derrumbó una sección de la cara este del Eiger, una famosa cumbre alpina próxima a la población montañesa de

Grindelwald, en Suiza. La caída de rocas en alta montaña no es un fenómeno nuevo, evidentemente, pero el creciente riesgo creado por el deshielo del permafrost supone un mayor peligro para los montañeros. Algunas rutas de alpinismo se han vuelto demasiado peligrosas para el tránsito.

Los corrimientos que se desploman sobre lagos y embalses suponen un riesgo añadido. Pueden crear el equivalente a un pequeño tsunami que, a su vez, puede causar inundaciones y dañar instalaciones hidroeléctricas, además de amenazar la integridad de residencias cercanas y comunidades ubicadas en los angostos valles alpinos. Estos corrimientos bloquean carreteras y vías ferroviarias... Quizá la carretera o el camino estén vacíos en el momento del derrumbe, pero los detritos podrían causar un bloqueo temporal de los accesos.

La fusión de los glaciares y la disminución del volumen de nieve alteran el paisaje montañés y ponen en tela de juicio incluso la identidad de algunas localidades vinculadas durante mucho tiempo con el hielo, pero los efectos más amplios van mucho más allá de las zonas alpinas. El retroceso de los glaciares y la reducción del volumen de nieve amenazan con una disminución del suministro de agua en muchas regiones del mundo. Por ejemplo, los glaciares de los Andes tropicales contribuyen al suministro acuático y a la consecución de energía hidroeléctrica, pero estos se están retrayendo a gran velocidad. En Perú, un granjero describió el problema diciendo: «La nieve continúa alejándose»; así dijo Melgarejo, un campesino preocupado por su subsistencia. «Poco a poco va subiendo. Cuando la nieve desaparezca no habrá agua».[8] La disponibilidad de agua no desaparecerá por completo, pero se desplomará. El cambio en el suministro de agua puede ser repentino, pues lo cierto es que la fusión del glaciar puede originar un incremento del cauce de los arroyos nacidos en las lenguas de hielo antes de que este se agote.

En el sistema de los Himalayas hay grandes cantidades de agua almacenadas en glaciares y capas de nieve. La verdad es que a veces se ha descrito la región como un tercer polo terrestre. De hecho, la cantidad de hielo glacial existente no se iguala al alaskeño o el canadiense, pero el concepto se refiere a la importancia del sistema de los Himalayas como fuente de agua para el Indostán, Extremo Oriente y el sudeste asiático. Esta es una región tremendamente poblada, pues en ella se encuentran países como la India, Pakistán y China, además de los comprendidos en el Sudeste Asiático, de modo que los glaciares extendidos desde el Hindú Kush, a través del Karakórum, hasta la cordillera del Himalaya componen uno de los más importantes suministros de agua para una gran parte de la población terrestre. En total, unos mil trescientos millones de personas viven en las cuencas de los ríos alimentados por las nieves y los hielos del sistema de los Himalayas.

Los glaciares ya se están encogiendo y debilitando en muchas regiones del sistema de los Himalayas. Disminuyen los glaciares en Jammu y Cachemira, lugar de nacimiento de las fuentes del Indo, y la misma tendencia se observa en las fuentes del Ganges y el Brahmaputra. Como en cualquier otra parte, el deshielo puede incrementar temporalmente el suministro de agua, además de aumentar la posibilidad de inundaciones. Pero a largo plazo, la reducción general amenaza a la energía hidroeléctrica y las poblaciones, además de la vegetación y la fauna dependientes del agua.

La reducción del volumen de nieve ya está afectando a importantes regiones agrícolas del mundo. En Estados Unidos, California produce un alto porcentaje del total de alimentos y es, además, un prominente exportador de productos agrícolas. El estado no solo encabeza la producción agrícola total, también es el principal productor de una gran variedad de alimentos como almendras, aguacates, brócolis, uvas, limones, lechugas, melocotones, ciruelas, fresas, tomates y pistachos. También encabeza la producción de lácteos. Sin embargo, es sorprendente que gran parte de California carece de abundantes precipitaciones. La pluviosidad media del Valle Central, que ocupa el centro de California, varía entre los quinientos milímetros anuales del norte y las condiciones desérticas del sur. La industria agrícola californiana depende en gran medida del agua obtenida a partir de la nieve acumulada en las montañas de Sierra Nevada. Durante los inviernos de 2013 y 2014 el volumen de las nevadas fue bastante inferior al habitual. Las mediciones tomadas en primavera de 2015 determinaron que el volumen de nieve suponía solo un 5 % de la cantidad media de agua, y el análisis de los anillos de crecimiento formados en los árboles indica que, probablemente, fue la más baja de los últimos quinientos años.[9] Volvieron a haber fuertes nevadas en el norte de California durante el invierno de 2016, pero la reciente escasez de agua puede ser la precursora de los acontecimientos que quizá se den en un futuro si el continuo calentamiento acaba con buena parte del volumen de nieve en Sierra Nevada.

BIOMAS TEMPLADOS

Gran parte de la población mundial vive en biomas templados, o cerca de ellos. Estos pueden mostrar grandes variaciones en su nivel de precipitación, según corresponda a una región húmeda o árida. En algunos aspectos, los residentes más prósperos de las zonas templadas han logrado un mejor aislamiento frente a los efectos del cambio climático, hasta ahora, pero la alteración antropogénica está dando paso a un patrón de extremos a lo largo y ancho del mundo. El cambio climático ha incrementado la frecuencia de las precipitaciones extremas. Una atmósfera y unas aguas más cálidas proporcionan a las tormentas más energía potencial, sea cual sea la estación.

Los sucesos meteorológicos extremos muestran a los residentes de las regiones templadas señales del cambio climático. Ningún suceso meteorológico aislado, por severo que sea, se puede atribuir al cambio climático, pero la climatología ha dado grandes pasos para lograr vincular un clima severo con dicho cambio, sobre todo en lo referente a la probabilidad. Incluso en análisis donde el calor no se vincula con el cambio climático, la tendencia general hacia el calentamiento acentúa los efectos de unas condiciones más cálidas, elevando las temperaturas máximas y los niveles de evaporación.

Las últimas décadas han visto un abrupto repunte en la frecuencia de sucesos seculares, es decir, en acontecimientos climáticos que estadísticamente tenían lugar una vez cada cien años o que las probabilidades de que sucediesen en un año concreto eran de un 1 %. Por ejemplo, en un periodo de varios años los residentes del estado de Washington han sufrido varias inundaciones «del siglo» causadas por el desbordamiento de los ríos de la zona. Las inundaciones sufridas en otros lugares han sucedido con más frecuencia de la pronosticada. En Gran Bretaña, las precipitaciones de 2007 fueron alrededor de un 20 % más fuertes que cualquiera de las registradas desde 1879; además, este mismo país volvió a padecer grandes inundaciones durante el invierno de 2013... La lluvia caída en Oxford supuso una cantidad sin precedente durante los últimos doscientos cincuenta años, aproximadamente. En este caso, el cambio climático parece ser un factor de precipitación secundario.[10] No es posible demostrar que una sola inundación sea resultado del calentamiento global, pero el incremento de la frecuencia de sucesos muestra una tendencia hacia un mayor riesgo. En Nueva York hubo, en 2007, una inundación tras las fuertes lluvias que se supone caen una vez cada veinticinco años, pero estas tuvieron lugar solo cinco años antes de la llegada del devastador huracán Sandy, en 2012. En ese mismo año, 2012, Andrew Cuomo, gobernador de Nueva York, tuvo la ocurrencia de decir: «Ahora tenemos una inundación del siglo cada dos años».[11]

La frecuencia de fuertes nevadas también se ha incrementado a pesar de una temperatura general más cálida. A primera vista puede parecer contraintuitivo, pero lo cierto es que una atmósfera más cálida produce una mayor evaporación, lo cual lleva a una mayor humedad ambiental. A su vez, esta puede ocasionar abundantes nevadas con el descenso invernal de las temperaturas. Por ejemplo, cinco de las diez nevadas más fuertes registradas en Boston, Massachusetts, han tenido lugar a partir de 1997, y las cinco semanas más nevosas se han registrado a partir de 1996, respecto a un periodo registrado que se remonta a 1891.[12] Mientras haga frío suficiente para nevar, el calentamiento puede originar nevadas más extremas, aunque un calentamiento continuo acabará reduciendo la posibilidad de precipitaciones en forma de nieve.

El cambio climático ha incrementado la probabilidad de casos extremos en las precipitaciones y en las sequías. Así, ha aumentado el riesgo de sufrir sequías severas y prolongadas en regiones ya propensas a la aridez. Como en el caso de las precipitaciones extremas, un periodo aislado de tiempo seco y caluroso no se puede atribuir al cambio climático. Hasta cierto punto es verdad, pero ya se ha demostrado que es posible atribuir algunos sucesos extremos al cambio climático. Así, muchos estudios han vinculado el excepcional calor experimentado en Australia durante 2013 al cambio climático antropogénico.[13] Un análisis inicial de la enorme sequía rusa de 2010 no halló vínculo alguno entre la ola de calor y el calentamiento global, pero un estudio descubrió que existía una alta probabilidad de que el suceso no hubiese tenido lugar en un mundo sin dicho calentamiento.[14] Más aún, incluso cuando no se pueda demostrar que la tendencia al calentamiento haya originado una sequía concreta, el aumento de las temperaturas acentúa la aridez al acelerar la evaporación. En California, el calor contribuyó a la sequía de 2014 y 2015. La falta de precipitaciones inició la sequía, pero el calor sostuvo y aumentó la aridez.

Las temperaturas más cálidas también afectan a los bosques de buena parte del oeste norteamericano. La mayoría de los debates públicos relacionados con el calentamiento se centran en las altas temperaturas, pero la tendencia al calentamiento también lleva a unas mínimas diarias más bajas. La temperatura mínima diaria afecta al índice de supervivencia de los animales de mayor tamaño, además de insectos y garrapatas. Por ejemplo, en el oeste norteamericano la tendencia a unas mínimas más altas ha incrementado la población de escolitinos, los escarabajos de la corteza. Ahora, estos coleópteros se alimentan de árboles durante periodos mucho más largos que en el pasado, y de árboles situados a mayor altura, además de ejemplares o bien más jóvenes, o bien más viejos. La edad de los árboles y los esfuerzos realizados en el pasado para detener los incendios forestales han contribuido a la escalada de la plaga, pero la creciente población de escarabajos también ha desempeñado su función. Estos coleópteros han acabado con un gran número de árboles en lugares como Alaska, la Columbia Británica, Colorado y Montana. Además, el calor y la sequía parecen haber debilitado los álamos temblones de Colorado, contribuyendo a súbitas extinciones. Las plagas de escarabajos también han matado árboles más al sur, en México. Determinar la interactuación entre los escarabajos, el clima y la deforestación supone un complejo problema científico pero, puestos en el mejor de los casos, la persistente sequía carga a los bosques del oeste con una creciente presión y mejora las condiciones para la prosperidad de los escarabajos.

Las sequías representan un importante desafío para las sociedades de muchas regiones mundiales. Una enorme sequía golpeó el nordeste brasileño en 2013 y se extendió hasta 2015. Esta sequía no llevó a la hambruna, Brasil demostró ser resistente en ese aspecto, pero los agricultores de la región perdieron sus cosechas y ganado. Algunos hubieron de machacar cactus para proporcionar alimento a las vacas.[15] La sequía también se extendió al sudeste de Brasil, reduciendo la capacidad de generar energía hidroeléctrica y amenazando el suministro de agua en grandes ciudades. El descenso de producción de café arábica causó un aumento de precio en todo el mundo. Las pérdidas de agua por filtraciones en los sistemas de canalización y el robo contribuyeron a la escasez, pero las temperaturas elevadas y las bajas precipitaciones acentuaron la crisis. El Gobierno de Sao Paulo, desesperado, empleó oleoductos, pero el nivel de las reservas se desplomó durante el otoño de 2015. El Niño de 2015-2016 aumentó la cantidad de agua disponible, pero todavía persiste el desafío a largo plazo.

En los biomas templados, los extremos climáticos están teniendo efectos especialmente dramáticos en áreas que ya son áridas. Por ejemplo, las regiones occidentales chinas han sufrido grandes periodos de sequía. En este país, así como en sus vecinos de Asia central, los pastores se han esforzado por hallar agua y forraje suficiente para sus rebaños. La sequía también ha dañado la agricultura de la región. El Gobierno chino ha llegado incluso a reasentar gente en calidad de «emigrantes ecológicos».[16] Fuertes tormentas de arena han azotado importantes ciudades chinas, entre ellas Pekín.

LOS TRÓPICOS

Los efectos del cambio climático en los biomas tropicales continúan siendo, en cierto modo, inciertos. Desde luego, es posible encontrar pruebas de recientes precipitaciones extremas. Por ejemplo, a principios de 2013 algunas regiones del norte boliviano sufrieron las peores inundaciones de los últimos veinte años antes de padecer otras peores, como la de febrero de 2014, que fue la peor de los últimos sesenta años. «Algunas personas decían que era el fin del mundo», afirmó un dirigente indígena. «Vivimos inundaciones sin precedentes y quedamos bajo un metro y medio de agua. Las aguas acabaron con nuestras cosechas… Plátanos, mandioca, piñas, aguacates… Todo… También acabó con nuestros cerdos, patos y gallinas».[17] En enero de 2015 Malaui, un país sudafricano, sufrió una terrible inundación que mató a 176 personas e hirió a muchas más; destruyó cosechas, ganado y hogares, y desplazó a un cuarto de millón de personas.[18] La inundación también fue motivo de preocupación por la contaminación del agua y la propagación de enfermedades infecciosas. En este lugar, como en otras regiones tropicales, la deforestación y la gran densidad demográfica contribuyen a acentuar los daños causados por las fuertes precipitaciones.

Las regiones tropicales también han experimentado importantes sequías. En Brasil, las sequías sufridas en la cuenca del Amazonas contribuyeron a la propagación de incendios en 2005, 2007 y 2010, y aún hubo más en 2013 y 2014. Los actos de personas concretas pueden acabar provocando incendios concretos, pero las condiciones climáticas han intensificado los fuegos que hicieron arder el sotobosque muy por debajo de su superficie. El análisis de los datos satelitales llevado a cabo por la Administración Nacional de Aeronáutica y el Espacio (la NASA) señaló que la baja humedad nocturna hizo más probable el brote de esos incendios.[19] Durante una sequía vinculada a El Niño, en 2015-2016, ardieron grandes áreas de la pluviselva indonesia correspondientes a zonas de Sumatra y Kalimantan (el territorio indonesio de la isla de Borneo), entre ellas algunas que proporcionaban hábitats a especies en peligro, como el orangután. En este lugar, como en cualquier otra parte, los modelos de explotación agravaron el problema. En este caso, se trata de la deforestación llevada a cabo para cultivar palma aceitera. Durante el periodo que duraron los incendios, Indonesia se convirtió en uno de los mayores emisores de carbono del mundo.

LA LÍNEA LITORAL Y LA ELEVACIÓN DEL NIVEL DEL MAR

Desde los trópicos hasta las regiones árticas, pasando por las zonas templadas, el cambio climático ha causado una subida del nivel del mar. El nivel del mar ha subido unas ocho pulgadas, unos veinte centímetros, desde 1880. El ritmo del incremento del nivel del mar se ha acelerado en las últimas décadas, pasando de una media anual de 1,7 mm a lo largo de la mayor parte del siglo xx a casi el doble, 3,2 mm anuales, a partir de 1993. Hay dos factores principales para este aumento generalizado... Uno es la fusión de casquetes de hielo y glaciares, que en la actualidad corresponde a dos tercios del incremento observado. La dilatación del agua debido al calor, conocida como dilatación térmica, supone el tercio restante hasta la fecha. El ritmo puede presentar variaciones locales debido a la subsidencia del terreno, a la elevación del mismo, y también a efectos gravitatorios. Por ejemplo, a lo largo de la costa del golfo de México el nivel del mar aumenta más rápido que la media global debido al hundimiento del terreno que tiene lugar en esa región.[20] Por el contrario, en algunas zonas de Alaska vemos una disminución del nivel debido a la continua elevación de la superficie terrestre, incluso seis mil años después de la fusión de las capas de hielo correspondientes a la época glacial.

En la actualidad, el deshielo de los glaciares añade cierta complejidad a la imagen de conjunto relativa al incremento regional del nivel del mar. En regiones con grandes capas de hielo, como Groenlandia y la Antártida, la atracción gravitatoria entre el agua oceánica y los enormes casquetes hace que el nivel se eleve en algunas zonas... En esencia, la gravedad de las capas de hielo arrastra el agua del mar hacia ellas. Cuando este hielo se funde se añade agua al océano y, por tanto, se incrementa la subida global del nivel del mar pero, al mismo tiempo, la pérdida de masa de hielo local debilita el tirón gravitatorio y, en consecuencia, el nivel desciende. Por tanto, las localidades próximas a las capas de hielo experimentan una subida menor, e incluso un descenso, mientras que las situadas más lejos observarán una subida incluso mayor. Las localidades más afectadas por este cambio en la masa terráquea dependerán en gran medida de qué grandes capas de hielo pierdan el porcentaje de masa más elevado, ya sea en Groenlandia o en la Antártida. Al cambio gravitatorio añádase la elevación de la corteza vinculada a la pérdida de masa.

Hasta la fecha, los efectos más dramáticos de la subida del nivel del mar han tenido lugar en las zonas más bajas, como los pequeños Estados isleños. El futuro de varios de estos Estados, situados en los océanos Índico y Pacífico, sufre una seria amenaza. Uno de estos Estados amenazados es Kiribati, un archipiélago del Pacífico; este es un país formado por varios atolones y arrecifes situados a unas mil millas al sur de Hawái. La población total, unas ciento dos mil personas, vive principalmente en la cadena de las islas Gilbert, y su mayor densidad corresponde a Tarawa. Casi toda la zona se encuentra a menos de cinco metros sobre el nivel del mar, y algunos arrecifes y atolones apenas sobresalen de la superficie. La crecida de las aguas en zonas tan bajas ya está dañando al suministro de agua. El Gobierno de Kiribati ha comprado terrenos en Fiyi para proporcionar un posible refugio cuando la subida del nivel del mar desplace a su población.

También en el océano Pacífico, Tuvalu, un archipiélago compuesto por una serie de atolones situados entre Australia y Hawái, afronta una amenaza similar. La crecida de las mareas lleva agua salada al interior de las islas. En 2014, el primer ministro tuvaluano, Enele Sapoaga, describió los apuros de su país diciendo: «Estamos atrapados en el medio y, desde luego, en Tuvalu estamos muy, muy preocupados... Ya estamos padeciendo», y añadió: «Ya es como un arma de destrucción masiva, y ahí tenemos todos los indicios».[21]

También hay islas bajas en el océano Índico, entre ellas las Maldivas. Las islas que conforman el archipiélago de las Maldivas contienen unos cuatrocientos mil habitantes. La mayor no se eleva más de dos metros y medio sobre el nivel del mar. La erosión y la amenaza al suministro de agua son solo dos de los problemas que afrontan. Los integristas musulmanes han ganado seguidores y el anterior presidente, que obtuvo un importante reconocimiento internacional al advertir de la amenaza del cambio climático, fue detenido y encarcelado en 2015.

En conjunto, estas naciones isleñas se han considerado Estados en vías de desarrollo. No serán barridas por las aguas en un futuro cercano, pero todas afrontan una amenaza común, tal como asevera su institución conjunta: «Puesto que su población, tierras de cultivo e infraestructura tienden a concentrarse en la zona litoral, cualquier elevación del nivel del mar tendrá importantes y graves efectos en su economía y condiciones de vida».[22]

Estas y otras islas bajas solo contienen una mínima parte de la población mundial. Por tanto, contribuyen muy poco a la emisión general de carbono o al cambio climático antropogénico. No obstante, ponen de manifiesto un problema que va más allá de su relativamente pequeña extensión: gran parte de su población actual y futura, muy afectadas por el cambio climático, ha desempeñado una ínfima función en la creación de las condiciones que moldearán su futuro. Por sí mismos no tienen ninguna oportunidad de cortar las emisiones lo suficiente para evitar los peores escenarios en la subida del nivel del mar.

La amenaza es especialmente grande en los Estados insulares de baja altura, pero el aumento del nivel del mar ya está afectando a la población de otras regiones del mundo. Lo cierto es que está teniendo un efecto desproporcionado porque buena parte de la población mundial, alrededor de un 40 o un 44 %, vive en zonas costeras. Un gran número de habitantes de esos países, ya sean desarrollados o en vías de desarrollo, viven asentados en el litoral. Solo en Estados Unidos, muchas de las ciudades más importantes se encuentran en el litoral atlántico o pacífico. Hasta 2010, aproximadamente la mitad de la población estadounidense vivía a menos de ochenta kilómetros de la costa, y casi un 40 % en áreas consideradas condados litorales. Más o menos el mismo patrón se puede encontrar en Centroamérica, Sudamérica, África, Asia y Europa. Algunos de los grandes centros urbanos que no se encuentran directamente en la costa se ubican en cuencas de ríos navegables. Londres es un ejemplo clásico.

En muchas regiones, el efecto más inmediato que se ha percibido es la llamada «inundación molesta», o inundación de marea. Estas inundaciones pueden cerrar carreteras durante un breve periodo de tiempo o forzar a los propietarios de casas y negocios a comprar bombas de agua para achicar los sótanos. Este nombre, que suena tan inofensivo, es adecuado puesto que describe la molestia que puede causar una inundación menor, pero no sugiere la existencia de una tendencia real al desencadenamiento de inundaciones más graves que supondrán daños y riesgos mayores que sufrir un simple enfado o inconveniente. En lugares donde un huracán pudo haber causado inundaciones en el pasado, los pequeños fenómenos pueden producir el mismo resultado en el presente y, a su vez, los huracanes causar inundaciones mucho más graves que en otros tiempos.

El área circundante a Newport News, Norfolk y Hampton Roads, en Virginia, es un ejemplo sorprendente de los efectos de la elevación del nivel del mar. Ahora, los propietarios, hombres de negocios y asociaciones civiles de la zona deben enfrentarse a inundaciones con regularidad. Los barrios y los propietarios ya están subiendo los edificios. Algunos, los que pueden permitírselo, pagan para que sus casas se eleven sobre pilares de modo que los nuevos y más altos cimientos resistan. Los residentes de la región tienen que idear nuevos sistemas de transporte para desplazarse cuando las inundaciones cortan las carreteras. La combinación del hundimiento del terreno y la elevación del nivel del mar también presenta problemas para el Ejército estadounidense, que tiene la mayor base naval del mundo en Norfolk, Virginia. La Marina estadounidense está construyendo muelles. Los contratistas de Defensa también han elevado sus generadores de energía para mantenerlos alejados del agua.

Tales inundaciones se han convertido en sucesos cada vez más habituales en la septentrional bahía de Chesapeake (entre los estados de Maryland y Virginia). En Annapolis, Maryland, las inundaciones de marea que sucedían hasta en cuatro ocasiones al año en la década de 1950 se han multiplicado hasta el punto de que en 2014 tuvieron lugar unas cuarenta veces.[23] En Washington D. C., este tipo de inundaciones suceden con más frecuencia a lo largo del río Potomac, afectando poblaciones como el barrio de Georgetown. Cierta población de una isla ubicada en la bahía de Chesapeake ya está experimentando las dramáticas amenazas de la elevación del nivel del mar. Un informe del Cuerpo de Ingenieros del Ejército de Estados Unidos realizado en 2015 descubrió que la superficie de la isla de Tangier, en la zona de la bahía de Chesapeake correspondiente al estado de Virginia, es solo un tercio de la que tenía en 1850.[24]

El efecto de la subida del nivel del mar afecta también a zonas más meridionales del océano Atlántico. Las comunidades costeras situadas a lo largo de la zona litoral del golfo de México han sufrido un golpe especialmente duro, y muestran los índices de elevación más rápidos de Estados Unidos. Por ejemplo, en el sur de Luisiana, una zona donde la subida del nivel del mar alcanza los nueve milímetros anuales, las inundaciones aíslan con frecuencia a la pequeña comunidad de la isla de Jean Charles. Solo en este estado hay más de un millón de personas que viven a menos de dos metros sobre la línea de pleamar.[25] Grandes áreas del estado de Florida también se encuentran a muy baja altitud, como Miami, donde el nivel del mar acentúa las inundaciones. Esta ciudad es especialmente vulnerable porque está construida sobre piedra caliza y el agua puede penetrar bajo calles y cimientos con facilidad, a pesar de que el mar abierto haga más probable las inundaciones durante las subidas de marea. El problema es aún mayor en Miami Beach, construida en las islas de barrera.

Para muchas poblaciones del Asia meridional, la elevación del nivel del mar supone una amenaza mucho mayor que una simple molestia. En Bangladés, la crecida causa daños en zonas rurales y urbanas. La elevación de las aguas en los pueblos del delta del Ganges, situados a baja altura, ha arruinado el suministro de agua dulce e incrementado la salinidad del suelo. Las tormentas causaron importantes daños y muchos aldeanos se vieron obligados a abandonar sus pueblos. Las aguas invasoras se combinaron con otros factores, como los incentivos económicos, para incrementar la emigración a Dhaka, la capital de Bangladés. La Organización Internacional para las Migraciones calculó que aproximadamente un 70 % de los inmigrantes trasladados a Dhaka lo hicieron tras sufrir algún tipo de calamidad ambiental.[26] En este país, la migración estacional entre el campo y la ciudad lleva mucho tiempo proveyendo a la población rural de una fuente de ingresos y alimentos, pero muchos de los que otrora fuesen inmigrantes temporales ya no regresan a sus antiguos hogares. No obstante, eso no proporcionará un refugio seguro a largo plazo si no cesa la crecida de las aguas, pues la propia ciudad de Dhaka se halla solo a poco más de quince metros sobre el nivel del mar y ciertas partes del área metropolitana, entre ellas barriadas pobladas por inmigrantes rurales, se encuentran a una altitud aún menor. No solo Dhaka se enfrenta al creciente riesgo de las inundaciones. Muchas otras importantes ciudades asiáticas también se encuentran en la costa, como Bombay, Saigón y Shanghái.

Del mismo modo, África se ha convertido en hogar de muchas ciudades amenazadas por el incremento del nivel del mar. Por ejemplo, Dakar, la capital y ciudad más populosa de Senegal, en la costa occidental africana, ha sufrido numerosas inundaciones durante los últimos años. El aumento del nivel de las aguas acentúa los problemas causados por las precipitaciones. Los alcaldes de otras ciudades costeras senegalesas han informado de repetidas y persistentes inundaciones. Lagos, el área metropolitana más grande de Nigeria, también se encuentra próxima al nivel del mar. Buena parte del área urbana se halla a menos de dos metros de altura. Las áreas costeras del África oriental afrontan riesgos similares. Ciudades situadas a escasa altitud, como el antiguo puerto de Mombasa, en Kenia, han experimentado fuertes inundaciones en los últimos años.

OCÉANOS

El aumento del nivel del mar es un indicador de los cambios climáticos acaecidos en los océanos debido al calentamiento global. Buena parte del calentamiento que tiene lugar en la atmósfera pasa al océano, incrementando sus temperaturas y la cantidad de calor general. Las aguas superficiales se han calentado alrededor de medio grado centígrado desde la década de 1970, con una media de 0,11 °C por década.[27] Esto se traduce en un aumento del calor de unos 100 TW,[r] casi seis veces la cantidad de energía empleada en todo el mundo.

Las implicaciones del incremento de la temperatura oceánica no solo se limitan a la elevación del nivel de sus aguas, pues también afectan a la vida marina. El calentamiento de los océanos ya

---

r   TW, teravatio, unidad de potencia equivalente a un billón (10^{12}) de vatios. *(N. del T.)*

ha causado un cambio en las poblaciones de peces. Por ejemplo, en 2014 los pescadores de caña de la costa oeste norteamericana advirtieron la presencia de peces que por norma general solo se encontraban en aguas bastante más meridionales. Las aguas del litoral alaskeño se calentaron tanto que aparecieron peces como el atún listado, cuya existencia no se había documentado en esas aguas desde la década de 1980.[28]

La combinación de calor y sequía amenaza a ciertos peces. En California, las bajas precipitaciones y las altas temperaturas ponen en peligro la remontada del salmón real. La continuidad del calentamiento podría acabar con el límite septentrional del territorio donde antiguamente vivía este pez.

El calentamiento oceánico agrava los efectos de la pesca intensiva, pues pone en peligro los ya agotados bancos de peces, sensibles a los cambios de la temperatura del agua. Las aguas de Nueva Inglaterra son un buen ejemplo de una de estas regiones oceánicas. Los pescadores y los reguladores de la actividad pesquera llevan años discutiendo las condiciones para la pesca del bacalao en el golfo de Maine, es decir, en la costa de Nueva Inglaterra. La que en el pasado fuese una especie omnipresente, y origen del nombre de un famoso accidente geográfico, el cabo Cod, es cada vez más difícil de encontrar. La Oficina Nacional de Administración Oceánica y Atmosférica (NOAA), en un esfuerzo por recuperar la población de bacalao, ha dispuesto límites cada vez más restrictivos a su pesca. Se trata de un plan diseñado para atajar la pesca intensiva, pero el calentamiento de las aguas también puede afectar a las migraciones del bacalao. En el golfo de Maine, el calentamiento afecta al equilibrio de la vida marina. Además de la población de bacalao, también la del camarón nórdico ha sufrido una fuerte disminución; en consecuencia, los reguladores de la actividad pesquera han prohibido su captura durante la temporada 2014-2015. La población de cangrejo de mar común, una especie invasiva europea (también se conoce como cangrejo de mar europeo), ha crecido notablemente con el calentamiento de las aguas del golfo y, a su vez, su presencia ha reducido la población de almejas de Nueva Inglaterra. También han llegado grandes cantidades de serrano estriado, una especie que en el pasado se encontraba al sur. Algunos pescadores están preocupados por la posibilidad de que este pez devore las crías del bogavante de Maine; además, este crustáceo también se enfrenta a la amenaza del calentamiento de las aguas. La captura del bogavante ha cesado en el estuario de Long Island. Ese es el extremo meridional del hábitat de este crustáceo. La contaminación puede haber contribuido a su desaparición, pero también es verdad que el bogavante es un crustáceo más apto para vivir en aguas frías. Si las aguas del golfo de Maine continúan calentándose, los bogavantes podrían abandonar la región. Sin duda, este no sería el resultado más drástico del cambio climático antropogénico, pero sería un duro golpe para un animal simbólico y una industria icónica.

La Gran Barrera de Coral, frente a la costa oriental de Australia, nos proporciona uno de los ejemplos más sorprendentes de la amenaza que supone el calentamiento global para los arrecifes coralinos. La actividad humana, la contaminación y unas aguas más cálidas se combinan para dañar al arrecife y los microorganismos que dependen de él. El cambio climático está incrementando enormemente la posibilidad de que el calentamiento oceánico contribuya a la decoloración de corales, que sucede cuando las algas que viven manteniendo una relación simbiótica con el arrecife desaparecen debido al aumento de temperaturas. El invierno boreal de 2016, correspondiente al verano austral, ocasionó un importante blanqueamiento en la Gran Barrera de Coral. Los arrecifes coralinos de algunas áreas han resistido, pero los episodios de decoloración muestran que el cambio climático ya es una amenaza para estas asombrosas formaciones.

La subida de las temperaturas, los episodios de blanqueamiento subsecuentes y la contaminación no son las únicas amenazas que sufren los arrecifes de coral. Las aguas oceánicas se han hecho más ácidas como resultado del aumento de CO_2. Al aumentar la concentración de anhídrido carbónico atmosférico también aumenta la disolución de este gas en la superficie oceánica, aunque esta absorción pueda disminuir si el agua marina continúa calentándose. Cuando el CO_2 se disuelve en el agua, reacciona con el H_2O y se forma ácido carbónico (H_2CO_3), que después se disocia en iones. El resultado general es un incremento de la acidez del agua, patente en la disminución del pH de las aguas marinas. Se estima que el océano ha absorbido entre un 30 y un 50 % del CO_2 producido por la quema de combustibles fósiles.[29] A su vez, la acidez ha crecido aproximadamente un 30 % desde el comienzo de la Revolución Industrial.[30]

La acidificación representa una amenaza para cualquier organismo con una concha calcárea, pues la acidez añadida inhibe la formación de la cubierta de carbonato. Los efectos ya son evidentes en zonas como el estrecho de Puget, que tiene aguas más corrosivas debido a la emergencia de aguas ricas en CO_2. En general, las aguas ácidas de la costa noroccidental americana han comenzado a disolver las conchas de los moluscos. Ya en 2005 comenzaron a perecer ingentes cantidades de crías de ostra. Los productores de moluscos de la zona han reaccionado ajustando la acidez de las aguas en viveros de ostras.

ADAPTACIÓN

A finales del siglo xx y principios del xxi, el calentamiento global antropogénico ya había comenzado a revertir la propensión de las cada vez más complejas sociedades a presentar una mayor habilidad para resistir frente a las fluctuaciones climáticas del Holoceno. Durante muchos siglos, las mejoras tecnológicas, los avances científicos, la mayor velocidad de transporte y una administración más eficaz redujeron los peligros de las sequías y proporcionaron la posibilidad de enfrentarse a otras fluctuaciones sufriendo daños mínimos. Sin embargo, los extremos climáticos se han hecho más dañinos, haciendo que volvamos a centrar nuestra atención en la adaptación.

La sequía ha animado, en realidad obligado, a comunidades de todo el mundo a tomar medidas destinadas al ahorro de agua;

con resultados dispares. Por ejemplo, en 2011 comenzó una sequía en California tan severa que algunos californianos recibieron a la lluvia con vítores. El Estado presentó unas estrictas medidas para el ahorro de agua en verano de 2014, pero hubo de luchar durante meses para alcanzar los objetivos en la reducción del consumo. En Brasil, las autoridades gubernamentales tardaron en reaccionar frente al agotamiento de las reservas acuáticas destinadas al abastecimiento de grandes ciudades, de la talla de Sao Paulo, pero al final decidieron reducir la presión para disminuir el flujo y ofrecer descuentos a quienes recortasen el consumo. En Australia, las restricciones de agua hicieron que disminuyese el consumo urbano durante las últimas sequías.

Las áreas más azotadas por la sequía impusieron algunas restricciones de consumo pero, hasta cierto punto, la principal respuesta presentada en muchas regiones consistió en confiar en el regreso de un nivel de precipitaciones suficiente. Las áreas afectadas desde California, en el suroeste norteamericano, hasta Brasil, y también Australia, afrontaron un cambio en las condiciones habituales consistente en una sequía general y largos periodos de tiempo con restricciones de agua. Entre las adaptaciones a largo plazo se encuentran medidas sistémicas destinadas a fomentar el empleo de aguas grises, es decir, las empleadas en duchas, baños, coladas y otros usos domésticos, para propósitos diversos, como el riego de plantas y árboles. Las ciudades y las regiones áridas también están diseñando programas que animen a los residentes a prescindir del césped y reemplazar la hierba no autóctona por jardines de estilo desértico.

Las opciones para la adaptación frente al incremento del nivel del mar van desde la restauración de humedales y la construcción de edificios elevados a la disposición de enormes barreras protectoras frente a las tormentas. Los Países Bajos, dueños de una amplia experiencia en vivir al nivel del mar, o por debajo, han proporcionado una vasta cantidad de datos e información. No obstante, las barreras contra las tormentas, de muy cara construcción, no pueden proteger todas las zonas litorales, por muy pudientes que sean sus sociedades, y los planes para elevar los edificios han puesto sobre la mesa la cuestión de qué hacer en el futuro si el nivel del mar sigue creciendo. En muchas regiones, el público se ha mostrado poco dispuesto a aceptar el desafío que supone la crecida de las aguas.

En Estados Unidos, la controversia creada por los cambios en el mapa de las coberturas estatales por inundación ha puesto de manifiesto algunos de los desafíos con los que se haya de encontrar el proceso de adaptación. En 2012, el Congreso estadounidense autorizó a la Agencia Federal para el Manejo de Emergencias (FEMA, según sus siglas en inglés) a componer un nuevo mapa de inundaciones debido a que el programa federal de compensaciones estaba en quiebra. La FEMA publicó una serie de mapas revisados que marcaban y expandían las áreas propensas a sufrir inundaciones. Como resultado, los residentes de muchas regiones se encontraron con un aumento en los recibos de las compañías aseguradoras que sumaba miles de dólares. Los votantes contactaron con sus representantes electos y en 2014 el Congreso revocó muchos de los cambios efectuados en el programa de seguros por inundación. El golpe financiero para los propietarios de viviendas fue importante, pero los nuevos mapas de riesgo de inundación ni siquiera tuvieron en cuenta los efectos de la crecida del nivel del mar. Todo el caso indica que el público no está preparado para aceptar el coste real del intento por adaptarse al cambio climático.

En una escala menor, muchas comunidades han intentado comenzar a adaptarse a la elevación del nivel del mar. Por ejemplo, Miami Beach ha construido nuevas bombas de agua y alcantarillado, pero se trata de un proyecto sin una meta definida para la magnitud de la adaptación requerida por el cambio. Aun así, el alcalde de Miami Beach habla de que confía en haberle hecho ganar cincuenta años a la ciudad.

El coste es un obstáculo obvio para la adaptación. Por ejemplo, los proyectos diseñados para la construcción de muelles y escolleras en la isla de Tangier, en la bahía Chesapeake, ascienden a millones de dólares, y proyectos aún más ambiciosos podrían costar fácilmente decenas de millones; por supuesto, en realidad ninguno evitaría la subida del nivel de las aguas. La adaptación requiere cierta previsión acerca del futuro nivel del mar pero, de momento y con el continuo aumento de las emisiones de carbono, es imposible estimar un límite razonable para el proceso. Estos grandes proyectos capaces, por ejemplo, de protegernos frente a una elevación del nivel del mar de treinta centímetros podrían requerir posteriores reajustes.

Dirigentes y activistas locales han creado un gran movimiento destinado a hacer de las comunidades lugares más resistentes al cambio climático. Como el esfuerzo internacional por controlarlo se pospuso, en 2011 varias comunidades de diferentes partes del mundo organizaron una conferencia en Durban, Sudáfrica, que reivindicaba una «adaptación general como principal agente informador de todos los planes de desarrollo emprendidos por los Gobiernos locales», y desde entonces se han celebrado reuniones internacionales de dirigentes civiles.[31] En Estados Unidos, funcionarios electos de diferentes localidades fundaron en 2013 la Asociación de Comunidades Resilientes Americanas. Muchas ciudades, grandes y pequeñas, han hecho de la resistencia frente al cambio climático parte de sus planes de progreso, pero todos esos planes, por muy bien diseñados que estén, se enfrentan a un problema común: ¿cómo pueden los encargados de su realización fijar un punto final del cambio? ¿Cómo se pueden adaptar las comunidades a extremos que superan actuaciones más allá de un lapso de tiempo concreto? También se han tomado medidas políticas locales y estatales que dificultan aún más la situación. En 2012, por ejemplo, se aprobó una ley en Carolina del Norte que prohibía al estado tener en cuenta las previsiones científicas acerca del crecimiento del nivel del mar antes de emprender proyectos costeros.

La adaptación también se presenta como un modo de aprovechar nuevas oportunidades. En general, la aceleración del cambio climático causará graves problemas en las sociedades, pero mientras muchos núcleos urbanos se enfrentan a la subida del nivel del mar e importantes regiones agrícolas sufren sequías e inundaciones extremas, algunas áreas pueden convertirse en zonas más favorables para el cultivo. Lo cierto es que en las discusiones públicas acerca del tipo de respuestas, algunas voces rechazan la intervención debido a las maravillas que, en su opinión, el calentamiento traerá al mundo. A pequeñísima escala se pueden ver mejoras agrícolas en Groenlandia, donde han aumentado los patatales y huertos de verduras. Los viticultores británicos exploran la posibilidad de aumentar la futura producción. En una escala mucho mayor, los agricultores de países como Canadá están cultivando cereales en territorios situados más al norte e incrementando la producción de maíz.

El calentamiento está facilitando el empeño por explotar recursos en áreas que se están haciendo más accesibles al transporte, así como más favorables para la minería y otras industrias extractoras. El intento de abrir rutas comerciales en aguas de elevadas latitudes ya es una empresa antigua. Antes de que los europeos decidieran cartografiar la región septentrional norteamericana, buscaron el elusivo paso del noroeste, es decir, una ruta que les permitiese llegar a Asia bordeando Norteamérica. En la década de 1570, el explorador inglés Martin Frobisher dirigió expediciones destinadas a encontrar el paso. Otros exploradores siguieron su ejemplo. Henry Hudson se internó en las aguas de la bahía que llevaría su nombre... Fue visto por última vez cuando su tripulación, amotinada, lo embarcó junto con su hijo y un puñado de marinos en un pequeño bote. Hubo más tentativas, pero la primera travesía con éxito no tendría lugar hasta 1906, cuando el noruego Roald Amundsen completó su expedición, que duraría tres años.

El deshielo del Ártico ha generado un nuevo interés por posibles pasos en el noroeste adecuados para el transporte. También está incrementando el interés por el transporte a lo largo de la ruta del mar del Norte ruso, en la Eurasia septentrional. Rusia ha realizado expediciones navales en la zona y ya ha zarpado un buque portacontenedores.

Las empresas energéticas y mineras también han buscado petróleo, gas y yacimientos minerales en el Ártico. Las condiciones aún son lo suficientemente severas para infligir algún que otro revés: el 31 de diciembre de 2012, la gigantesca plataforma petrolífera Kulluk, propiedad de la compañía Royal Dutch Shell, encalló en Alaska. Shell comenzó a perforar de nuevo en verano de 2015, pero su elevado coste y los decepcionantes resultados llevaron a la compañía a detener las operaciones. En 2014 Noruega abrió el sur del mar de Barents a nuevas prospecciones. El futuro del país como productor de gas y petróleo dependía de obtener nuevos hallazgos: «Para que Noruega continúe siendo un proveedor fiable de gas y petróleo a largo plazo es necesaria la exploración y el desarrollo», explicó el viceministro de Petróleo y Energía.[32] A principios de 2015 Noruega ofreció nuevas concesiones de explotación en el Ártico. Tales perforaciones crearon el potencial de aumentar los efectos de la retroalimentación causada por un rápido calentamiento en elevadas latitudes: más producción petrolífera generará aún más CO_2.

CONFLICTO

Como sucedió a principios del siglo XXI, el cambio climático contribuyó a la competición y el conflicto. Tal competición adoptó muchas formas, entre ellas la búsqueda de reservas de minerales y combustibles fósiles, rivalidad sobre la jurisdicción de las aguas y, posiblemente, incluso enfrentamientos armados.

En el Ártico, la posibilidad de aprovechar recursos naturales ha ocasionado nuevas rivalidades. Canadá y Rusia intentaron afianzar su soberanía en la región. Ambos países llevan a cabo maniobras militares. Tales reivindicaciones de soberanía han generado un renovado interés por identificar los límites de la corteza continental, como la propiedad de la dorsal de Lomonosov, una cordillera submarina situada entre Rusia y Groenlandia. Rusia basa sus tesis respecto a la soberanía en que la dorsal de Lomonosov es, según dicen, una extensión del país. Por su parte, Canadá presenta unos argumentos similares respecto a esta dorsal oceánica, pues su límite suroccidental se encuentra en la isla de Ellesmere, que es una gran ínsula situada en el Ártico canadiense. En 2007, un submarino ruso colocó una bandera en las profundidades oceánicas bajo el Polo Norte. En 2014, Dinamarca respondió alegando que el área circundante al polo estaba conectada a la plataforma continental de Groenlandia, y esta les pertenece.

La sequía acentuada por el cambio climático contribuyó a la tensión y desencuentro en asuntos desarrollados en diferentes partes del mundo. Incluso en casos en los que no se puede atribuir al cambio climático una sequía concreta, el aumento del calor incrementa la evaporación. En los países desarrollados, la sequía ha originado disputas entre los consumidores de agua. En el oeste norteamericano, por ejemplo, la escasez de agua ha enfrentado a estos consumidores, a menudo residentes en áreas urbanas o suburbanas, con granjeros y productores agrícolas. Los granjeros tejanos presentaron demandas cuando los árbitros estatales intentaron restringir el suministro de agua con el fin de que esta continuase disponible para residentes e industrias. Los derechos sobre el agua se han repartido, a menudo concediendo prioridad a las reivindicaciones más antiguas, pero el crecimiento demográfico y el desarrollo han supuesto una mayor presión para el suministro; y la sequía no ha hecho más que acentuar los problemas ya existentes.

A menudo, las razones de los conflictos son complejas. Por ejemplo, California no solo es el principal productor de almendras de Estados Unidos, sino del mundo entero. La producción se ha triplicado desde la década de 1990 gracias al incremento de la demanda doméstica y a la creciente exportación mundial. El cultivo de la almendra requiere una gran cantidad de agua, pero también la necesitan otras cosechas, sobre todo la alfalfa, y resulta difícil concretar cuáles son más merecedoras de agua dada una situación de escasez.

La sequía también ha intensificado la rivalidad por el agua entre los grandes consumidores agrícolas y los californianos deseosos de proteger la población de salmón real en el estado. Las aguas cálidas y poco profundas de la cuenca del río Klamath ponen en peligro la vida de los salmones, y más aún cuando buena parte de estas se han desviado al sur para sostener el cultivo de almendras y otros frutos secos, además de diversas frutas, en el valle de San Joaquín. Un invierno de fuertes nevadas puede suavizar la disputa a corto plazo pero, en un mundo cada vez más cálido, el regreso de un periodo de sequía es probable que lleve a renovadas tensiones en torno al agua.

También los Estados compiten por el agua. En el oeste de Estados Unidos, hay siete que comparten las aguas de la cuenca del Colorado, pero la demanda total supera al suministro. Arizona y California, sobre todo, disputan el control sobre las aguas del río. Disputas similares se han acentuado en muchas regiones y países afectados por la sequía, como Brasil. Los proyectos para desviar al noroeste agua del importante río San Francisco, en el este del país, han suscitado debates. Los oponentes argumentan que el proyecto beneficiaría a los grandes productores agrícolas en detrimento de los residentes del árido nordeste. Las mayores ciudades brasileñas también se disputan el control del agua. La sequía y escasez de agua a finales de 2014 originó un conflicto por los recursos acuáticos entre Sao Paulo y Río de Janeiro. Esta última alegaba que Sao Paulo pretendía aprovechar la reserva que la abastecía de agua.

La competencia por el agua también ha lanzado a unos países contra otros. En el nordeste africano, Egipto y Etiopía se han disputado el aprovechamiento de las aguas del Nilo. La primera civilización que nació en Egipto dependía de este río y de sus inundaciones anuales para el riego. En cualquier caso, el Egipto moderno depende aún más, y no solo para el regadío y suministro general de agua, sino también para la generación de electricidad. La gigantesca presa de Asuán produce la mitad de la energía eléctrica del país. Los proyectos etíopes para construir una gran presa en el nacimiento del Nilo Azul, uno de los dos principales cursos de agua que conforman el Nilo, han causado alarma en Egipto y Sudán.

El vínculo exacto entre precipitaciones y disputas es una cuestión compleja. Es probable que, durante los años de lluvias abundantes, el pastoreo desarrollado durante las últimas décadas haya generado conflictos debido al incremento del cuatrerismo.[33] No obstante, la extrema desviación de lo habitual, ya sean años de extrema sequía o fuertes precipitaciones, está vinculada a conflictos sociales.[34]

La escasez de agua ha contribuido a la creciente tensión, e incluso violencia, entre los habitantes del África oriental.[35] En Etiopía y Kenia, los pastores han incrementado el alcance de sus territorios en busca de pasto para el ganado, pero esta búsqueda de alimento también ha aumentado la fricción y el conflicto por el agua. El menguante nivel acuático del lago Turkana, en el norte de Kenia, ha llevado a los pastores a lugares cada vez más alejados en busca de agua, aumentando así las probabilidades de enfrentamiento. Y, efectivamente, las investigaciones llevadas a cabo en 2014 por el Observatorio de Derechos Humanos describen tales conflictos.[36]

En el África occidental, el aprovechamiento de las aguas del lago Chad ha generado disputas por tan valioso y menguante recurso. Este lago, que en el pasado fue un enorme cuerpo de agua poco profundo situado en las praderas del Sáhel, ha perdido gran parte de su superficie durante las últimas décadas… A principios de la década de 1960 cubría unos veinticinco mil kilómetros cuadrados y hoy apenas un millar. El cambio climático combinado con el empleo que hacen los humanos del agua ha llevado a esta reducción general. El conflicto entre Camerún y Nigeria por el lago concluyó en 2002 con el fallo de la Corte Internacional de Justicia a favor del primero, aunque pastores, agricultores y pescadores continúan disputándose el agua de la zona. La sequía y el avance del desierto están empujando a los pastores hacia el sur, al África central, en busca de pastos.[37] La pérdida de agua en la cuenca del lago Chad ha hecho de la región un lugar inestable incluso antes del surgimiento del belicoso movimiento Boko Haram, que en 2009 comenzó a perpetrar actos terroristas destinados a la creación de un Estado islámico. Boko Haram lanzó ataques sistemáticos contra los granjeros, ocasionando hambrunas. La combinación de hambruna y cambio climático ha causado en la zona grandes oleadas de personas desplazadas y refugiados.

Mientras el cambio climático refuerza las condiciones extremas, la sequía no solo se presenta como motivo de disputa por el agua, e incluso enfrentamientos armados entre diversos grupos locales, sino también como causa de guerra. Los análisis de la función del cambio climático en la guerra y la paz corre paralelo a un estudio más general del clima en la historia humana. En lugar de contemplar el clima como parte del marco general, las investigaciones en curso acerca de las causas bélicas identifican a la fluctuación climática como importante factor o posible motivo. No obstante, respecto a la historia general del clima, un contraargumento de los estudios de seguridad advierte contra la idea de que un cambio particular en las condiciones climáticas lleve, o determine, necesariamente un resultado concreto.[38] La sequía por sí sola no hace de la guerra un suceso inevitable, ni determina el resultado de un conflicto bélico concreto, pero sí incrementa la presión bélica en sociedades que ya sufren otros problemas y afrontan otras formas de inestabilidad. Los años de El Niño, sobre todo, aumentan la posibilidad de nuevos enfrentamientos.[39]

La sequía interactuó con otros factores para promover el surgimiento de conflictos políticos y bélicos en Próximo Oriente. En diciembre de 2010, una oleada de protestas y rebeliones estalló en buena parte del mundo musulmán después de que un frutero tunecino se quemase vivo como acto de protesta frente a la corrupción policial. Esta secuencia de desafíos a muchos regímenes se conoció como Primavera Árabe. Algunos Gobiernos aplicaron medidas severas, y en ciertos países las luchas de poder llevaron a complejos y prolongados enfrentamientos entre distintas facciones.

La Primavera Árabe fue consecuencia, sobre todo, del descontento social y político causado por regímenes autoritarios y corruptos, pero ese creciente descontento también tuvo su origen como reacción a los efectos de la sequía. Un estudioso de este problema describe al clima como un agente de presión oculto o como un «súbito cambio en las circunstancias o el entorno que interactúa con un complejo perfil psicológico de modo que lleva a una persona que en el pasado mantuvo una actitud pasiva a convertirse en un sujeto violento».[40] Algunos países, como Libia y Siria, ya habían pasado unos cuantos años sufriendo una severa sequía antes de que estallase la Primavera Árabe.

Existen varios caminos que llevan de la sequía a la agitación política. La sequía se combinó con el incremento demográfico y la falta de una respuesta eficaz por parte del Gobierno para impulsar a granjeros y pastores a migrar a las ciudades sirias. Al mismo tiempo, la aridez en otras regiones euroasiáticas contribuyó a la inestabilidad de Próximo Oriente. Las reservas de cereal, ya casi agotadas debido a la sequía estival de 2010 en Rusia, se desplomaron cuando una escasez extrema de agua en China arruinó la cosecha invernal de trigo en 2011 e hizo que el país aumentase sus importaciones de cereal. La aridez sufrida en China y la presencia de un clima más cálido en otras regiones productoras de trigo redujeron la disponibilidad de cereal y elevaron su precio en todo el mundo. Los precios se dispararon sobre todo en Próximo Oriente y el norte de África, regiones cuyos países ya eran grandes importadores de trigo. Así, los egipcios se encontraron pagando una parte cada vez mayor de sus ingresos para comprar trigo justo en el momento en que las protestas de la Primavera Árabe cobraban fuerza. La sequía no originó la Primavera Árabe, pero sí elevó el nivel de descontento y resentimiento.

A principios del siglo XXI, el cambio climático a lo largo y ancho del norte de África interactuó con las tendencias económicas y los conflictos para avivar la emigración. En el interior de África hubo el mayor número de desplazados. Así, Boko Haram y los contragolpes del Gobierno nigeriano se combinaron para desplazar a más de dos millones de personas. Las leyes internacionales clasifican a aquellos desplazados dentro de las fronteras de su país como desplazados internos. Un pequeño número de africanos llegó a Europa. Realizaron este difícil y, muchas veces, peligroso viaje por múltiples razones, pero entre ellas se cuenta la inestabilidad de las precipitaciones, que los llevó a aventurarse al norte desde países como Mali y Níger. En el Cuerno de África, la severa sequía también ha incrementado el nivel de inseguridad resultante de la guerra, aumentando así el número de emigrantes y desplazados internos.

EL RICO Y EL POBRE

A lo largo de los siglos las sociedades complejas construyeron una mayor resiliencia frente a las fluctuaciones climáticas, y por esa razón muchos residentes de las sociedades más acaudaladas de la actualidad pueden haber pasado por alto señales evidentes del cambio climático. Los jardineros, dedicados al cultivo de diferentes tipos de plantas durante años, han observado alteraciones en la estación de cultivo, y los aficionados al deporte al aire libre han detectado cambios en las estaciones, pero es fácil que un acomodado ciudadano de alguna sociedad occidental que pasa la mayor parte del día en el interior de una casa, un vehículo o una oficina con climatizador no advierta esos cambios.

Ya hace tiempo que el cambio climático lleva causando distintos efectos en diferentes grupos de personas. Durante las primeras etapas de la prehistoria humana, los cazadores-recolectores se mostraron capaces de adaptarse a un amplio rango de ambientes locales y regionales. El auge de la agricultura tuvo efectos diversos. Las sociedades complejas almacenaron alimentos, haciéndose así, al menos en teoría, más resistentes frente a las fluctuaciones climáticas, aunque estas pudiesen resultar más dañinas para las sociedades con infraestructuras organizadas que para los cazadores-recolectores. Bajo ciertas circunstancias, la élite gobernante podría ser incluso la más vulnerable ante las variaciones climáticas.

En tiempos más recientes, la posibilidad de correr un riesgo más grave ha oscilado alejándose de las élites. El continuo desarrollo de las sociedades avanzadas ha colocado, de momento, a los menos influyentes y poderosos en una situación de mayor riesgo. Los más vulnerables, personas con recursos limitados viviendo en áreas de muy bajo nivel de vida, son los primeros en sentir los efectos, y los Gobiernos que ya han sufrido problemas importantes se enfrentan a sacudidas aún más fuertes. No hay cantidad de riqueza o poder que confiera una inmunidad total y absoluta ante los efectos de las inundaciones, tormentas o sequías, pero los más pudientes pueden protegerse mejor y evitar sufrir algunos de los peores. Por ejemplo, es mucho más probable que el habitante de una pequeña parcela de tierra en una ladera deforestada padezca las severas consecuencias de una inundación que el propietario de una casa grande y bien cuidada situada dentro de una parcela con muros de contención. Del mismo modo, una aldea costera de Bangladés tiene muchas menos probabilidades de recuperar sus pérdidas tras una inundación que un propietario asentado en la costa este de Estados Unidos.

8. LAS CONTROVERSIAS DEL CAMBIO CLIMÁTICO

Hasta finales del siglo xx y principios del xxi, la cantidad de pruebas de que el cambio climático ya afectaba a las sociedades no obtuvo un consenso público respecto a las cuestiones clave. Incluso después de que la abrumadora mayoría de climatólogos llegasen a la conclusión de que la actividad humana estaba ocasionando el cambio climático, este descubrimiento básico sufrió ataques. A su vez, tal controversia pública creó percepciones equivocadas acerca del consenso científico sobre el calentamiento antropogénico. El verdadero debate científico no se centra en la función de los humanos en el cambio climático. Los climatólogos dedican su atención a identificar y medir los efectos de las retroalimentaciones climáticas y a proyectar el ritmo del cambio.

El cambio climático y la historia humana se han entrelazado tan íntimamente que no es posible separar el uno de la otra. A lo largo de siglos y milenios, las sociedades complejas se han hecho más resilientes frente a las fluctuaciones climáticas, pero hemos llegado al punto de no poder separar el sino de las estas del cambio climático. Como la actividad humana se ha convertido en el principal agente de forzamiento, el presente y futuro empleo de la energía moldeará el devenir del cambio climático. Puestos en cualquier escenario razonable, nos encontramos ante elecciones cruciales acerca de en qué tipo de futuro deseamos vivir.

ATAQUES A LA CLIMATOLOGÍA

La climatología ha experimentado un rápido crecimiento desde finales del siglo XX y principios del XXI. Científicos de todo el mundo enriquecen el conocimiento de casi cualquier aspecto de esta ciencia y de la historia del clima. Publican sus descubrimientos en revistas científicas ya existentes y en nuevas publicaciones dedicadas a ramas concretas de la climatología. Con el fin de informar de las respuestas, en 1988 la Organización de Naciones Unidas fundó el Panel Intergubernamental del Cambio Climático (IPCC, según sus siglas en inglés). La IPCC publicó su *Primer informe de evaluación* en 1990, y ha continuado publicando informes cada cinco o seis años; el último ha sido el *Quinto informe de evaluación*, en 2013. En 2007, la IPCC y Al Gore, exvicepresidente de Estados Unidos, recibieron el Premio Nobel de la Paz por sus esfuerzos para publicar las últimas informaciones sobre el cambio climático.

Al mismo tiempo, la climatología ha sufrido fuertes reveses en distintos países. En algunos casos, las industrias más proclives a encarar las dificultades derivadas de la regularización de las emisiones de carbono apoyaron la iniciativa de plantear dudas sobre esta ciencia. El alcance de la división política respecto a la climatología mostró grandes diferencias en distintos países; en el caso de Estados Unidos, una importante cantidad de políticos electos denunciaron públicamente, o pusieron en duda, la validez de la climatología. La oposición política más fuerte a principios del siglo XXI procedió del Partido Republicano y de regiones con fuertes industrias de combustibles fósiles. Los sondeos de opinión mostraron grandes diferencias según la tendencia política en el porcentaje de estadounidenses que aceptaban el aumento de la temperatura terrestre o que pensaban que este era un asunto serio.

También algunos dirigentes políticos han expresado su escepticismo acerca de la climatología en Australia y Canadá. Dejando a un lado las instituciones políticas, varias organizaciones y portales de Internet atacaron a la climatología o trabajaron para desacreditar sus descubrimientos. Varias importantes publicaciones, en línea e impresas, acentuaron estas voces.

Se pueden observar los efectos de esa movilización política en las controversias generadas por el «palo de hockey», la británica Unidad de Investigación Climática y la IPCC. El «palo de hockey» se refiere a la curva de una gráfica, obra de los climatólogos Michael Mann, Raymond S. Bradley y Malcolm Hughes, presentada por primera vez en 1998.[1] La gráfica muestra la temperatura global desde 1400 e. c., después se extendería hasta abarcar los dos últimos milenios, y señala una acusada elevación en la zona correspondiente a los últimos años del siglo xx que recuerda a la forma de un palo de hockey. En 2001, la IPCC publicó la gráfica en su *Tercer informe de evaluación*. La respuesta consistió en una campaña destinada a desacreditar a los científicos y a su informe atacando la validez de la gráfica. Estos ataques obtuvieron la atención del público, pero varias estimaciones científicas acerca de las tendencias de la temperatura a lo largo de la historia confirman el acusado incremento representado en la gráfica original del palo de hockey.

Piratas informáticos, aún sin identificar, perpetraron otro importante ataque al consenso científico acerca de la tesis del cambio climático y el calentamiento global causado por la actividad humana al extraer correos electrónicos pertenecientes a la Unidad de Investigación Climática de la Universidad de East Anglia, Inglaterra, el mayor centro de investigación climatológica del Reino Unido. La filtración de una serie de fragmentos sacados de contexto intentaba dar la impresión de que los climatólogos estaban involucrados en una conspiración, pero varios hallazgos e investigaciones no han logrado hallar pruebas de tan impropia actuación. Por último, un párrafo del *Cuarto informe de evaluación* publicado por la IPCC sobre el futuro ritmo de deshielo en los glaciares himalayos resultó incorrecto, lo cual produjo nuevas acusaciones de conspiración por parte de los escépticos.

Ciertos ataques a la climatología se deben a la falta de entendimiento de la propia ciencia. El término «calentamiento global» causa la impresión de que cada día será más cálido que el anterior; según esta concepción, una jornada fría o nevosa basta para invalidar la idea de esa tendencia a la subida de las temperaturas. Hace poco tiempo ha surgido un argumento más sofisticado, pero acorde con esa línea de pensamiento, según el cual se ha detenido el calentamiento global. A pesar de que las emisiones de CO_2 continúan aumentando, el registro de temperaturas no ha mantenido el ritmo de la última década. Los escépticos han aprovechado esta aparente interrupción en el incremento de la temperatura como prueba en contra de la tendencia al calentamiento. Por el contrario, los climatólogos han señalado que ese calentamiento continúa... Algunos han advertido que mucha de la energía añadida se está detectando en el océano más que en la atmósfera,[2] mientras otros argumentan que en realidad no hay ninguna clase de interrupción.[3] En 2014 la mayoría de las muestras de temperaturas recogidas muestran que ese año ha sido el más cálido jamás registrado. Después, todos los registros de toma de temperatura superficial señalaron un nuevo récord de calentamiento en 2015 y, subsecuentemente, muchos determinaron que 2016 estableció una nueva cota. Gran parte de los años más cálidos ha tenido lugar a partir de 2000. Lo cierto es que, según los análisis de la NASA, a partir de 2001 hubo dieciséis de los diecisiete años más cálidos.[4]

En ningún caso estas campañas o polémicas alteran el consenso básico entre los científicos de que la actividad humana está causando un cambio climático, pero la movilización en contra de la climatología ha contribuido al aumento de las diferencias en la percepción del cambio climático que se tiene en diferentes países. Por ejemplo, una encuesta pública realizada en 2014 reveló importantes discrepancias entre países respecto al porcentaje de respuestas a la pregunta de si el cambio climático «se debe principalmente a la actividad humana». En Estados Unidos, un 54 % de los encuestados aceptó esa premisa, una cantidad total algo inferior al 71 % de Canadá y muy inferior al 79 % de Brasil, 80 % de Francia, 84 % de Italia y 93 % de China.[5] Los resultados de las encuestas han variado con el tiempo y, además, diferentes preguntas dan distintos resultados, pero los encuestados estadounidenses continúan contemplando al cambio climático como un asunto menos urgente de lo que lo hacen muchos ciudadanos de otras regiones. Otra encuesta realizada por Pew en 2015 dio como resultado que un 41 % de los estadounidenses aceptan que «ahora mismo el cambio climático está dañando a la gente»,[s] un porcentaje menor que el 48 % de Asia y el Pacífico, el 52 % de África, el 60 % de Europa y el 77 % de Iberoamérica. Solo los encuestados en Oriente Próximo, con un 26 %, se mostraron menos de acuerdo con la premisa.[6]

PROYECCIONES CLIMÁTICAS E INCERTIDUMBRES

Los climatólogos emplean varios modelos climáticos globales (MCG) para intentar predecir cómo las emisiones de gases de efecto invernadero alterarán el sistema terrestre. Los MCG emplean fórmulas matemáticas creadas para simular los procesos climáticos y pueden tener en cuenta diferentes escenarios según las emisiones. Los primeros MCG, diseñados en la década de 1970, tenían relativamente pocos parámetros del sistema climático, pero los modelos han aumentado en complejidad y sofisticación desde entonces, proporcionando así más fiabilidad en las proyecciones. En su informe más reciente, la IPCC seleccionó cuatro «trayectorias de concentraciones representativas» (RCP, según sus siglas en inglés), para cubrir cierta variedad de escenarios según las emisiones. Las proyecciones climáticas para un futuro en el cual hayamos continuado con la trayectoria actual son, en el mejor de los casos, aleccionadoras. Incluso con la implementación de políti-

---

s   Centro de Investigaciones Pew, laboratorio de ideas con sede en Washington D. C. (*N. del T.*)

cas agresivas destinadas a frenar las emisiones, es probable que la temperatura global aumente 1 °C.[7] También es probable que una trayectoria de altas emisiones haya elevado la temperatura media más de 3 °C a finales del siglo XXI, un nivel jamás experimentado en la historia de la humanidad.[8] Sin embargo, estas no son necesariamente las estimaciones límite, pues las trayectorias de altas emisiones pueden causar resultados más extremos, ya sean estos productos de retroalimentaciones climáticas o del crecimiento de una producción y consumo de energía que no hayan abandonado simultáneamente y de modo radical el carbono.

Continuar con nuestra trayectoria también nos llevaría a experimentar una mayor subida del nivel del mar. Las proyecciones previas pronosticaban una subida media de un metro para 2100, pero los nuevos estudios han doblado esa estimación.[9] El mayor conocimiento de los efectos de océanos más cálidos en las banquisas han hecho que las proyecciones auguren incrementos aún más acusados. La investigación detallada y los modelos de deshielo, tanto de las capas superiores como de las inferiores, nos presenta la perspectiva de una mayor inestabilidad y un deshielo más rápido tanto en Groenlandia como en la Antártida. En cualquier caso, el resultado final sería un rápido aumento del nivel del mar. Las investigaciones efectuadas acerca de los posibles efectos de la retroalimentación nos proporcionan unas estimaciones aún más terribles acerca del probable alcance máximo de los efectos de una trayectoria de elevadas emisiones. Así, el célebre climatólogo James Hansen y sus colegas han advertido de la posibilidad de un incremento del nivel del mar de varios metros.[10] Los cambios anunciados supondrán una grave amenaza para muchas de las principales ciudades del mundo. Ciudades como Nueva York, Boston, Shanghái y Dhaka no quedarían inundadas de inmediato, pero buena parte de ellas será inhabitable si no se realizan enormes inversiones en diques de contención y, además, las poblaciones del litoral seguirían sufriendo posteriores aumentos del nivel del mar.

Más difícil de pronosticar es el futuro modelo de precipitaciones, pero la visión general indica una situación más extrema.

Expresado del modo más simple, las zonas húmedas serán más húmedas y las áridas más áridas. Es probable que haya precipitaciones concretas más extremas y frecuentes.[11] La intensificación de los extremos de lluvia y sequía colocarán a las sociedades más pobres bajo una tremenda presión, aumentando así la posibilidad de movimientos migratorios y situaciones de inestabilidad.

A pesar de las mejoras de los modelos y la mayor confianza en las proyecciones de futuro, aún queda espacio para la incertidumbre. Por ejemplo, es difícil que los modelos predigan qué nubes habrá en un mundo más cálido. Las nubes suponen una fuente de incertidumbre, en cierto modo porque pueden actuar como una retroalimentación tanto positiva como negativa para el calentamiento global. Un incremento de nubes bajas proporcionaría una retroalimentación negativa, pues este tipo de nubes tiende a reflejar una mayor cantidad de luz solar respecto a la energía calorífica absorbida, dando como resultado un efecto de enfriamiento. Por tanto, un aumento de nubes de baja altura podría contrarrestar parte de la tendencia al calentamiento. En cambio, las nubes altas producen más calor porque la energía calorífica terrestre absorbida es mayor en relación a la cantidad de luz solar reflejada al espacio. En la actualidad, las proyecciones muestran un incremento de nubes altas, lo cual acentúa la tendencia al calentamiento. Este asunto continúa siendo objeto de una dinámica investigación.

También existen otras retroalimentaciones climáticas con potencial para acentuar el calentamiento global. Las vastas reservas de carbono atrapadas bajo el suelo congelado del Ártico, el permafrost, son solo un ejemplo. El deshielo del permafrost inicia la descomposición de los restos de animales y plantas de tiempos remotos que en la actualidad se encuentran congelados en el terreno. El CO_2 o el metano emitido durante esa descomposición proporcionarían aún más cantidad de gases de efecto invernadero, causando una retroalimentación positiva. Estimar los efectos de esta retroalimentación presenta desafíos similares a la medida de los efectos de las nubes. En el caso del permafrost, hay incertidumbres acerca de la cantidad y ritmo de liberación del carbono. Un análisis reciente indica una liberación lenta durante las próximas décadas e incluso siglos.[12] Los modelos empleados en los informes más recientes de la IPCC no toman en cuenta todo el potencial de la retroalimentación que tiene el permafrost,[13] así que las temperaturas pueden aumentar más de lo que acaban de proyectar.

DESAFÍOS

A pesar de las sombrías perspectivas esbozadas en las proyecciones resultado de altas emisiones, las sociedades modernas se enfrentan a importantes obstáculos políticos, intelectuales y económicos para crear una trayectoria alternativa. Uno de esos obstáculos es la oposición de algunos círculos por aceptar los hallazgos de la climatología. Es difícil abordar un problema si una amplia minoría afirma que no existe o, en algunos casos, sostiene que en realidad un rápido calentamiento es beneficioso.

La demora en la toma de medidas respecto al cambio climático no se debe sencillamente a la negación o rechazo de los hallazgos científicos sino también, desde un punto de vista más amplio, a la percepción del cambio climático. El simple reconocimiento de que somos humanos quienes lo causamos no implica necesariamente el entendimiento de la magnitud de la amenaza o que estemos preparados para llevar a cabo acciones eficaces destinadas a contenerla. A menudo, las encuestas políticas muestran el problema del cambio climático como un asunto de escasa importancia para grandes franjas de votantes.

El conocimiento o, mejor aún, el modo en que los humanos identifican y responden a las amenazas potenciales también afecta a la disposición para asumir decisiones importantes. La evolución humana nos proporciona herramientas para identificar y responder a ciertas amenazas, pero no siempre tenemos la capacidad de evaluar los riesgos en su justa medida. Una actividad habitual como, por ejemplo, conducir, puede contemplarse como más segura que un suceso extraordinario (la mordedura de una serpiente venenosa), a pesar de que, estadísticamente, conducir suponga un mayor riesgo. También tendemos a ser hábiles para detectar peligros físicos inmediatos, aunque lo somos mucho menos para identificar y responder a peligros complejos y, relativamente, más alejados en el tiempo, como sucede con el cambio climático. Las investigaciones también señalan que estamos mejor preparados para aceptar riesgos mayores con el fin de evitar posibles pérdidas que para obtener alguna ganancia potencial.[14] Nuevos campos de investigación abordan estos asuntos aplicando ciencias de la conducta para intentar comprender mejor las percepciones y las respuestas de las personas frente al cambio climático. Uno de los debates trata la cuestión de si es más eficaz presentar un escenario más amplio y sombrío o recurrir a una táctica más optimista que informe de los sencillos actos individuales que cada cual puede ejecutar. No obstante, a no ser que esos actos individuales vayan acompañados de un cambio en las normas mucho más amplio, serán insuficientes para evitar los escenarios más extremos del cambio climático.

El interés económico supone un obstáculo más inmediato para tratar el cambio climático. El crecimiento de la concentración de CO_2 atmosférico, sin precedentes en la historia de la humanidad, se debe a múltiples oleadas de industrialización y revoluciones en sistemas de transporte alimentados, sobre todo, por combustibles fósiles. La composición de las mayores empresas del mundo refleja esta realidad. Los baremos para listar las corporaciones más grandes del planeta varían pero, sea cual sea el sistema de unidades empleado, las compañías energéticas especializadas en la producción de gas y petróleo conforman gran parte del conjunto, a juzgar por los ingresos. Tales empresas sumaban ocho de las veinticinco que más ingresos generan en el mundo en 2015, junto con otra dedicada sobre todo a la minería.[15] Algunos poderosos sectores económicos tendrían mucho que perder si se abandonase el empleo de combustibles fósiles, y los Estados y naciones que dependen en gran medida de esas compañías también tienen motivos financieros para contemplar con preocupación semejante cambio. Los Estados del golfo Pérsico, entre ellos Arabia Saudí, y Rusia se encuentran entre los mayores productores mundiales de gas y petróleo. Lo mismo es válido para Canadá, Brasil y México. La revolución que supuso la fractura hidráulica (conocida en ciertos ámbitos como *fracking*) hizo de Estados Unidos el primer productor mundial de gas natural, y la producción petrolífera estadounidense experimentó un incremento entre 2005 y 2015 tras haber sufrido un largo periodo de declive. Entre los países con grandes reservas de carbón, se encuentran China, Estados Unidos, Australia, la India, Indonesia y Rusia. La mera posesión de reservas de combustibles fósiles no obliga a que un país obstaculice el esfuerzo por frenar el calentamiento global, pero los negociadores climáticos han criticado a Arabia Saudí por intentar moderar el discurso y minimizar los objetivos en las conversaciones internacionales acerca del clima. Al mismo tiempo, incluso los países con una reputación internacional más «verde» pueden encontrar dificultades para abandonar industrias importantes y durante largo tiempo establecidas. Así, en 2016 Noruega concedió licencias para la prospección de nuevos yacimientos petrolíferos en el Ártico.

El abandono de los combustibles fósiles reducirá los empleos en las empresas de gas, petróleo y minería. La producción energética es un juego de suma cero; así, la creación de empleo en los sectores renovables ya está creciendo a un ritmo más rápido que el de la producción de combustibles fósiles establecida en muchas regiones, pero la abrupta reducción en la extracción de estos últimos plantea la pregunta de qué medidas se tomarán para ayudar a los trabajadores desplazados.

La gran densidad de la infraestructura diseñada para el empleo masivo de combustibles fósiles también supone un obstáculo para el cambio. A lo largo de muchas generaciones, hemos acumulado enormes inversiones preestablecidas para una infraestructura basada en el empleo de combustibles fósiles, hasta el punto en el que semejante infraestructura se ha convertido en norma. En algunos casos, las nuevas fuentes de energía se pueden insertar en las infraestructuras ya existentes, pero los economistas también hablan de costes perdidos, es decir, costes que no se pueden recuperar. Por ejemplo, Estados Unidos ha realizado inversiones mucho mayores en carreteras que en vías ferroviarias. En una sociedad en la cual la gran mayoría viaja diariamente a su lugar de trabajo con su propio vehículo a motor es fácil ver cómo el coste vinculado a la construcción y mantenimiento de carreteras es la norma, pero también representan un coste perdido, pues una parte se podría haber invertido en otras cosas, como en vías ferroviarias.

La asunción de costes también supone un obstáculo para abandonar el empleo de combustibles fósiles. Solemos diferenciar entre el coste inmediato para el consumidor y el dinero que habrá de pagarse más adelante. Al hacer un uso extensivo de esos combustibles calculamos el coste de producir y adquirir petróleo, gas y carbón. Es muy probable, y esto es un ejemplo obvio, que cualquier motorista repostando en una gasolinera sepa cuánto gasta en gasolina un día cualquiera. No obstante, no hacemos que nadie pague por adelantado el coste del tratamiento de enfermedades causadas por la contaminación y el del daño originado por el cambio climático. De modo que mientras el consumidor de la gasolinera es muy consciente del precio de la gasolina, podemos contaminar gratis, ya sea individual o colectivamente. El precio de los combustibles fósiles se mantendrá artificialmente bajo mientras nadie tenga que pagar de inmediato el costo total.

ACUERDOS CLIMÁTICOS

En el ámbito internacional, la ONU ha abordado el asunto del cambio climático con una serie de conferencias. Este esfuerzo comenzó en serio con la Convención Marco de las Naciones Unidas sobre el Cambio Climático de 1992, que entró en vigor en 1994 con el objetivo de estabilizar la emisión de gases de efecto invernadero «a un nivel que impida interferencias antropógenas [causadas por los humanos] peligrosas en el sistema climático».[16] La primera tentativa importante por lograr este objetivo tuvo lugar con la firma del Protocolo de Kioto, en 1997. Según las condiciones del citado protocolo, las partes o Estados negociadores acordaban disminuir las emisiones de carbono respecto a los niveles de emisión en 1990. Estos recortes variaban; por ejemplo, la Unión Europea aceptó reducir un 8 % y Estados Unidos un 7 %. La disminución media suponía un 5,2 %. Al final, muchos Estados ratificaron el Protocolo de Kioto, pero Estados Unidos dejó de intentar su cumplimiento en 2001 y Canadá se retiró del mismo en 2011. El Protocolo tampoco incluía una disminución obligatoria de las emisiones en países en vías de desarrollo, como China e India... Al comienzo de las negociaciones habían lanzado, históricamente, menos carbono a la atmósfera que los países industrializados. Entre las producidas por los países no firmantes y, en algunos casos, el fracaso al realizar los recortes acordados en Kioto, lo cierto es que las emisiones de carbono aumentaron sustancialmente respecto a la cantidad de referencia concretada en 1990... Casi un 50 % en 2010.[17]

Los esfuerzos por lograr acuerdos globales para frenar las emisiones se enfrentan con la cuestión de cómo concretar un objetivo en el límite del calentamiento. Como objetivo de las negociaciones y acuerdos referentes al calentamiento global, se presentó un incremento máximo de la temperatura de 2 ºC en relación a la correspondiente con la época preindustrial. La concreción de estos dos grados centígrados ya se discutía en la década de 1970, y en los debates europeos mantenidos en la década de 1990 acerca de la política climática se comenzó a establecer como objetivo. La Conferencia Internacional sobre el Cambio Climático celebrada en Copenhague, 2009, concretó la cifra de 2 ºC como objetivo internacional, pero este límite no se incluyó en el documento final. Un acuerdo posterior alcanzado en Cancún, 2010, comprometió a los Gobiernos a «mantener el incremento de la temperatura global por debajo de 2ºC respecto a la era preindustrial».[18] En

2015, los representantes del G7, a petición de la anfitriona, la canciller alemana Angela Merkel, aceptaron el objetivo de 2 ºC.

Este objetivo de 2 ºC, producto de largas negociaciones, ha dado pie a debates. Algunos científicos argumentan que es demasiado conservador y puede ocasionar una falsa sensación de seguridad. Teniendo en cuenta los muchos mecanismos de retroalimentación generados por el calentamiento global, el objetivo de 2 ºC puede no ser suficiente para evitar que las sociedades, y también muchas especies animales, hayan de afrontar importantes desafíos. James Hansen, uno de los pioneros de la climatología, escribió que un aumento de 2 ºC «sometería a los jóvenes, a las futuras generaciones y a la Naturaleza a un daño irreparable».[19] Por otro lado, algunos críticos con este objetivo argumentan que el objetivo de 2 ºC es demasiado simple y piden, en vez de concentrarse en él, prestar atención a una serie de «señales vitales» entre las que incluyen factores como la concentración de CO_2 atmosférico, la temperatura oceánica y las temperaturas en latitudes elevadas. Como respuesta, varios prominentes climatólogos han reafirmado la importancia de marcar objetivos, señalado la dificultad de concretar señales vitales prácticas y argumentado que abolir el objetivo de una temperatura media global proporcionaría una excusa para futuros retrasos e inactividad. Hans Joachim Schellnhuber, un asesor climático de la canciller alemana Angela Merkel y del papa Francisco, advirtió del valor y del peligro potencial del objetivo de 2 ºC. Al menos esa meta ha proporcionado a los Gobiernos un lugar al que dirigirse: «Dos grados Celsius es un compromiso, pero también es un objetivo tangible y alcanzable, así que algo es algo». No obstante, añadió que quizá no proporcione seguridad. «Pues esa valla de contención de dos grados está, más o menos, alrededor o quizá por encima del punto de inflexión. ¡Dos grados no es el compromiso adecuado! Es la línea divisoria entre un cambio climático peligroso y un cambio climático catastrófico».[20] En 2015, el Acuerdo de París mantuvo el objetivo de limitar el incremento de temperatura a no más de 2 ºC, pero añadió la intención de «proseguir los esfuerzos para limitar ese aumento de la temperatura a 1,5 ºC con respecto a los niveles preindustriales, reconociendo que ello reduciría considerablemente los riesgos y los efectos del cambio climático».[21]

Las prolongadas negociaciones acerca del clima no son fruto simplemente del fracaso de las instituciones políticas nacionales e internacionales y de los errores de sus dirigentes, sino también de auténticas disputas sobre el reparto de costes y beneficios. La continuación del calentamiento antropogénico presentaría grandes desafíos para todas las sociedades, pero es probable que algunas hubiesen de soportar antes el precio más elevado. Por ejemplo, el índice de vulnerabilidad frente al cambio climático publicado en 2013 cita a países como Sudán del Sur, Haití, Sierra Leona, Guinea-Bisáu y Bangladés como los que corren mayor riesgo, aunque entre ellos existan enormes variaciones de desarrollo económico. En general, las poblaciones más pobres son las menos capaces de aislarse de los primeros efectos del cambio climático. Este desequilibrio en el riesgo se debe a importantes carencias de recursos y, en algunos casos, a los efectos del cambio en determinadas regiones. Así, las sociedades más pobres disponen de menos recursos para enfrentarse a los nuevos retos planteados por el cambio climático. Por ejemplo, Guinea-Bisáu, un país situado en la costa del África occidental, con solo un millón seiscientos mil habitantes y una escasa elevación sobre el nivel del mar, puede dedicar pocos recursos a la adaptación con un PIB per cápita de unos quinientos dólares. Sus emisiones de carbono suponen un porcentaje insignificante, apenas mesurable, de las emisiones antropogénicas de gases de efecto invernadero; muchos países se encuentran en una posición similar. Al mismo tiempo, algunos de los menos capaces de dedicar una gran cantidad de recursos a combatir el cambio climático pueden ser testigos de grandes alteraciones en el patrón de la pluviosidad. Así, es probable que la creciente frecuencia de sequías y precipitaciones extremas sea especialmente dañina en Haití, el país con el PIB per cápita más bajo del hemisferio occidental.

Dentro del marco global, estas diferencias en riesgos y recursos influyen en las respuestas adoptadas frente al cambio climático, pues algunas de las poblaciones más afectadas son las que menos capacidad tienen para moldear e influir en los acuerdos. Al mismo tiempo, los residentes en países más acaudalados, que pueden verse a sí mismos como menos propensos a sufrir una consecuencia inmediata, pueden ser los menos partidarios de tomar medidas. Tales disparidades en el nivel de riesgo se pueden encontrar incluso dentro de una misma región, donde los residentes de los vecindarios pobres afrontan unas consecuencias más graves que los residentes en áreas urbanas más pudientes. Las olas de calor extremo, que son más probables debido al cambio climático, elevan la mortalidad, pero el riesgo de muerte por golpe de calor no se extiende de manera uniforme. Así, es más probable que las olas de calor extremo, ya sea en Pakistán, Estados Unidos o cualquier otro lugar, causen más fallecimientos entre la población más pobre.

Además de la distribución de costes y beneficios entre países con un desarrollo económico más o menos similar, el equilibrio de gasto entre los pasados, actuales y futuros emisores de gases de efecto invernadero supone otro importante desafío para abordar el problema del cambio climático. A lo largo de buena parte del discurrir de la Revolución Industrial, las primeras potencias industrializadas han emitido la mayor cantidad de carbono, y con gran diferencia. Por ejemplo, Estados Unidos fue el mayor emisor de carbono del siglo xx. Desde 1850 hasta 2002, este país contribuyó con un 29,3 % de las emisiones de carbono, más que cualquier otro. El Reino Unido, el primer país en industrializarse y el mayor emisor mundial en 1850, supuso un 6,3 %, inferior al 7,3 % alemán y superior al 4,1 % japonés. Teniendo en cuenta este modelo, las emisiones de carbono dispuestas en el Protocolo de Kioto solo se llevaron a cabo en países desarrollados. Según las condiciones del Protocolo, aquellos países que a lo largo del discurrir de la Revolución Industrial han encabezado las emisiones mundiales, y obtenido los mayores beneficios económicos, serán los primeros en rebajarlas.

Hasta principios del siglo xxi, Estados Unidos y sus pares en las primeras etapas de la Revolución Industrial todavía contribuían sustancialmente a las emisiones de carbono, pero a partir de finales del siglo XX estas se han incrementado en todo el mundo desarrollado. Hasta 2011, la mayor cantidad acumulada de emisiones de CO_2 desde 1850 correspondía a Estados Unidos, pero ese porcentaje se ha reducido en un 27 %. Las nuevas potencias industriales asiáticas aumentaron las emisiones de carbono, y China superó a Estados Unidos como principal emisor absoluto. En 2006, entre los principales países emisores de comienzos del siglo XXI se encontraban la India, Indonesia, Brasil y México junto con China, Estados Unidos, Rusia, Japón, Canadá y Estados de la Unión Europea.[22]

A medida que se incrementaban las emisiones en países como China y la India, el debate de cómo frenarlas se ha concentrado principalmente en cómo equilibrar los cortes entre los nuevos grandes emisores de carbono y las potencias históricas. Es evidente que estas potencias históricas industriales han contribuido durante más tiempo a un cambio climático que ya tenía lugar, pero el aumento de las emisiones a lo largo y ancho del mundo causará aún más. En ambos casos la alteración del equilibrio de las emisiones puede servir como excusa política para la demora. Los dirigentes políticos de los países de más reciente industrialización pueden alegar, y con razón, que deberían comenzar las primeras potencias en industrializarse. Al mismo tiempo, algunos políticos de estas últimas abogan por un retraso mientras no se unan todos los países. Un posible camino hacia una posible limitación del cambio climático requerirá acuerdos sobre las proporciones o recortes compartidos.

Los países desarrollados han empleado el carbón con más eficiencia durante muchas décadas. La intensidad de las emisiones, o la concentración de gases de efecto invernadero, por país es mayor en Rusia y China, y en Indonesia y Canadá, que en Estados Unidos.[23] Sin embargo, si medimos las emisiones per cápita, Estados Unidos supera con diferencia a países como China e Indonesia, aunque Australia lo ha desbancado como emisor per cápita. La idea de reducir la intensidad de las emisiones proporcionó un medio para llevar a los países desarrollados a firmar un tratado destinado a un descenso general. Así, en 2015 China prometió reducir la cantidad de carbono total entre un 60 y un 65 % más bajo que en 2005 para 2030. No obstante esta medida todavía ocasionará un aumento de las emisiones totales de la República Popular China, el mayor emisor de carbono en la actualidad.

Tras años de muchas rondas de negociación, la XXI Conferencia sobre el Cambio Climático de 2015, celebrada en París, presentó un nuevo acuerdo en virtud del cual los países proponían sus propios planes para reducir las emisiones de carbono. Según los términos del acuerdo, los países habrán de presentar planes nuevos y más restrictivos cada cinco años. El Acuerdo de París puso de manifiesto la perenne dificultad en encontrar un modo de asegurar la mengua de emisiones, pero presentó un nuevo escenario: frente al Protocolo de Kioto, que se concentraba en recortes realizados por países ya bien industrializados, el Acuerdo de París incluía a la mayoría de naciones del mundo.

En noviembre de 2016, el resultado de las elecciones presidenciales estadounidenses planteó una nueva serie de cuestiones acerca de cómo abordar el cambio climático. Durante su campaña, Donald Trump prometió ayudas al carbón y sacar a Estados Unidos del Acuerdo de París; en 2017 anunció el abandono del mismo. También se opuso a regular las emisiones de carbono en plantas energéticas. Un menor compromiso estadounidense en la implementación de medidas destinadas a reducir las emisiones de gases de efecto invernadero, ya sean dentro del país como en el ámbito internacional, obstaculizaría los esfuerzos por contener el calentamiento global.

OPCIONES ENERGÉTICAS

Si se diera el caso, un esfuerzo conjunto diseñado para evitar los peores escenarios del cambio climático requerirá que en las próximas décadas se escojan varias fuentes de energía alternativa. En general, las tendencias del cambio climático y el uso energético plantean importantes problemas acerca de la futura configuración de la economía mundial.

La pericia de ingenieros y científicos para encontrar y aprovechar nuevos yacimientos de carbono sitúa a los humanos en una posición sin precedentes, pues tenemos la posibilidad de escoger emplear o no esas grandes reservas de combustibles fósiles. A finales del siglo XX, el aumento del consumo energético generó una serie de predicciones acerca de la máxima producción petrolífera, como la idea de que se había alcanzado el punto máximo de producción de crudo. Sin embargo, la industria del petróleo y el gas natural han logrado obtener un vasto incremento de reservas. En la mayoría de las etapas de la historia esto podría haber parecido un feliz acontecimiento, pero en el contexto del siglo XXI sitúa a las personas en un dilema, tal como deja bien claro la cuota de emisión. El enfoque propuesto en la cuota de emisión determina la cantidad de carbono que se puede emitir sin sufrir las consecuencias más extremas del cambio climático... De nuevo nos encontramos con el tan frecuentemente citado objetivo de mantener el calentamiento por debajo de 2 ºC. En 2014, el Proyecto Global de Carbono, un grupo de investigadores y científicos, estimó que el mundo ya ha empleado dos tercios de la cuota de carbono y que las emisiones iban de camino a superar el presupuesto en un lapso de tiempo inferior a treinta años.[24] Las estimaciones de la cantidad total de carbono varían, pero todas proponen una fuerte reducción de emisiones, a menudo mayores que las contempladas por los dirigentes políticos. Muchos prevén una situación donde esas emisiones tengan que reducirse casi a cero en la segunda mitad del presente siglo si continúan las tendencias actuales.

Estas inquietantes cifras han contribuido al inicio de un movimiento destinado a mantener el carbono en el terreno. Por ejemplo, en Estados Unidos, entre 2014 y 2016, ese movimiento se opuso a la construcción de la tubería Keystone XL diseñada para el transporte del petróleo obtenido a partir de arenas bituminosas en Alberta, Canadá. En general, el movimiento tiene como objetivo un amplio rango de proyectos vinculados a los combustibles fósiles que tengan el potencial de mantener o incrementar en el futuro los altos niveles de emisiones de carbono.

Muchos de los planes destinados a frenar el cambio climático antropogénico reivindican un empleo generalizado de energía limpia. Explicado del modo más simple, eso implica el empleo habitual de energías con bajas, o nulas, emisiones de carbono. Los ejemplos más obvios son la energía solar, la eólica y la hidráulica. En modo alguno estas fuentes de energía son algo nuevo: los molinos de viento existen desde hace mucho tiempo, así como las aceñas. Pero en un momento histórico en el que el consumo de energía es superior a cualquier otro se requiere un despliegue sin precedentes de fuentes de energía limpia. El coste de la energía solar y eólica ha disminuido y algunos países, como Dinamarca y Alemania, han hecho de estos sistemas alternativos importantes fuentes de energía. Así, en 2015 Dinamarca produjo más de un 40 % de su electricidad empleando energía eólica. En Alemania, el porcentaje de la energía producida por fuentes renovables aumentó de un 6,2 % en 2000 a un 27,8 % en 2014, y en ciertos días de primavera y verano la cantidad total superaba el 70 %, llegando incluso a generar un 85 %. Al mismo tiempo, la aceleración y crecimiento global del empleo de energía limpia requerirá un gigantesco aumento de su producción y desarrollo.

El debate relativo a la investigación general de fuentes de energía más limpias se ha concentrado principalmente en la fractura hidráulica, el conocido *fracking*, como medio para incrementar la producción de gas natural, así como en la función de la energía nuclear. La fractura hidráulica requiere el bombeo de una mezcla de fluido y arena en una formación rocosa, como la lutita bituminosa, para poder partirla y extraer gas y petróleo. El sistema no es nuevo, pero los avances del mismo han logrado incrementar la producción de crudo y gas natural en Estados Unidos. Los partidarios de la fractura hidráulica alegan que el aumento de la extracción de gas natural sirve como puente energético para un futuro más limpio. Lo cierto es que el gas natural es el combustible fósil que menos carbono emite, menos que el petróleo y bastante menos que el carbón. Así, en teoría, sustituir el carbón por el gas natural produciría una menor emisión de gases de efecto invernadero.

La efectividad de recurrir a la fractura hidráulica para frenar las emisiones de gases de efecto invernadero también ha generado polémica. El metano es un potente gas de efecto invernadero; así, el metano filtrado durante el proceso de fracturación podría anular cualquier posible beneficio resultante de emplear combustibles menos generadores de carbono. Los viejos gaseoductos también dejan escapar metano en muchas comunidades alejadas de los lugares de extracción. La reducción de los citados escapes requeriría una legislación más eficaz y mecanismos que asegurasen el cumplimiento por parte de los productores, además de una fuerte inversión en el sistema de transporte de gas natural.

Otro importante debate acerca de la función del gas natural como agente reductor de las emisiones de gases de efecto invernadero se desarrolla en torno a la pregunta de cómo afectará al mercado energético la expansión del gas obtenido mediante el sistema de fractura hidráulica. Incluso si los escapes de metano se pudiesen controlar con una estricta reglamentación del sistema de perforación y la reparación de los gaseoductos, una mayor producción de gas natural obtenido mediante la fractura hidráulica retrasaría, en algunas economías, el avance hacia un futuro con bajas emisiones de carbono. El relativamente bajo coste de este sistema de extracción, que ha contribuido a la mengua de la producción de carbón en algunas regiones estadounidenses, también podría ralentizar el desarrollo de las energías renovables necesario para evitar las proyecciones climáticas de siempre.

Buena parte del intenso debate abierto acerca de los costes y beneficios de la fractura hidráulica no se ocupa de sus efectos en el cambio climático. La industria se ha convertido en un importante elemento para ciertas comunidades. No obstante, los contrarios a este sistema han puesto de manifiesto en numerosas ocasiones su preocupación por que los productos químicos inyectados en las formaciones rocosas para extraer gas y petróleo puedan dañar los recursos acuáticos. El enorme volumen de agua requerido para las operaciones de fractura también es motivo de preocupación.

Entre las posibles alternativas energéticas se ha sometido a debate el empleo de la energía nuclear. Los partidarios de aumentar la producción de energía nuclear señalan que su obtención no contribuye a las emisiones de gases de efecto invernadero. Sin embargo, sus accidentes, como el sufrido hace poco en la planta nuclear japonesa de Fukushima, en 2011, han causado una gran preocupación acerca de la seguridad en el empleo de esta energía. Además, el coste medio de la construcción de una planta nuclear es extremadamente elevado, pues supone una inversión inicial de muchos miles de millones de dólares, además de que el almacenamiento de residuos radioactivos ha creado una serie de problemas aún sin resolver. Hasta la fecha no existe un consenso acerca de cómo almacenar los residuos más radioactivos. Por ejemplo, en Estados Unidos, y después de más de treinta años de discusión, diseño, construcción y debate, se invalidó el plan para almacenar tales residuos en un depósito permanente situado bajo la cordillera Yucca, en el estado de Nevada. Las investigaciones continúan buscando sistemas alternativos para obtener energía nuclear, como los reactores de torio y los reactores reproductores. Además de la cuestión del coste, la preocupación acerca de la seguridad y posibilidad de proliferación de armas nucleares sigue siendo la misma.

ENFOQUES TÉCNICOS Y GEOINGENIERÍA

En un mundo con una enorme demanda de energía es lógico prestar atención a cómo reducir las emisiones de los gases de efecto invernadero generados por la producción de esa energía, pero existe una serie de diferentes enfoques a la hora de emplear la tecnología para almacenar o atrapar el carbono, e incluso intentar anular sus efectos en el cambio climático. Dada la función de la creciente concentración de CO_2 en el forzamiento climático, algunos investigadores se han dedicado a buscar modos de acabar con la presencia del anhídrido carbónico, ya sea durante el proceso de producción de energía como tomándolo directamente de la atmósfera. Por ejemplo, la expresión «carbón limpio» (la mitigación de la contaminación causada por el carbón) no se refiere al mineral, sino a la idea de capturar el CO_2 producido en las centrales térmicas. La tecnología necesaria para capturarlo ya existe pero, hasta la fecha, resulta extremadamente difícil conseguir atrapar la cantidad necesaria para alimentar una central térmica o hacerlo a un coste razonable. Cualquier plan de este tipo también debe contar con un modo de almacenar el carbono capturado. Un posible uso sería emplear el carbono capturado durante los procesos de fractura hidráulica para incrementar la producción de petróleo y gas natural.

Otra idea interesante es proponer quitar el CO_2 directamente de la atmósfera. Una vez más, esto es posible solo a muy pequeña escala, y en modo alguno se obtendría la cantidad necesaria para contrarrestar las emisiones de gases de efecto invernadero. Un proyecto demostrativo realizado en Islandia logró convertir CO_2 en calcita; es probable que continúen las investigaciones en este sentido.[25]

Otro escenario de geoingeniería diseñado para quitar CO_2 de la atmósfera incide en un crecimiento de la fotosíntesis en el océano y empujar ese carbono al fondo del mar una vez las algas fotosintéticas hayan muerto y se hundan. Lleva años realizándose una investigación acerca de la fertilización de las aguas oceánicas con hierro con el fin de aumentar la producción de fitoplancton, replicando así, hasta cierto punto, el incremento del hierro depositado en los océanos durante los ventosos periodos glaciales. Aunque estos estudios muestran un crecimiento general de la floración del fitoplancton con la adición de hierro, eso no siempre se traduce en la posibilidad de aislar el carbono en las profundidades oceánicas. Según algunos modelos, en realidad la fertilización con hierro reduciría, a largo plazo, la capacidad de las aguas oceánicas para absorber CO_2.[26] El incremento de la población de fitoplancton también podría tener consecuencias impredecibles y no deseadas para la vida marina. Un posible resultado negativo sería la reducción de la concentración de oxígeno, lo cual podría extender en el mar la superficie de zonas muertas.

Por otro lado, existe una serie de propuestas para abordar el asunto del cambio climático sin intentar necesariamente capturar carbono, sino protegiendo de otro modo a la Tierra frente a sus efectos. Lo habitual es que las propuestas de geoingeniería atmosférica se concentren en reducir la cantidad de energía solar que llega a la superficie terrestre bloqueándola con alguna clase de mecanismo, como espejos, globos aerostáticos o algún tipo de aerosol lanzado a la atmósfera. Estas propuestas pretenden, hasta cierto punto, imitar los efectos a veces producidos por las erupciones volcánicas, cuando las partículas eyectadas a la atmósfera reducen temporalmente la insolación.

Aún no se ha demostrado la factibilidad de cualquiera de estos planes de geoingeniería. Más aún, incluso si fuese posible reducir el calentamiento mediante el empleo de alguna clase de geoingeniería mecánica, eso no mitigaría muchos de los efectos del cambio climático. Proteger a la Tierra no tendrá ningún efecto en la acidificación de los océanos, algo que ya de por sí supone una amenaza para muchas formas de vida. Además, cualquier desperfecto en un sistema de geoingeniería podría ocasionar un abrupto, fuerte y potencialmente catastrófico pico de calentamiento.

ECONOMÍA CLIMÁTICA

La necesidad de realizar fuertes recortes en las emisiones plantea varias cuestiones y problemas acerca de la organización económica mundial. Según una visión del futuro económico del mundo, los mercados podrían proporcionar un mecanismo de bajas emisiones. Eso habría de ir más allá de, simplemente, proclamar un producto como «verde» con el fin de que la marca obtuviese reconocimiento. Si los diseñadores de los planes políticos lograsen crear un coste real para las emisiones de carbono las empresas, llegado este escenario, competirían por presentar soluciones.

Dos enfoques basados en el mercado que podrían reducir las emisiones de gases de efecto invernadero y, por consiguiente, mitigar el cambio climático serían la inclusión de un impuesto y un plan de comercio de carbono, dos cosas que esencialmente pondrían precio al carbono y comenzarían a incorporar el coste del ciclo de emisiones. Tales enfoques basados en el mercado pretenden hacer que el consumidor reflexione acerca del verdadero coste social de los bienes derivados de un intensivo empleo del carbono. También proporcionaría cierta motivación para cambiar los patrones de consumo de modo que redujesen la emisión general.

La implementación de un impuesto al carbono, que fijaría un precio por tonelada emitida, alentaría a reducir las emisiones porque el contribuyente intentaría reducir el gasto. Según una variante de este plan, los ingresos obtenidos por este impuesto serían redistribuidos de modo que el dinero obtenido sería un ingreso neutral, lo que a veces se llama «impuesto y dividendo». Ningún tipo de impuesto sobre el carbono generará un límite absoluto de emisiones. La oposición a incluir o elevar impuestos es el mayor obstáculo frente a esta estrategia.

El comercio de derechos de emisión consiste en poner un límite general a las emisiones en la mayoría de los sectores económicos, si no en todos, para distribuir después permisos de emisión. Los distintos sectores recibirían una licencia o asignación para cierta cantidad de emisiones, u obtendrían esas asignaciones mediante un sistema de puja. Una vez las distintas empresas hubiesen conseguido sus asignaciones, podrían venderlas o comerciar con ellas. El mercado de carbono regularía los precios de las mismas. Uno de los principales desafíos que afronta el comercio de derechos de emisión es la cantidad y precio inicial de las licencias y asignaciones. Así, el plan de comercio de derechos de emisión propuesto en la Unión Europea, año 2005, concedía demasiados permisos, lo cual mantuvo los precios e ingresos muy bajos. Otro problema es que los sistemas de comercio de derechos de emisión tienden a concentrarse en determinados sectores y no en el conjunto de la economía.

Una lectura muy diferente del camino hacia el progreso indica que el sistema capitalista, tal como está organizado en la actualidad, se ha ocupado de la crisis climática a través del crecimiento y los beneficios empresariales. Este enfoque necesita una reforma del sistema económico dominante para abordar el cambio climático.[27] Es muy probable que tal enfoque requiera volver a pensar en el sistema de medición del crecimiento. El PIB, tradicionalmente la principal de estas mediciones, calcula el valor de todos los bienes y servicios producidos durante un periodo de tiempo concreto, pero no contempla los posibles efectos de esos resultados. Algunos economistas han propuesto alternativas que tendrían en cuenta el entorno, además de la salud, la desigualdad y el bienestar de las personas en sus puestos de trabajo.

La discusión abierta entre diferentes puntos de vista económicos dramatiza la enormidad de las opciones que los humanos habrán de escoger de cara al futuro. El devenir de las sociedades estará íntimamente vinculado al cambio climático. La escala de tiempo para ver los efectos climáticos previstos es menor que la esperanza de vida media de un ser humano. Sean cuales sean las decisiones que tomemos, sabemos que la tremenda cantidad de gente que hoy habita este planeta sufrirá las consecuencias.

NOTAS

INTRODUCCIÓN

1. Diamond, Jared, *Collapse: How Societies Choose to Fail or Succeed*, Penguin, Nueva York, 2005 [hay trad. cast. *Colapso: por qué unas sociedades perduran y otras desaparecen*, Editorial Debate, Barcelona, 2006].

CAPÍTULO 1

1. Toggweiler, J. R. y Bjornsson, «Drake Passage and palaeoclimate», cit. en *Journal of Quaternary Science*, 15, 2000, pp. 319-28.
2. DeConto, R. M. y Pollard, D., «Rapid Cenozoic glaciation of Antarctica induced by declining atmospheric CO_2», cit. en *Nature*, 421, 2000, pp. 245-9; «A coupled climate- ice sheet modeling approach to the Early Cenozoic history of the Antarctic ice sheet», cit. en *Palaeogeography, Palaeoclimatology, Palaeoecology*, 198, 2003, pp. 39-52 .
3. Pagani, M. *et al*, «The role of carbon dioxide during the onset of Antarctic glaciation», cit. en *Science*, 334, 2011, pp. 1261-4.
4. Pearson, P.; Foster, G., y Wade, B, «Atmospheric carbon dioxide through the Eocene- Oligocene climate transition», cit. en *Nature*, 461, 2009, pp. 1110-14.
5. Raymo, M. E.; Ruddiman, W. R. y Froelich, P. N., «Influence of late Cenozoic mountain building on ocean geochemical cycles», cit. en *Geology*, 16, 1998, pp. 649-53. Raymo, M. E. y Ruddiman, W. R., «Tectonic forcing of late Cenozoic climate», cit. en *Nature*, 359, 1992, pp. 117-22.
6. Keigwin, L., «Isotopic paleoceanography of the Caribbean and east Pacific: Role of Panama uplift in late neogene time», cit. en *Science*, 217, 1982, pp. 350-3.
7. Haug, G. H. y Tiedemann, R., «Effect of the formation of the Isthmus of Panama on Atlantic Ocean thermohaline circulation», cit. en *Nature*, 393, 1998, pp. 673-6.
8. Imbrie Hays, J. J. y Shackleton, N., «Variations in the earth's orbit: Pacemaker of the ice ages», cit. en *Science*, 194, 1976, pp. 1121-32.
9. Demenocal, P. B., «African climate change and faunal evolution during the Pliocene– Pleistocene», cit. en *Earth and Planetary Science Letters* 220 (1-2), 2004, pp.

3-24. Timmerman, Axel y Friedrich, Tobias, «Late Pleistocene climate drivers of early human migration», cit. en *Nature* 538, 2016, pp. 92-5.

10. Kutzbach, J. E., «Monsoon climate of the early Holocene: Climate experiment with earth's orbital parameters for 9000 years ago», cit. en *Science*, 214, 1981, pp. 59 – 61.

11. Rossingnol-Strick, M.; Nesteroff, W.; Olive, P. y Vergnaud-Grazzini C., «After the deluge: Mediterranean stagnation and sapropel formation», cit. en *Nature*, 295, 1982, pp. 105-10.

12. Timmerman y Friedrich, «Late Pleistocene Climate Drivers», pp. 92-5.

13. Mallick, Swpan *et al.*, «The Simons Genome Diversity Project: 300 genomes from 142 diverse populations», cit. en *Nature*, 538, 2016, pp. 201-6.

14. Clarkson, Chris *et al.*, «Human occupation of northern Australia by 65,000 years ago», cit. en *Nature*, 547, 2017, pp. 306-10.

15. Tobler, Ray; Rohrlach, Adam; Soubrier, Julien *et al.*, «Aboriginal mitogenomes reveal 50,000 years of regionalism in Australia», cit. en *Nature*, 544, 2017, pp. 180-4. Pagani, Luca; Lawson, Daniel John; Jagoda, Evelyn; Mörseburg, Alexander; Eriksson, Anders; Mitt, Mario; Clemente, Florian *et al.*, «Genomic analyses inform on migration events during the peopling of Eurasia», cit. en *Nature*, 538, n° 7624, 2016, pp. 238-42. Bowler, James M.; Johnston, Harvey; Olley, Jon M.; Prescott, John R.; Roberts, Richard G.; Shawcross, Wilfred y Spooner, Nigel A., «New ages for human occupation and climatic change at Lake Mungo, Australia», cit. en *Nature*, 421, n° 6925, 2003, pp. 837-40.

16. Miller, Gifford H.; Fogel, Marilyn L.; Magee, John W.; Gagan, Michael K.; Clarke, Simon J. y Johnson, Beverly J., «Ecosystem collapse in Pleistocene Australia and a human role in megafaunal extinction», cit. en *Science*, 309, n° 5732, 2005, pp. 287-90.

17. Takashi, Tsutsumi, «MIS3 edge- ground axes and the arrival of the first Homo sapiens in the Japanese archipelago», cit. en *Quaternary International*, 248, 2012, pp. 70-8.

18. Iwase, Akira *et al.*, «Timing of megafaunal extinction in the late Late Pleistocene on the Japanese Archipelago», cit. en *Quaternary International*, 255, 2012, pp. 114-24.

19. Stringer, Chris, *Lone survivors: How we came to be the only humans on earth*, Times Books, Henry Holt, Nueva York, 2012, pp. 225 y 227-8.

20. Vernot, Benjamin *et al.*, «Excavating Neandertal and Denisovan DNA from the genomes of Melanesian individuals», cit. en *Science*, 352, n° 6282, 2016, pp. 235-9.

21. Barton, Loukas; Brantingham, P. Jeffrey y Ji, Duxue, «Late Pleistocene climate change and Paleolithic cultural evolution in northern China: Implications from the Last Glacial Maximum», cit. en *Developments in Quaternary Sciences*, 9, 2007, pp. 105-28.

22. Kuzmin, Yaroslav V., «Extinction of the woolly mammoth (Mammuthus primigenius) and woolly rhinoceros (Coelodonta antiquitatis) in Eurasia: Review of chronological and environmental issues», cit. en *Boreas*, 39, n° 2, 2010, pp. 247-61.

23. Barton, R. Nick E.; Jacobi, Roger M.; Stapert, Dick y Street, Martin J., «The late-glacial reoccupation of the British Isles and the Creswellian», cit. en *Journal of Quaternary Science* 18, n° 7, 2003, pp. 631-43. Pala, Maria *et al.*, «Mitochondrial DNA signals of late glacial recolonization of Europe from near eastern refugia», cit. en *American Journal of Human Genetics* 90 , n° 5, 2012, pp. 915-24.

24. Cai, Xiaoyun *et al.*, «Human migration through bottlenecks from Southeast Asia into East Asia during Last Glacial Maximum revealed by Y chromosomes», cit.

en *PLoS ONE* 6, n° 8, 2011, e24282; Peng, Min-Sheng *et al.*, «Inland post-glacial dispersal in East Asia revealed by mitochondrial haplogroup M9a'b», cit. en *BMC Biology* 9, n° 1, 2011, p. 1. Buvit, Ian *et al.*, «Last glacial maximum human occupation of the Transbaikal, Siberia», cit. en *PaleoAmerica* 1, 2015, pp. 374-6.

25. Barton, Brantingham y Ji, «Late Pleistocene climate change», pp. 105-28.
26. Hamilton, Marcus J. y Buchanan, Briggs, «Archaeological support for the three-stage expansion of modern humans across northeastern Eurasia and into the Americas», cit. en *PloS ONE* 5, n° 8, 2010, e12472.

Capítulo 2

1. Fraser, Barbara, «The first South Americans: Extreme living», cit. en Nature. com, 1 de octubre de 2014, http://www.nature.com/news/the-first-southamericans-extreme-living-1.16038; Lamont-Doherty Earth Observatory, "Climate in the Peruvian Andes: From early humans to modern challenges," 6 de junio de 2013, http://www.ldeo.columbia.edu/news-events/climate-peruvian-andes-early-humans-modern-challenges.
2. Metcalf, Jessica L. *et al.*, «Synergistic roles of climate warming and human occupation in Patagonian megafaunal extinctions during the Last Deglaciation», cit. en *ScienceAdvances* 2, n° 6 (17 de junio de 2016), http://advances.sciencemag.org/content/2/6/e1501682.
3. Crombé, Philippe *et al.*, «Hunter-gatherer responses to the changing environment of the Moervaart palaeolake (Nw Belgium) during the Late Glacial and Early Holocene», cit. en *Quaternary International* 308, 2013, pp. 162-77.
4. Lorenzen, Eline D. *et al.*, «Species-specific responses of Late Quaternary megafauna to climate and humans», cit. en *Nature* 479, n° 7373, 2011, pp. 359-64.
5. Weiss, Ehud; Wetterstrom, Wilma; Nadel, Dani y Bar-Yosef, Ofer, «The broad spectrum revisited: evidence from plant remains», cit. en *Proceedings of the National Academy of Sciences* 101, n° 26, 2004, pp. 9551-5, doi: 10.1073/pnas.0402362101.
6. Bar-Yosef, Ofer, «The Natufi an culture in the Levant, threshold to the origins of agriculture», cit. en *Evolutionary Anthropology: Issues, News, and Reviews* 6, n° 5, 1998, pp. 159-77.
7. Liu, Li *et al.*, «Paleolithic human exploitation of plant foods during the last glacial maximum in North China», cit. en *Proceedings of the National Academy of Sciences* 110, n° 14, 2013, pp. 5380-5, doi: 10.1073/pnas.1217864110.
8. d'Alpoim Guedes, Jade; Austermann, Jacqueline y Mitrovica, Jerry X., «Lost foraging opportunities for East Asian hunter-gatherers due to rising sea level since the Last Glacial Maximum», cit. en *Geoarchaeology*, 2016.
9. Shi, Hong *et al.*, «Genetic evidence of an East Asian origin and paleolithic northward migration of Y-chromosome haplogroup N», cit. en *PLoS ONE* 8, n° 6, 2013, e66102.
10. Broecker, Wallace S. *et al.*, «Routing of meltwater from the Laurentide ice sheet during the Younger Dryas cold episode», cit. en *Nature* 341, 1989, pp. 318-21.
11. Murton, Julian B. *et al.*, «Identification of Younger Dryas outburst flood path from Lake Agassiz to the Arctic Ocean», cit. en *Nature* 464, 2010, pp. 740-3.
12. Hay una revision disponible en el artículo de van Hoesel, Annelies; Hoek, Wim Z.; Pennock, Gillian M. y Drur, Martyn R., «The Younger Dryas impact hypothesis: A critical review», cit. en *Quaternary Science Reviews* 83, 2014, pp. 95-114.

13. Carlson, A. E., «The Younger Dryas Climate event», para Elias, S. A.. ed., *The Encyclopedia of Quaternary Science*, vol. 3, Elsevier, Amsterdam, 2013, pp. 126-34.

14. Anderson, David G., «Climate and culture change in prehistoric and early historic eastern North America» cit. en *Archaeology of Eastern North America* 29, 2001, pp. 155-6. Anderson, David G.; Goodyear, Albert C.; Kennett. James y West Allen, «Multiple lines of evidence for possible human population decline/settlement reorganization during the early Younger Dryas», cit. en *Quaternary International* 242, 2011, pp. 570-83.

15. Eren, Metin I., «On Younger Dryas climate change as a causal determinant of prehistoric hunter-gatherer cultural change»," para Eren, Metin I., ed., *Hunter-Gatherer Behavior: Human Response during the Younger Dryas*, Left Coast Press, Walnut Creek (California), 2012, pp. 11-20. Snow, Dean R., *Archeology of Native North America*, Routledge, Londres y Nueva York, 2016, p. 46.

16. Blockley, Stella M. y Gamble, Clive S., «Europe in the Younger Dryas: Animal resources, settlement and funerary behavior», cit. en Eren, *Hunter-Gatherer Behavior*, p. 190.

17. Bar-Yosef, «Natufi an culture»; Bar-Yosef, Ofer, «Climatic fluctuations and early farming in West and East Asia», cit. en *Current Anthropology* 52, 2011, S175 – 93.

18. Hillman, Gordon *et al.*, «New evidence of late glacial cereal cultivation at Abu Hureyra on the Euphrates», cit. en *The Holocene* 11, nº 4, 2001, pp. 383-93.

19. Rosen, Arlene M. y Rivera-Collazo, Isabel, «Climate change, adaptive cycles, and the persistence of foraging economies during the late Pleistocene/Holocene transition in the Levant», cit. en *Proceedings of the National Academy of Sciences*, 109, nº 10, 2012, pp. 3640-5, doi: 10.1073/ pnas.1113931109. Bar-Yosef, Ofer, «The Natufian Culture in the Levant, threshold to the origins of agriculture», cit. en *Evolutionary Anthropology* 6, 1998, p. 171.

20. White, Chantel E. y Makarewicz, Cheryl A., «Harvesting practices and early Neolithic barley cultivation at el-Hemmeh, Jordan», cit. en *Vegetation History and Archaeobotany* 21 , nº 2, 2012, pp. 85-94. Willcox, George; Fornite, Sandra y Herveux, Linda, «Early Holocene cultivation before domestication in northern Syria», cit. en *Vegetation History and Archaeobotany* 17, nº 3, 2008, pp. 313-25.

21. Haldorsen, Sylvi; Akan, Hasan; C̦elik, Bahattin y Manfred Heun, «The climate of the Younger Dryas as a boundary for Einkorn domestication», cit. en *Vegetation History and Archaeobotany* 20, 2011, pp. 305-18.

22. Fuller, Dorian Q.; Willcox, George y Allaby, Robin G., «Cultivation and domestication had multiple origins: Arguments against the core area hypothesis for the origins of agriculture in the Near East», cit. en *World Archaeology* 43, 2011, pp. 628-52.

23. Liu, Li; Bestel, Sheahan; Shi, Jinming; Song, Yanhua y Chen, Xingcan, «Paleolithic human exploitation of plant foods during the last glacial maximum in North China», cit. en *Proceedings of the National Academy of Sciences* 110, 2013, pp. 5380-5.

24. Bar-Yosef, «Climatic fluctuations and early farming», S176– S180.

25. Tracey L-D Lu, «The occurrence of cereal cultivation in China», cit. en *Asian Perspectives* 45, nº 2, 2006, pp. 129-58.

26. Cohen, Mark Nathan, *The food crisis in prehistory: Overpopulation and the origins of agriculture*, Yale University Press, New Haven (Connecticut), 1977 [hay trad. cast. *La crisis alimentaria de la prehistoria: La superpoblación y los orígenes de la agricultura*, Alianza Editorial, Madrid, 1994].

27. Zheng, Hong-Xiang *et al.*, «Major population expansion of East Asians began be-

fore Neolithic time: evidence of mtDNA genomes», cit. en *PLoS ONE* 6, n° 10, 2011, e25835.

28. Bar-Yosef, «Climatic fluctuations and early farming», S181.

29. Abbo, Shahal; Lev-Yadun, Simcha; Heun, Manfred y Gopher, Avi, «On the 'lost' crops of the neolithic Near East», cit. en *Journal of Experimental Botany* 64, 2013, pp. 815-22.

30. Liu, Li; Lee, Gyoung-Ah; Jiang, Leping y Zhang, Juzhong, «Evidence for the early beginning (c. 9000 cal. BP) of rice domestication in China: A response», cit. en *The Holocene* 17, 2007, pp. 1059-68.

31. Zheng, Yunfei; Crawford, Gary W.; Jiang, Leping y Chen, Xugao, «Rice domestication revealed by reduced shattering of archaeological rice from the Lower Yangtze Valley», cit. en Nature.com, *Scientific Reports* 6, n° 28136 (21 de junio de 2016. Deng, Zhenhua; Qin, Ling; Gao, Yu; Weisskopf, Alison Ruth; Zhang, Chi y Fuller, Dorian Q., «From early domesticated rice of the Middle Yangtze basin to millet, rice and wheat agriculture: Archaeobotanical macro- remains from Baligang, Nanyang Basin, Central China (6700– 500 BC)», cit. en *PLoS ONE* 10 , n° 10, 2015, e0139885.

32. Tracey L-D Lu, "The occurrence of cereal cultivation," 145, 147 y 149.

33. Sanjur, Oris I.; Piperno, Dolores R.; Andres, Thomas C. y Wessel-Beaver, Linda, «Phylogenetic relationships among domesticated and wild species of Cucurbita (Cucurbitaceae) inferred from a mitochondrial gene: implications for crop plant evolution and areas of origin», cit. en *Proceedings of the National Academy of Sciences* 99, 2002, pp. 535-40. Ranere Anthony J. *et al.*, «The cultural and chronological context of early Holocene maize and squash domestication in the Central Balsas River Valley, Mexico», cit. en *Proceedings of the National Academy of Sciences* 106, 2009, pp. 5014-18, doi: 10.1073./pnas.0812590106.

34. Wang, Huai *et al.*, «The origin of the naked grains of maize», cit. en *Nature* 436, n° 7051, 2005, pp. 714-19. Ranere *et al.*, «Cultural and chronological context», pp. 5014-18; «Early origins of maize in Mexico», cit. en *EurekAlert!* 27 de junio de 2008, http://www.eurekalert.org/pub_releases/2008-06/asop-eoo062308.php.

35. Piperno, Dolores R. y Dillehay, Tom D., "Starch grains on human teeth reveal early broad crop diet in northern Peru», cit. en *Proceedings of the National Academy of Sciences* 105, 2008, pp. 19622-7.

36. Haas, Jonathan *et al.*, «Evidence for maize (Zea mays) in the Late Archaic (3000– 1800 BC) in the Norte Chico region of Peru», cit. en *Proceedings of the National Academy of Sciences* 110, 2013, pp. 4945-9, doi: 10.1073/pnas.1219425110.

37. Ortloff, Charles R., «Hydraulic engineering in Ancient Peru and Bolivia», cit. en *Encyclopaedia of the History of Science, Technology, and Medicine in Non-Western Cultures*, Springer, Dordrecht (Holanda), 2016, pp. 2219-33.

38. Contreras, Daniel A., «(Re)constructing the sacred: Landscape geoarchaeology at Chavín de Huántar, Peru», cit. en *Archaeological and Anthropological Sciences*, 2014, pp. 1-13, doi: 10.1007/s12520-014-0207-2.

39. Smith, Bruce D., «Eastern North America as an independent center of plant domestication», cit. en *Proceedings of the National Academy of Sciences* 103, n° 33, 2006. Pp. 12223 – 8, doi: 10.1073/pnas.0604335103.

40. Carney, Judith Ann y Rosomoff, Richard Nicholas, *In the shadow of slavery: Africa's botanical legacy in the Atlantic world*, University of California Press, Berkeley (California), 2009, pp. 15-18.

41. Denham, im, «Early agriculture and plant domestication in New Guinea and Is-

land Southeast Asia», cit. en *Current Anthropology* 52, 2011, pp. 379-95. Haberle, Simon G.; Lentfer, Carol; O'Donnell, Shawn y Tim Denham, «The palaeoenvironments of Kuk Swamp from the beginnings of agriculture n the highlands of Papua New Guinea», cit. en *Quaternary International* 249, 2012, pp. 129-9.

42. Gammage, Bill, *The biggest estate on earth: How Aborigines made Australia*, Allen & Unwin, Sydney, 2011.

43. Gignoux, Christopher R.; Henn, Brenna M.; Mountain, Joanna L. y Bar-Yosef, Ofer, «Rapid, global demographic expansions after the origins of agriculture», cit. en *Proceedings of the National Academy of Sciences*, pnas.org, 108 , n° 15, 2011, pp. 6044-9, doi: 10.1073/pnas.0914274108. Haak, Wolfgang *et al.*, «Ancient DNA from the first European farmers in 7500-year-old Neolithic sites», cit. en *Science* 310, 2005, pp. 1016-18.

44. Hofmanová, Zuzana *et al.*, «Early farmers from across Europe directly descended from Neolithic Aegeans», cit. en *Proceedings of the National Academy of Sciences* 113, n° 25, 2016, pp. 6886-91, doi: 10.1073/pnas.1523951113.

45. Skoglund, Pontus *et al.*, «Genomic diversity and admixture differs for Stone- Age Scandinavian foragers and farmers», cit. en *Science* 344, n° 6185, 2014, pp. 747-50.

46. Curry, Andrew, «Archaeology: The milk revolution», cit. en Nature.com, 31 de Julio de 2013, http://www.nature.com/news/archaeology-the-milk-revolution-1.13471.

47. Bueno, Lucas; Schmidt Dias, Adriana y Steele, James, «The Late Pleistocene/Early Holocene archaeological record in Brazil: A geo-referenced database», cit. en *Quaternary International* 301, 2013, pp. 74-93. Clement, Charles R. *et al.*, «The domestication of Amazonia before European conquest», cit. en *Proceedings of the Royal Society B*, vol. 282, n° 1812, 22 de Julio de 2015, doi: 1098/rspb.2015.0813.

48. Gignoux, Christopher R.; Henn, Brenna M. y Mountain, Joanna L., «Rapid, global demographic expansions after the origins of agriculture», cit. en *Proceedings of the National Academy of Sciences* 108, 2011, pp. 6044-9.

49. Gignoux, Christopher R.; Henn, Brenna M. y Mountain, Joanna L., «Rapid, global demographic expansions after the origins of agriculture», p. 6046.

50. Zielhofer, Christoph *et al.*, «The decline of the early Neolithic population center of 'Ain Ghazal and corresponding earth-surface processes, Jordan Rift Valley», cit. en *Quaternary Research* 78, 2012, pp. 427-41.

51. Clare, Lee, «Pastoral clashes: conflict risk and mitigation at the pottery Neolithic transition in the Southern Levant», cit. en *Neo-Lithics* 1, 2010, p. 1331. Belfer-Cohen, Anna y Goring-Morris, A. Nigel, «Becoming farmers», cit. en *Current Anthropology* 52, 2011, S209-20.

52. Alley, R. B. y Agustsdottir, A. M., «The 8 K event: Cause and consequences of a major Holocene abrupt climate change», cit. en *Quaternary Science Reviews* 24, n° 10, 2005, pp. 1123-49.

53. Young, Nicolás E.; Briner, Jason P.; Rood, Dylan H. y Finkel, Robert C., «Glacier extent during the Younger Dryas and 8.2- ka event on Baffin Island, Arctic Canada», cit. en *Science* 337 , n° 6100, 2012, pp. 1330-3.

54. Berger, Jean- Francois *et al.*, «Interactions between climate change and human activities during the early to mid-Holocene in the eastern Mediterranean basins», cit. en *Climates of the Past* 12, 2016, pp. 1847-77.

55. Akkermans, P. M. M. G. *et al.*, «Weathering climate change in the Near East: Dating and Neolithic adaptations 8200 years ago», cit. en *Antiquity* 84, 2010, pp. 71-85.

56. Berger, Jean-François y Guilaine, Jean, «The 8200calBP abrupt environmental

change and the Neolithic transition: A Mediterranean perspective», cit. en *Quaternary International* 200, nº 1, 2009, pp. 31-49.

57. Weninger, Bernhard *et al.*, «Climate forcing due to the 8200 cal yr BP event observed at Early Neolithic sites in the eastern Mediterranean», cit. en *Quaternary Research* 66 , nº 3, 2006, pp. 401-20.

58. Flohr, Pascal *et al.*, «Evidence of resilience to past climate change in Southwest Asia: Early farming communities and the 9.2 and 8.2 ka events», cit. en *Quaternary Science Reviews* 136, 2016, pp. 28.

59. Wicks, Karen y Mithen, Steven, «The impact of the abrupt 8.2 ka cold event on the Mesolithic population of western Scotland: A Bayesian chronological analysis using "activity events" as a population proxy», cit. en *Journal of Archaeological Science* 45, 2014, pp. 240-69.

60. Kutzbach, J. E., «Monsoon climate of the early Holocene: Climate experiment with the Earth's orbital parameters for 9000 years ago», cit. en *Science* 214, 1981, pp. 59-61.

61. Sereno, Paul C. *et al.*, «Lakeside cemeteries in the Sahara: 5000 years of Holocene population and environmental change», *PLoS ONE* 3, 2008, e2995. Manning, Katie y Timpson, Adrian, «The demographic response to Holocene climate change in the Sahara», cit. en *Quaternary Science Reviews* 101, 2014, pp. 28-35. Barut Kusimba, Sibel, *African foragers: Environment, technology, interactions*, Altamira Press, Walnut Creek (California), 2003, p. 52.

62. Stojanowski, Christopher M. y Knudson, Kelly J., «Changing patterns of mobility as a response to climatic deterioration and aridification in the middle Holocene southern Sahara», cit. en *American Journal of Physical Anthropology* 154, 2014, pp. 79-93.

63. Kahlheber, Stefanie y Neumann, Katharina, «The development of plant cultivation in semi-arid West Africa», para Denham, T. P.; Iriarte, J. y Vrydaghs, L., eds., *Rethinking Agriculture: Archaeological and Ethnoarchaeological Perspectives* Left Coast Press, Walnut Creek (California), 2007, pp. 331 y 337.

64. Blanchet, Cécile L.; Frank, Martin y Schouten, Stefan, «Asynchronous changes in vegetation, runoff and erosion in the Nile river watershed during the Holocene», cit. en *PLoS ONE* 9, 2014, e115958. Dunne, Julie *et al.*, «First dairying in Green Saharan Africa in the fi fth millennium BC», cit. en *Nature* 486, 2012, pp. 390-4.

65. Linstädter, Jörg y Kröpelin, Stefan, «Wadi Bakht revisited: Holocene climate change and prehistoric occupation in the Gilf Kebir region of the Eastern Sahara, SW Egypt», cit. en *Geoarchaeology* 19, 2004, pp. 753-78.

66. Post Park, Douglas, «Climate change, human response and the origins of urbanism at Timbuktu: Archaeological investigations into the prehistoric urbanism of the Timbuktu region on the Niger Bend, Mali, West Africa», cit. en *Azania: Archaeological Research in Africa* 4, 2012, pp. 246-7.

67. Li, Sen; Schlebusch, Carina y Jakobsson, Mattias, «Genetic variation reveals large-scale population expansion and migration during the expansion of Bantu- speaking peoples», cit. en *Proceedings of the Royal Society* B, 281, nº 1793, 2014, doi: 10.1098/rspb.2014.1448.

68. Kahlheber, Stefanie; Bostoen, Koen y Neumann, Katharina, «Early plant cultivation in the Central African rain forest: First millennium BC pearl millet from South Cameroon», cit. en *Journal of African Archaeology* 31, 2009, pp. 253-72.

69. Oslisly, Richard *et al.*, «Climatic and cultural changes in the west Congo Basin forests over the past 5000 years», cit. en *Philosophical Transactions of the Royal Society*

of London B: Biological Sciences 368, 2013: 20120304, doi: 10.1098/rstb.2012.0304. Grollemun, Rebecca et al., «Bantu expansion shows that habitat alters the route and pace of human dispersals», cit. en Proceedings of the National Academy of Sciences 112, 2015: 13296-301, doi: 10.1073/pnas.1503793112.

70.   Brncic, Terry M., Willis, Katherine J., Harris, David J. y Washington, Richard, «Culture or climate? The relative influences of past processes on the composition of the lowland Congo rainforest», cit. en Philosophical Transactions of the Royal Society of London B: Biological Sciences 362, 2007, pp. 229-42, doi: 10.1098/rstb.2006.1982. Salzmann, Ulrich y Hoelzmann, Philipp, «The Dahomey Gap: An abrupt climatically induced rain forest fragmentation in West Africa during the late Holocene», cit. en The Holocene 15, 2005, pp. 190-9. Kyul Kim, Han; Shanahan, T. y Anderson, V., «The 2500 BP Savanna expansion of West Central Africa: Humans or climate? Understanding the relationship between the Iron-Age Bantu migration, climate change, and abrupt vegetation disturbance in the African tropical forest zone during the Late Holocene from Lake Ossa, Cameroon», tesis doctoral, Universidad de Texas, Austin, 2013.

71.   Maley, Jean, «Elaeis guineensis Jacq.(oil palm) fluctuations in central Africa during the late Holocene: Climate or human driving forces for this pioneering species?», cit. en Vegetation History and Archaeobotany 10, 2001, pp. 117-20. Bayon, Germain et al., «Intensifying weathering and land use in Iron Age Central Africa», cit. en Science 335, 2012, pp. 1219-22.

72.   Thevenon, Florian et al., «A late-Holocene charcoal record from Lake Masoko, SW Tanzania: climatic and anthropologic implications», cit. en The Holocene 13, 2003, pp. 785-92.

73.   Roberts, Neil et al., «Climatic, vegetation and cultural change in the eastern Mediterranean during the mid-Holocene environmental transition», cit. en The Holocene 21, n° 1, 2011, pp. 147-62 .

74.   Lawrence, Dan et al., «Long term population, city size and climate trends in the Fertile Crescent: A first approximation», cit. en PLoS ONE 11, n° 3, 2016, e0152563, doi: 10.1371/journal.pone.0152563.

75.   Diamond, Jared, «The worst mistake in the history of the human race (adoption of agriculture)», cit. en Discover, mayo de 1987, pp. 64-6.

76.   Merker, Matthias et al., «Evolutionary history and global spread of the Mycobacterium tuberculosis Beijing lineage», cit. en Nature Genetics 47, 2015, pp. 242-9.

77.   Flannery, Kent V. y Marcus, Joyce, The creation of inequality: How our prehistoric ancestors set the stage for monarchy, slavery, and empire, Harvard University Press, Cambridge (Massachusetts), 2012, pp. 37-9 y 86-7.

Capítulo 3

1.   Le Roy-Ladurie, Emmanuel, Times of feast, times of famine, 1971.

2.   Diamond, Jared, Collapse: How societies choose to fail or succeed, Penguin, 2005.

3.   McAnany, Patricia A. y Yoffee, Norman, eds., Questioning collapse: Human resilience, ecological vulnerability, and the aftermath of empire, Cambridge University Press, Cambridge, 2009. Faulseit, Ronald K., ed., Beyond collapse: archaeological perspectives on resilience, revitalization, and transformation in complex societies, Southern Illinois University Press, Carbondale (Illinois), 2015.

4. Ponton, Camilo *et al.*, «Holocene aridifi cation of India», cit. en *Geophysical Research Letters* 39, 2012, L03704, doi: 10.1029/2011GL050722.

5. Robbins Schug, Gwen *et al.*, «Infection, disease, and biosocial processes at the end of the Indus Civilization», cit. en *PLoS ONE* 8 , n° 12, 2013, e84814.

6. Liu, Fenggui y Feng, Zhaodong, «A dramatic climatic transition at ~ 4000 cal. yr BP and its cultural responses in Chinese cultural domains», cit. en *The Holocene* 22, 2012, pp. 1181-97. Yang, Xiaoping *et al.*, «Groundwater sapping as the cause of irreversible desertification of Hunshandake Sandy Lands, Inner Mongolia, northern China», cit. en *Proceedings of the National Academy of Sciences* 112, 2015, pp. 702-6.

7. Schwartz, Glenn M. y Miller, Naomi F., «The 'crisis' of the late third millennium B.C: Ecofactual and artificial evidence from Umm el- Marra and the Jabbul Plain»; Sallaberger, Walther, «From urban culture to nomadism: A history of Upper Mesopotamia in the late third millennium», cit. en in Kuzucuog̃lu, Catherine y Marro Catherine, eds., *Societes humaines et changement climatique a la fin du troisie me mille naire: une crise a-t-elle eu lieu en Haute- Mésopotamie?*, cit. en las actas del coloquio de Lyon celebrado entre los días 5 y 8 de diciembre de 2005, Instituto Francés de Estudios Anatolios Georges Dumézil, Estambul, 2007, pp. 199 y 417-19.

8. Flower, Roger J. *et al.*, «Environmental changes at the desert margin: an assessment of recent paleolimnological records in Lake Qarun, Middle Egypt», cit. en *Journal of Paleolimnology* 35, 2006, pp. 1-24.

9. Stanley J.-D.; Krom, M. D.; Cliff, R. A. y Woodward J. C., «Nile flow failure at the end of the Old Kingdom, Egypt: Strontium isotopic and petrologic evidence», *Geoarchaeology* 18, 2003, pp. 395-402, doi: 10.1002/gea.10065.

10. Morris, Ellen, «'Lo, nobles lament, poor rejoice': State formation in the wake of social fl ux», cit. en Schwartz, Glenn M. y Nichols, John J., eds., *After collapse: The regeneration of complex societies*, University of Arizona Press, Tucson (Arizona), 2006, pp. 58-71.

11. Williams, Michael, «Dark ages and dark areas: Global deforestation in the deep past», cit. en *Journal of Historical Geography* 26, 2000, pp. 28-46. Woodbridge, Jessie *et al.*, «The impact of the Neolithic agricultural transition in Britain: A comparison of pollen-based land-cover and archaeological 14 C date-inferred population change», cit. en *Journal of Archaeological Science* 51, 2014, pp. 216-24.

12. Ruddiman, W. F., «The anthropogenic greenhouse era began thousands of years ago», cit. en *Climate Change* 61, 2003, pp. 261-93. Ruddiman, W. F., «The early anthropogenic hypothesis: Challenges and responses», cit. en *Review of Geophysics* 45, 2007, RG4001, doi: 10.1029/2006RG000207.

13. Fuller, Dorian Q. *et al.*, «The contribution of rice agriculture and livestock pastoralism to prehistoric methane levels: an archaeological assessment», cit. en *The Holocene* 21, n° 5, 2011, pp. 743-59.

14. Ruddiman, W. F. *et al.*, «Late Holocene climate: natural or anthropogenic?», cit. en *Review of Geophysics* 54, 2016, pp. 93-118.

15. Kaniewski, David *et al.*, «Middle East coastal ecosystem response to middle-to-late Holocene abrupt climate changes», cit. en *Proceedings of the National Academy of Sciences* 105, n° 37, 2008, pp. 13941-6.

16. Breasted, James Henry y Harper, William Rainey, *Ancient Records 2*. Series, vol. 4, University of Chicago Press, Chicago, 1906, p. 45.

17. Drake, Brandon L., «The influence of climatic change on the Late Bronze Age collapse and the Greek Dark Ages», cit. en *Journal of Archaeological Science* 39, 2012, pp. 1862-70.

18. Bernhardt, Christopher; Horton, Benjamin y Stanley, Jean-Daniel, «Nile Delta vegetation response to Holocene climate variability», cit. en *Geology* 40, 2012, pp. 615-18.

19. Kaniewski, David *et al.*, «Environmental roots of the Late Bronze Age crisis», cit. en *PLoS ONE* 8, 2013, e71004.

20. Armit, Ian *et al.*, «Rapid climate change did not cause population collapse at the end of the European Bronze Age», cit. en *Proceedings of the National Academy of Sciences* 111, 2014, pp. 17045-9.

21. Adelsberger, Katherine A. y Kidder, Tristram R., «Climate change, landscape evolution, and human settlement in the Lower Mississippi Valley, 5 500- 2 400 Cal B.P.», cit. en Wilson, Lucy; Dickinson, Pam y Jeandron, Jason, eds., *Reconstructing Human-landscape Interactions*, Cambridge Scholars Publishing, Newcastle (Reino Unido), 2009, pp. 91-2. Sassaman, Kenneth E., *The Eastern Archaic, historicized*, Altamira Press, Lanham (Maryland), 2010, pp. 190-5.

22. Kidder, Tristram R., «Trend, tradition, and transition at the end of the archaic», cit. en Thomas, David Hurst y Sanger, Matthew C., eds., *Trend, tradition, and turmoil: What happened to the Southeastern Archaic?*, Museo Americano de Historia Natural, Nueva York, 2010, pp. 23-32.

23. Schneider, Adam W. y Adalı, Selim F., «'No harvest was reaped': Demographic and climatic factors in the decline of the Neo- Assyrian Empire», cit. en *Climatic Change* 127, 2014, pp. 435-46. Disponemos de un punto de vista discrepante en el artículo de Sołtysiak, Arkadiusz, «Drought and the fall of Assyria: Quite another story», cit. en *Climatic Change* 136, n° 3-4, 2016, pp. 389-94.

24. Swindles, Graeme T.; Plunkett, Gill y Roe, Helen M., «A delayed climatic response to solar forcing at 2800 Cal. BP: Multiproxy evidence from three Irish peatlands», cit. en *The Holocene* 17, n° 2, 2007, pp. 177-82.

25. Geel, B. van *et al.*, «Climate change and the expansion of the Scythian culture after 850 BC: A hypothesis», cit. en *Journal of Archaeological Science* 31, n° 12, 2004, pp. 1735-42.

26. Wendelken, Rebecca W., «Horses and gold: The Scythians of the Eurasian steppes», cit. en Bell-Fialkoff, Andrew, ed., *The Role of Migration in the History of the Eurasian Steppe*, Palgrave Macmillan, Nueva York, 2000, p. 199.

27. Hin, Saskia, *The demography of Roman Italy: Population dynamics in an ancient conquest society (201 BCE- 14 CE)*, Cambridge University Press, Cambridge, 2013, P. 86.

28. McCormick, Michael *et al.*, «Climate change during and after the Roman Empire: Reconstructing the past from scientific and historical evidence», cit. en *Journal of Interdisciplinary History* 43, 2012, pp. 169-220.

29. Sgreccia, Elio; Mele, Vincenza y Miranda, Gonzalo, *Le radici della bioetica: atti del Congresso internazionale, Roma, 15- 17 febbraio 1996*, vol. 1, Vita e pensiero, Milán, 1998, p. 153 [en el texto se cita un párrafo de la obra de Columela, Lucio Junio Moderato, *Los doce libros de agricultura que escribió en latín Junio Moderato Columela*, Editorial Maxtor, Valladolid, 2013].

30. Moriondo, Marco *et al.*, «Olive trees as bio- indicators of climate evolution in the Mediterranean Basin», cit. en *Global Ecology and Biogeography* 22, 2013, pp. 818-33. Hoffmann, Richard, *An environmental history of medieval Europe*, Cambridge University Press, Cambridge, p. 42.

31. Hin, *Demography of Roman Italy*, pp. 91 y 95-96.

32. *Palmyrena: City, hinterland and caravan trade between Occident and Orient*, http://www.org.uib.no/palmyrena/.

33. Barker, Graeme, «A tale of two deserts: Contrasting desertification histories on Rome's desert frontiers», cit. en *World Archaeology* 33, 2002, pp. 488-507.

34. Eliot, Charles William, *Voyages and travels: Ancient and modern*, Collier, Nueva York, 1938, pp. 95 y 97 [en el texto se citan párrafos de la obra de Tácito disponibles en https://www.imperivm.org/de-las-costumbres-sitios-y-pueblos-de-la-germania-tacito/].

35. Casio, Dion, *Roman History*, vol. 9, libros 71-80, traducido por Earnest Cary y Herbert B. Foster, Harvard University Press, Cambridge (Maryland), 1927, p. 265 [en el texto se cita la traducción de Antonio Diego Duarte Sánchez, disponible en https://www.academia.edu/23705422/DI%C3%93N_CASIO_Historia_Romana_Ep%C3%ADtomes_de_los_Libros_LXXI_a_LXXX].

36. Procopio de Cesarea, *History of the Wars*, vol. 5, Harvard University Press, Cambridge (Maryland), 1978, p. 265 [en el texto se cita la traducción de Francisco A. García Romero de la obra *Historia de las guerras. Libros VII-VIII. Guerra gótica*, Gredos, Madrid, 2007].

37. *Internet Encyclopedia of Philosophy*, s.v. «Confucius (551-479 B.C.E)», http://www.iep.utm.edu/confuciu/ [en el texto se cita la versión disponible en https://luzdeniebla.wordpress.com/2015/05/06/confucio-y-las-politicas/].

38. Bo, Chen y Shelach, Gideon, «Fortified settlements and the settlement system in the Northern Zone of the Han Empire», cit. en *Antiquity* 88, 2014, pp. 222-40.

39. Ford, Randolph, «Barbaricum depictum: Images of the Germani and Xiongnu in the works of Tacitus and Sima Qian», cit. en *Sino-Platonic Papers* 207, 2010, p. 5.

40. Kidder, Tristram R. y Liu, Haiwang, «Bridging theoretical gaps in geoarchaeology: Archaeology, geoarchaeology, and history in the Yellow River Valley, China», cit. en *Archaeological and Anthropological Sciences*, 2014, doi: 10.1007/s12520-014-0184-5.

41. Ruddiman *et al.*, «Late Holocene climate».

42. Eginardo, *Life of Charlemagne*, traducción de S. E. Turner Harper and Brothers, Nueva York, 1880, p. 62 [el texto cita la obra disponible en https://www.mercaba.es/galia/vida_de_carlomagno_de_eginardo.pdf].

43 Wang, Xunming *et al.*, «Climate, desertification, and the rise and collapse of China's historical dynasties», cit. en *Human Ecology* 38, 2010, pp. 157-72.

44. Wei, Zhudeng; Fang, Xiuqi y Su, Yun, «Climate change and fiscal balance in China over the past two millennia», cit. en *The Holocene* 24, 2014, pp. 1771-84. Su, Yun; Fang, Xiuqi y Yin, Jun, «Impact of climate change on fluctuations of grain harvests in China from the Western Han Dynasty to the Five Dynasties (206 BC–960 AD)», cit. en *Science China Earth Sciences* 57, 2014, pp. 1701-12.

45 Dermody, B. J. *et al.*, «A virtual water network of the Roman world», cit. en *Hydrology and Earth System Sciences* 18, 2014, 5025-40.

46. McCormick *et al.*, «Climate change during and after the Roman Empire», p. 189.

47. Manning, Stuart W., «The Roman world and climate: Context, relevance of climate change, and some issues», cit. en Harris, W. V., ed., *The ancient Mediterranean environment between science and history*, Brill, Leiden; Boston, 2013, pp. 103-70.

48. Izdebski, Adam, «Why did agriculture flourish in the late antique East? The role of climate fluctuations in the development and contraction of agriculture in Asia Minor and the Middle East from the 4th till the 7th c. AD», cit. en *Milllenium: Jahrbuch zu Kultur und Geschichte des ersten Jahrtausends n. Chr* 8, 2011, pp. 291-312.

49. Cook, Edward R., «Megadroughts, ENSO, and the invasion of Late- Roman Europe by the Huns and Avars», cit. en Harris, ed., *The ancient Mediterranean environment*, pp. 89-102; McCormick *et al.*, «Climate change during and after the Roman Empire».

50. Procopio de Cesarea, *History of the Wars*, Loeb Classical Library, Harvard University, vol. 8., pp. 246-47 [en el texto se cita la traducción de Francisco A. García Romero de la obra *Historia de las guerras. Libros VII-VIII. Guerra gótica*, Gredos, Madrid, 2007].

51. Williams, Stephen y Friell, J. G. P., *Theodosius: the Empire at Bay*, Yale University Press, New Haven (Connecticut), 1995, 8.

52. Heather, Peter, *The fall of the Roman Empire: A new history of Rome and the barbarians*, Macmillan, Londres, 2005, pp. 286-7, 338-9, 369 y 374.

53. Churakova (Sidorova), Olga V. *et al.*, «A cluster of stratospheric volcanic eruptions in the AD 530s recorded in Siberian tree rings», cit. en *Global and Planetary Change* 122, 2014, pp. 140-50.

54. Büntgen, Ulf *et al.*, «Cooling and societal change during the Late Antique Little Ice Age from 536 to around 660 AD», cit. en *Nature Geoscience* 9, 2016, pp. 231-6.

55. Cheyette, Fredric L., «The disappearance of the ancient landscape and the climatic anomaly of the early Middle Ages: A question to be pursued», cit. en *Early Medieval Europe* 16, 2008, pp. 133, 140, 143-4 y 153.

56. Cheyette, «Disappearance of the ancient landscape», pp. 160-2. Hoffmann, *Environmental history of medieval Europe*, p. 68.

57. Brayshaw Roberts, N. D.; Kuzucuoğlu, C.; Pérez R. y Sadori, L., «The mid-Holocene climatic transition in the Mediterranean: Causes and consequences», cit. en *The Holocene* 21, n° 1, 2011, pp. 3-13.

Capítulo 4

1. Lamb, H. H., «The early medieval warm epoch and its sequel», cit. en *Palaeogeography, Palaeoclimatology and Palaeoecology* 1 , n° 1, 1965, pp. 13-37.

2. Ahmed, Moinuddin *et al.*, «Continental-scale temperature variability during the past two millennia», cit. en *Nature Geoscience* 6, 2013, pp. 339-46.

3. Stine, S., «Extreme and persistent drought in California and Patagonia during medieval time», *Nature* 369, 1994, pp. 546-9.

4. Seager, Richard *et al.*, «Blueprints for medieval hydroclimate», cit. en *Quaternary Science Reviews* 26, 2007, pp. 2322-36.

5. Mann, Michael E. *et al.*, «Global signatures and dynamical origins of the Little Ice Age and medieval climate anomaly», cit. en *Science* 326, 2009, pp. 1256-60.

6. Woodhouse, C. A.; Russell, J. L. y Cook, E. R., «Two modes of North American drought from instrumental and paleoclimatic data», cit. en *Journal of Climate* 22, 2009, pp. 4336-47.

7. Hassan, Fekri A., «Extreme Nile floods and famines in Medieval Egypt (AD 930-1500) and their climatic implications», cit. en *Quaternary International* pp. 173-174, 2007, 101-12. Santoro, Michael M. *et al.*, «An aggregated climate teleconnection index linked to historical Egyptian famines of the last thousand years», cit. en *The Holocene* 25, 2015, pp. 872-9.

8. Cunliffe, Barry, *Britain Begins*, Oxford University Press, Oxford, 2013, pp. 447 [la cita del texto corresponde a Whittock, Martyn y Whittock, Hannah *Los vikingos: de Odín a Cristo*, Ediciones Rialp, S.A. Madrid, 2019].

9.   Diamond, Jared, *Collapse: How societies choose to fail or succeed*, Viking, Nueva York, 2005, pp. 198-201.

10. D'Andrea, William J.; Huang, Yongsong; C. Fritz, Sherilyn y Anderson, N. John, «Abrupt Holocene climate change as an important factor for human migration in West Greenland», cit. en *Proceedings of the National Academy of Sciences* 108, 2011, pp. 9765-9.

11. Young, Nicolás E.; Schweinsberg, Avriel D.; Briner, Jason P. y Schaefer, Joerg M., «Glacier maxima in Baffi n Bay during the Medieval Warm Period coeval with Norse settlement», cit. en *Science Advances* 1, 2015, e1500806.

12. Kobashi, T. *et al.*, «High variability of Greenland surface temperature over the past 4000 years estimated from trapped air in an ice core», cit. en *Geophysical Research Letters* 38, 2011, L21501.

13. Max T. y Arnold, Charles D., «The timing of the Thule Migration: New dates from the Western Canadian Arctic», cit. en *American Antiquity* 73, n° 3, 2008, pp. 527-38.

14. Lamb, H. H., *Climate, history, and the modern world*, Routledge, Londres, 1995, pp. 179 y 195.

15. Helle, Knut; Kouri, E. I. y Oleson, Jens E., *The Cambridge history of Scandinavia*, Cambridge University Press, Cambridge, 2003, 1 p. 257.

16. Davies, Robert Rees, *The first English empire: Power and identities in the British Isles 1093– 1343*, Oxford University Press, Oxford, 2000, pp. 151 y 153-5.

17. Davies, Robert Rees, *The age of conquest: Wales, 1063– 1415*, Oxford University Press, Oxford, 1987, pp. 97-100.

18. Bartlett, Robert, *The making of Europe: Conquest, colonization and cultural change 950-1350*, Princeton University Press, Princeton (Nueva Jersey), 1994, pp. 114 y 155 [hay trad. cast. *La formación de Europa: conquista, colonización y cambio cultural, 950-1350*, Publicacions de la Universitat de València, Valencia, 2003]. Hoffmann, *Environmental history of medieval Europe*, pp. 136- 137, 139, 167. Aberth, John, *An environmental history of the Middle Ages: The crucible of nature*, Routledge, Londres, 2013, p. 34.

19. Constable, Giles, «The place of the Magdeburg Charter of 1107/ 08 in the history of Eastern Germany and of the Crusades», cit. en Elm, Kaspar; Felten, Franz J.; Jaspert, Nikolas y Haarländer, Stephanie, *Vita religiosa im Mittelalter: Festschrift für Kaspar Elm zum 70. Geburtstag*, Duncker & Humblot, Berlín, 1999, pp. 298-9.

20. Scales, Len, *The shaping of German identity: Authority and crisis, 1245– 1414*, Cambridge University Press, Cambridge, 2012, p. 50.

21. Preiser-Kapeller, J., «A climate for crusades: Weather, climate, and armed pilgrimage to the Holy Land (11th to 14th century)», cit. en Medievalists.net, http://www.medievalists.net/2013/12/a-climate-for-crusades-weather-climateand-armed- pilgrimage-to-the-holy-land-11th-14th-century/.

22. Ellenblum, Ronnie, *The collapse of the Eastern Mediterranean: Climate change and the decline of the East, 950– 1072*, Cambridge University Press, Nueva York, 2012, p. 342.

23. Bulliet, Richard W., *Cotton, climate, and camels in early Islamic Iran: A moment in world history*, Columbia University Press, Nueva York, 2009, p. 69.

24. Preiser-Kapeller, J., «A collapse of the Eastern Mediterranean? New results and theories on the interplay between climate and societies in Byzantium and the Near East, ca. 1000– 1200 AD», cit. en *Jahrbuch der Ö sterreichischen Byzantinistik* 65, 2015, pp. 195-242.

25. Ellenblum, *Collapse of the Eastern Mediterranean*, p. 3.
26. *Ibid.*, p. 29.
27. *Ibid.*, pp. 53, 193 y 129.
28. Bulliet, *Cotton, climate, and camels*, pp. 69, 86 y 96.
29. Ellenblum, *Collapse of the Eastern Mediterranean*, pp. 75-6. Bulliet, *Cotton, climate, and camels*, p. 1.
30. Ellenblum, *Collapse of the Eastern Mediterranean*, pp. 94-105.
31. Yan, Q.; Zhang, Z.; Wang, H. y Jiang, D., «Simulated warm periods of climate over China during the last two millennia: The Sui-Tang warm period versus the Song-Yuan warm period», cit. en *Journal of Geophysical Research: Atmospheres* 120, 2015, pp. 2229-41, doi: 10.1002/ 2014JD022941.
32. Wang, Xunming *et al.*, «Climate, desertification, and the rise and collapse of China's historical dynasties», cit. en *Human Ecology* 38, 2010, pp. 159 y 164.
33. Zhang, Pingzhong *et al.*, «A test of climate, sun, and culture relationships from an 1810- year Chinese cave record», cit. en *Science* 322 , n° 5903, 2008, pp. 940-2.
34. Yancheva, Gergana *et al.*, «Influence of the intertropical convergence zone on the East Asian monsoon», cit. en *Nature* 445, 2007, pp. 74-7.
35. Su, Y.; Liu, L.; Fang, X. Q. y Ma, Y. N., «The relationship between climate change and wars waged between nomadic and farming groups from the Western Han Dynasty to the Tang Dynasty period», cit. en *Climate of the Past* 12 , n° 1, 2016, pp. 137-50.
36. Wang *et al.*, «Climate, desertification, and the rise and collapse», p. 162.
37. D'Arrigo, Rosanne *et al.*, «1738 years of Mongolian temperature variability inferred from a tree-ring width chronology of Siberian pine», cit. en *Geophysical Research Letters* 28, 2001, pp. 543-6.
38. Pederson, Neil *et al.*, «Pluvials, droughts, the Mongol Empire, and modern Mongolia», cit. en *Proceedings of the National Academy of Sciences* 11, 2014, pp. 4375-9.
39. Lieberman, Victor y Buckley, Brendan, «The impact of climate on Southeast Asia, circa 950– 1820: New findings», cit. en *Modern Asian Studies* 46, n° 5, 2012, pp. 1056-9. Lieberman, Victor B., *Strange parallels: Southeast Asia in global context, c. 800– 1830* Cambridge University Press, Nueva York, 2003, 1: pp. 104-8 y 459.
40. Lieberman y Buckley, "The impact of climate on Southeast Asia», pp. 1061-2 y 1065.
41. *Ibid.*, p.1062.
42. Lieberman, *Strange parallels*, p. 97. Lieberman y Buckley, «Impact of climate on Southeast Asia», p. 1063.
43. Lieberman y Buckley, «Impact of climate on Southeast Asia», p. 1065.
44. Abramiuk, Marc A. *et al.*, «Linking past and present: a preliminary paleoethnobotanical study of Maya nutritional and medicinal plant use and sustainable cultivation in the southern Maya Mountains, Belize», cit. en *Ethnobotany Research and Applications* 9, 2011, pp. 257-73.
45. Turner, Billie L. y Sabloff, Jeremy A., «Classic period collapse of the central Maya lowlands: insights about human–environment relationships for sustainability», cit. en *Proceedings of the National Academy of Sciences* 109, 2012, pp. 13908-14.
46. Lane, Chad S.; Horn, Sally P. y Kerr, Matthew T., «Beyond the Mayan lowlands: Impacts of the terminal classic drought in the Caribbean Antilles», cit. en *Quaternary Science Reviews* 86, 2014, pp. 89-98.

47. Taylor, Zachary P.; Horn, Sally P. y Finkelstein, David B., «Pre-Hispanic agricultural decline prior to the Spanish conquest in Southern Central America», cit. en *Quaternary Science Reviews* 73, 2013, pp. 196-200.

48. Hodell, David A.; Curtis, Jason H. y Brenner, Mark, «Possible role of climate in the collapse of Classic Maya civilization», cit. en *Nature* 375, 1995, pp. 39-4. Curtis, Jason H.; Hodell, David A. y Brenner, Mark, «Climate variability on the Yucatan Peninsula (Mexico) during the past 3500 years, and implications for Maya cultural evolution», cit. en *Quaternary Research* 46, 1996, pp. 37-47.

49. Douglas, Peter M. J. *et al.*, «Drought, agricultural adaptation, and socio-political collapse in the Maya Lowlands», cit. en *Proceedings of the National Academy of Sciences* 112, nº 18, 2015, pp. 5607-12.

50. Gill, R. B., *The great Maya droughts: Water, life, and death*, University of New Mexico Press, Albuquerque (Nuevo México), 2000. Medina-Elizalde, Martín y Rohling, Eelco J., «Collapse of classic Maya civilization related to modest reduction in precipitation», cit. en *Science* 335, nº 6071, 2012, pp. 956-9.

51. Medina-Elizalde, Martín *et al.*, «High resolution stalagmite climate record from the Yucatán Peninsula spanning the Maya terminal classic period», cit. en *Earth and Planetary Science Letters* , 298, 2010, pp. 255-62.

52. Hodell, David A.; Brenner, Mark y Curtis, Jason H., «Terminal classic drought in the northern Maya lowlands inferred from multiple sediment cores in Lake Chichancanab (Mexico)», cit. en *Quaternary Science Reviews* 24, 2005, pp. 1413-27.

53. Carleton, W. Christopher, Campbell David y Collard, Mark, «A reassessment of the impact of drought cycles on the Classic Maya», cit. en *Quaternary Science Reviews* 105, 2014, pp. 151-61.

54. Bhattacharya, Tripti *et al.*, «Cultural implications of late Holocene climate change in the Cuenca Oriental, Mexico», cit. en *Proceedings of the National Academy of Sciences* 112, nº 6, 2015, pp. 1693-8.

55. Swanton, John Reed, *Early history of the Creek Indians and their neighbours*, GPO, Washington D.C., 1922, p. 168. Edward Gaylord Bourne *et al.*, *Narratives of the career of Hernando de Soto in the conquest of Florida, as told by a knight of Elvas, and in a relation by Luys Hernández de Biedma, factor of the expedition*, Allerton, Nueva York, 1922), vol. 2, pp. 89, 101, y 139 [las citas del texto corresponden a Fernández de Oviedo y Valdés, Gonzalo, *Historia general y natural de las Indias*, volumen 1, libro XVII, capítulos XXVI y XXVIII].

56. Foster, William C., *Climate and culture change in North America AD 900-1600*, University of Texas Press, Austin (Texas) 2012, pp. 32, 46 y 51. Anderson, David G., «Climate and culture change in prehistoric and early historic eastern North America», cit. en *Archaeology of Eastern North America* 29, 2001, p. 166.

57. Cobb, Charles R. y Butler, Brian M., «The vacant quarter revisited: Late Mississippian abandonment of the Lower Ohio Valley», cit. en *American Antiquity* 67, nº 4, 2002, pp. 625-41.

58. Benson, Larry V.; Pauketat, Timothy R. y Cook, Edward R., «Cahokia's boom and bust in the context of climate», cit. en *American Antiquity* 74, 2009, pp. 467-83.

59. Samuel E. Muñoz *et al.*, «Reply to Baires et al.: Shifts in Mississippi River flood regime remain a contributing factor to Cahokia's emergence and decline», cit. en *Proceedings of the National Academy of Sciences* 112, nº 29, 2015, E3754.

60. Hart, John P.; Nass, John P. y Means, Bernard K., «Monongahela subsistence-settlement change?», cit. en *Midcontinental Journal of Archaeology* 30, 2005, pp. 356-7.

61. Sharon Hull, Mostafa Fayek, F. Joan Mathien y Roberts, Heidi, «Turquoise trade of the ancestral Puebloan: Chaco and beyond», cit. en *Journal of Archaeological Science* 45, 2014, pp. 187-95.

62. Plog, Stephen y Heitman, Carrie, «Hierarchy and social inequality in the American Southwest, AD 800– 1200», cit. en *Proceedings of the National Academy of Sciences* 107, 2010, pp. 19619-26.

63. Frazier, Kendrick, *People of Chaco: A canyon and its culture*, W. W. Norton, Nueva York, 1999, pp. 101-2.

64. Roberts, David, Merriam, D. y Child G., «Riddles of the Anasazi», cit. en *Smithsonian*, Julio de 2003, pp. 72-81.

65. Willis, W. H.; Drake; Brandon L. y Dorshow, Wetherbee B., «Prehistoric deforestation at Chaco Canyon?» cit. en *Proceedings of the National Academy of Sciences* 111, 2014, pp. 11584-91.

66. Dillehay, Tom; Kolata, Alan L. y Pino, Mario, «Pre-industrial human and environment interactions in Northern Peru during the late Holocene», cit. en *The Holocene* 14, 2004, pp. 272-81. Dillehay, Tom y Kolata, Alan L., «Long-term human response to uncertain environmental conditions in the Andes», cit. en *Proceedings of the National Academy of Sciences* 101, 2004, pp. 4325-30.

67. Zaro, Gregory y Umire Álvarez, Adán, «Late Chiribaya agriculture and risk management along the arid Andean coast of Southern Perú, AD 1200– 1400», cit. en *Geoarchaeology* 20, 2005, pp. 717-37.

68. Mächtle, Bertil y Eitel, Bernhard, «Fragile landscapes, fragile civilizations—how climate determined societies in the pre-Columbian south Peruvian Andes», cit. en *Catena* 103, 2013, pp. 62-73.

69. Mächtle, B. *et al.*, «A see-saw of pre-Columbian boom regions in Southern Peru, determined by large-scale circulation changes», cit. en EGU *General Assembly Conference Abstracts* 14, 2012, pp. 8867.

70. DeMenocal, Peter B., «Cultural responses to climate change during the late Holocene», cit. en *Science* 292, 2001, pp. 667-73.

71. Coombes, Paul y Barber, Keith, «Environmental determinism in Holocene research: causality or coincidence?» cit. en *Area* 37, 2005, pp. 303-11.

72. Ortloff, Charles R. y Kolata, Alan L., «Climate and collapse: agro-ecological perspectives on the decline of the Tiwanaku state», cit. en *Journal of Archaeological Science* 20, nº 2, 1993, pp. 195-221. Flores. J. C.; Bologna, Mauro y Urzagasti, Deterlino, «A mathematical model for the Andean Tiwanaku civilization collapse: climate variations», cit. en *Journal of Theoretical Biology* 291, 2011, pp. 29-32.

73. Erickson, Clark L., «Neo-environmental determinism and agrarian 'collapse' in Andean Prehistory», cit. en *Antiquity* 73, 1999, pp. 634-42.

74. Fehren-Schmitz, Lars *et al.*, «Climate change underlies global demographic, genetic, and cultural transitions in pre- Columbian southern Peru», cit. en *Proceedings of the National Academy of Sciences* 111, 2014, pp. 9443-8.

75. Tung, Tiffiny A. *et al.*, «Patterns of violence and diet among children during a time of imperial decline and climate change in the ancient Peruvian Andes», cit. en VanDerwarker, Amber M. y Wilson, Gregory D., eds., *The Archaeology of Food and Warfare*, Springer International Publishin; Cham; Heidelberg, 2016, pp. 193-228. Schittek, K. *et al.*, «Holocene environmental changes in the highlands of the southern Peruvian Andes (14 ° S) and their impact on pre-Columbian cultures», cit. en *Climate of the Past* 11 , nº 1, 2015, pp. 27-44.

76. Chepstow-Lusty, Alex J. *et al.*, «Putting the rise of the Inca empire within a climatic and land management context», cit en *Climate of the Past* 5, 2009, pp. 375-88.

Capítulo 5

1. Kelly, Morgan y Gráda, Cormac Ó., «The waning of the Little Ice Age: Climate change in early modern Europe», cit. en *Journal of Interdisciplinary History* 44, n° 3, 2014, pp. 301-25. Disponemos de una replica en la publicación de White, Sam, «The real Little Ice Age», cit. en *Journal of Interdisciplinary History* 44, n° 3, 2014, p. 351. *Véase* también Büntgen, Ulf y Hellmann. Lena, «The Little Ice Age in scientific perspective: Cold spells and caveats», cit. en *Journal of Interdisciplinary History* 44, n° 3, 2014, pp. 353-68.

2. Miller, G. H. *et al.*, «Abrupt onset of the Little Ice Age triggered by volcanism and sustained by sea- ice/ ocean feedbacks», cit. en *Geophysical Research Letters* 39, 2012, L02708, doi: 10.1029/2011GL050168.

3. MacFarling Meure, C. *et al.*, «Law Dome CO_2, CH_4, and N_2O ice core records extended to 2000 years BP», cit. en *Geophysical Research Letters* 33, 2006, L14810, doi: 10.1029/2006GL026152.

4. Broecker, W. S., «Was a change in thermohaline circulation responsible for the Little Ice Age?», cit. en *Proceedings of the National Academy of Sciences* 97, 2000, p. 1339.

5. Diamond, Jared M., *Collapse: How societies choose to fail or succeed*, Viking , New York, 2005, p. 222.

6. *Ibid.*, 230.

7. D'Andrea, W. J.; Huang, Y.; Fritz, S. C . y Anderson, N. J., «Abrupt Holocene climate change as an important factor for human migration in West Greenland», cit. en *Proceedings of the National Academy of Sciences* 108, 2011, p. 9765-9, doi: 10.1073/pnas.1101708108.

8. Ribeiro, Sofía; Moros, Matthias; Ellegaard, Marianne y Kuijpers, Antoon, «Climate variability in West Greenland during the past 1500 years: Evidence from a high- resolution marine palynological record from Disko Bay», cit. en *Boreas* 41, n° 1, 2012, pp. 68-83.

9. Lamb, H. H., *Weather, climate and human affairs (Routledge revivals): A book of essays and other papers*, Routledge, Nueva York, 2011, p. 42.

10. Dugmore, Andrew J. *et al.*, «Cultural adaptation, compounding vulnerabilities and conjunctures in Norse Greenland», cit. en *Proceedings of the National Academy of Sciences* 109, 2012, pp. 3658-63.

11. Arneborg, Jette *et al.*, «Change of diet of the Greenland Vikings determined from stable carbon isotope and 14C dating of their bones», cit. en *Radiocarbon* 41, n° 2, 1999, pp. 157-68. Dugmore *et al.*, «Cultural adaptation», pp. 3658-63.

12. Farr, William, «The influence of scarcities and the high prices of wheat on the mortality of the people of England», cit. en *Journal of the Statistical Society of London* 9, 1846, p. 161.

13. Rosen, William, *The third horseman: Climate change and the Great Famine of the 14th century*, Viking, New York, 2014, pp. 122-58 y 180.

14. Jordan, William C., *The Great Famine: Northern Europe in the early fourteenth century*, Princeton University Press, Princeton (Nueva Jersey), 1996, p. 112. Fagan, Brian M., *The Little Ice Age: How climate made history, 1300– 1850*, Basic Books, Nueva York, 2002, p. 41 [hay trad. cast. *La pequeña Edad del Hielo: cómo el clima afectó a la historia de Europa (1300-1850)*, GEDISA, Barcelona, 2008].

15. Behringer, Wolfgang, *A cultural history of climate*, Polity, Cambridge, 2010, pp. 99-101.

16. Cantor, Norman F., *The medieval reader*, HarperCollins, Nueva York, 1994, p. 281.

17. Hybel, Nils y Poulsen, Bjørn, *The Danish resources c. 1000– 1550: Growth and recession*, Brill; Leiden, Boston, 2007, p. 35.

18. Grove, Jean M., *Little Ice Ages: Ancient and modern*, Routledge, Londres, 2004, 1: p. 161.

19. Camenisch, Chantal *et al.*, «The 1430s: A cold period of extraordinary internal climate variability during the early Spörer Minimum with social and economic impacts in north-western and central Europe», cit. en *Climate of the Past* 12, n° 11, 2016, p. 2107.

20. Evans, Damian *et al.*, «A comprehensive archaeological map of the world's largest preindustrial settlement complex at Angkor, Cambodia», cit. en *Proceedings of the National Academy of Sciences* 104, n° 36, 2007, pp. 14277-82.

21. Buckley, Brendan M. *et al.* «Climate as a contributing factor in the demise of Angkor, Cambodia», cit. en *Proceedings of the National Academy of Sciences* 107, n° 15, 2010, 6748-52.

22. Lieberman, Victor y Buckley, Brendan, «The impact of climate on Southeast Asia, circa 950–1820: New findings», cit. en *Modern Asian Studies* 46, n° 5, 2012, p. 1069.

23. *Ibid.*, 1072-3.

24. Russell, J. M. y Johnson, T. C., «Little Ice Age drought in equatorial Africa: Intertropical convergence zone migrations and El Nino-Southern Oscillation variability», cit. en *Geology* 35, 2007, pp. 21-4.

25. Russell, J. M.; Verschuren, Dirk y Eggermont, Hilde, «Spatial complexity of 'Little Ice Age' climate in East Africa: Sedimentary records from two crater lake basins in western Uganda», cit. en *The Holocene* 17, n° 2, 2007, pp. 183-93.

26. Thompson, Lonnie G. *et al.*, «Kilimanjaro ice core records: Evidence of Holocene climate change in tropical Africa», cit. en *Science* 298, 2002, pp. 589-93.

27. Robertshaw, Peter y Taylor, David, «Climate change and the rise of political complexity in western Uganda», cit. en *Journal of African History* 41, 2000, pp. 25 y 27.

28. Keech McIntosh, Susan, «Reconceptualizing early Ghana», cit. en *Canadian Journal of African Studies/La Revue canadienne des études africaines* 42 , n° 2-3, 2008, pp. 350-54. MacEachern, Scott, «Rethinking the Mandara: Political landscape, enslavement, climate and an entry into history in the second millennium AD», cit. en Cameron Monroe. J. y Ogundiran. Akinwumi, eds., *Power and Landscape in Atlantic West Africa: Archaeological Perspectives*, Cambridge University Press, Cambridge, 2012, pp. 325-6.

29. Brooks, George E., *Landlords and strangers: Ecology, society, and trade in Western Africa, 1000–1630*, Westview Press, Boulder (Colorado), 1993. McCann, James C., «Climate and causation in African history», cit. en *International Journal of African Historical Studies* 32, n° 2/3, 1999, p. 268. Webb, James L. A., *Desert frontier: Ecological and economic change along the western Sahel, 1600– 1850*, University of Wisconsin Press. Madison (Wisconsin) 1995.

30. Hannaford, Matthew J. *et al.*, «Climate variability and societal dynamics in pre-colonial southern African history (AD 900–1840): A synthesis and critique», cit. en *Environment and History* 20, 2014, pp. 411-45.

31. Huffman, Thomas N. y Woodborne, Stephan, «Archaeology, baobabs and drought: Cultural proxies and environmental data from the Mapungubwe landscape, southern Africa», cit. en *The Holocene* 26, 2016, pp. 464-70.

32. Hobbes, Thomas, *Leviathan*, The Floating Press, p. 179 [la cita del texto corresponde a la versión de Escohotado, Antonio, *Leviatán o la invención moderna de la razón*, Editora Nacional, Madrid, 1980].

33. Le Roy-Ladurie, Emmanuel, *The French peasantry, 1450– 1660*, University of California Press, Berkeley (California), 1987, p. 275.

34. Rayner, Laura, «The tribulations of everyday government in Williamite Scotland», cit. en Adams, Sharon y Goodare, Julian, eds., *Scotland in the Age of Two Revolutions*, Boydell Press, Woodbridge, Suffolk (Reino Unido), 2014, p. 206. Cullen, Karen J., *Famine in Scotland: The "ill years" of the 1690s* Edinburgh University Press, Edimburgo, 2010, p. 10.

35. Pepys, Samuel; Latham, Robert y Matthews, William *The diary of Samuel Pepys*, vol. 6, 1665, HarperCollins, London, 2000, p. 208 [La cita del texto corresponde a Pepys, Samuel, *Diario, 1660–1669*, Espasa Calpe, Madrid, 2007. Traducción de Joaquín Martínez Lorente].

36. Hays, J. N., *Epidemics and pandemics: Their impacts on human history*, ABC-CLIO, Santa Bárbara (California), 2005, p. 152.

37. Appleby, Andrew B., «Disease or famine? Mortality in Cumberland and Westmorland 1580-1640», cit. en *Economic History Review* 26, nº 3, 1973, pp. 403-32.

38. Steckel, Richard H., «New light on the 'Dark Ages': The remarkably tall stature of northern European men during the medieval era», cit. en *Social Science History* 28, nº 2, 2004, pp. 211-28.

39. Cullen, Karen J., *Famine in Scotland: The "ill years" of the 1690s* Edinburgh University Press, Edimburgo, 2010, p. 66-71.

40. *Íbid.*, pp. 177 y 182.

41. DeGroot, Dagomar, *Frigid golden age*, (de próxima publicación).

42. White, «The real Little Ice Age», pp. 136-42.

43. Nicault, A., «Mediterranean drought fl uctuations», cit. en *Climate Dynamics* 31, 2008, pp. 227-45.

44. Mrgic, Jelena, «Wine or raki- the interplay of climate and society in early modern Ottoman Bosnia», cit. en *Environment and History* 17, 2011, pp. 621 y 636.

45. White, Sam, *The climate of rebellion in the early modern Ottoman Empire*, Cambridge University Press, Cambridge, 2011, p. 153.

46. White, Sam, «Rethinking disease in Ottoman history», cit. en *International Journal of Middle East Studies* 42 , nº 4, 2010, p. 559.

47. Íbid.; White, Sam, «The Little Ice Age crisis of the Ottoman Empire: A conjuncture in Middle East environmental history», cit. en Mikhail, Alan, ed., *Water on Sand: Environmental Histories of the Middle East and North Africa*, Oxford University Press, Oxford, 2013, pp. 79-80.

18. Parker, *Global crisis*, pp. 403-5.

49. Zheng, Jingyun *et al.*, «How climate change impacted the collapse of the Ming dynasty», cit. en *Climatic Change* 127, nº 2, 2014, pp. 169-82.

50. Andrade, Tonio, *Lost colony: The untold story of China's first great victory over the West*, Princeton University Press, Princeton (Nueva Jersey), 2011, p. 56.Timothy Brook, *The troubled empire: China in the Yuan and Ming dynasties*, Harvard University Press , Cambridge (Massachusetts), 2010, pp. 59 y 250.

51. Brook, *ibid.*, p. 250.

52. Zhen, Jingyun *et al.*, «How climate change impacted the collapse of the Ming dynasty», cit. en *Climatic Change* 127, 2014, pp. 169-82.

53 *Ibid.*

54. White, Sam, «'Shewing the difference between their conjuration, and our invocation on the name of God for rayne': Weather, prayer, and magic in early American encounters», cit. en *William and Mary Quarterly* 72, n° 1, 2015, pp. 33-56.

55. Ordahl Kupperman, Karen, «The puzzle of the American climate in the early colonial period »,cit. en *American Historical Review* 87, n° 5, 1982, pp. 1264, 1266, 1269, 1271, 1276-7 y 1288-9.

56. Rockman. Marcy, «New World with a new sky: Climatic variability, environmental expectations, and the historical period colonization of Eastern North America», *Historical Archaeology* 44, 2010, p. 6.

57. Clarence Stedman, Edmund; Mackay Hutchinson, Ellen y Stedman, Arthur. *A library of American literature from the earliest settlement to the present time*, C. L. Webster, New York, 1889, 1: p. 126.

58. Wickman, Thomas, «'Winters embittered with hardships': Severe cold, Wabanaki power, and English adjustments, 1690– 1710», cit. en *William and Mary Quarterly* 72, n° 1, 2015, p. 78.

59. *Ibid.*, pp. 57-98.

60. *Ibid.*, p. 74.

61. Demos, John, *The unredeemed captive: A family story from early America*, Alfred Knopf, New York, 1994 [hay trad. cast. *Historia de una cautiva: de cómo Eunice Williams fue raptada por los indios mohawks, y del vano peregrinaje de su padre para recuperarla*, Turner Publicaciones S.L., Madrid, 2002).

62. Wickman, «'Winters embittered with hardships,'» p. 76.

63. *Ibid.*, p. 90.

64. Kelly y Gráda, «The waning of the Little Ice Age; White». White, «The real Little Ice Age».

65. Behringer, *Cultural History of Climate*, p. 133.

66. Bell, Dean Phillip, «The Little Ice Age and the Jews: Environmental history and the mercurial nature of Jewish-Christian Relations in early modern Germany», cit. en *AJS Review* 32, n° 1, 2008, 11 [Lutero, Martín, *Sobre los judíos y sus mentiras*, 1543].

67. *Ibid.*, 13-14 [La cita, Isaías 5:6, corresponde a la nueva versión internacional de La Biblia].

68. Kwiatkowska, Teresa, "The light was retreating before darkness: tales of the witch hunt and climate change," cit. en *Medievalia* 42, 2016, p. 34 [La cita del texto corresponde a la traducción de la obra *El martillo de los brujos* publicada por Ediciones Orión y traducida por Floreal Maza, disponible en http://www.movimientarios. com/Malleus%20maleficarum%20Espanol%20volumen1.pdf].

69. Oster, Emily, «Witchcraft, weather and economic growth in renaissance Europe», cit. en *Journal of Economic Perspectives* 18, n° 1, 2004, pp. 215-28. Behringer, *Cultural history of climate*, Polity, Cambridge, 2010), p. 132. Behringer, «Climatic change and witch hunting: The impact of the Little Ice Age on mentalities», cit. en *Climatic Change* 43, 1999, p. 338.

70. Behringer, «Climatic change and witch hunting », p. 340.

71. *Ibid.*, 344.

72. *Ibid.*, 344-5.

73. Emerson W. Baker, *A storm of witchcraft: The Salem trials and the American experience*, Oxford University Press, Oxford, 2014, pp. 58-9.

74. Hayeur Smith, Michèle, «'Some in rags and some in jags and some in silken gowns': Textiles from Iceland's early modern period», cit. en *International Journal of Historical Archaeology* 16, n° 3, 2012, pp. 520-1.

75. Behringer, *Cultural history of climate*, p. 136.

76. *Ibid.*, pp. 136-7.

77. Richards, John F., *The unending frontier: An environmental history of the early modern world*, University of California Press, Berkeley (California), 2005, p. 473.

78. *Ibid.*, p. 527.

79. *Ibid.*, p. 536.

80. Gibson, James R., *Feeding the Russian fur trade: Provisionment of the Okhotsk seaboard and the Kamchatka Peninsula, 1639–1856*, University of Wisconsin Press, Madison (Wisconsin), 1969, p. 25.

81. Richards, *Unending frontier*, pp. 471 y 494.

82. Varekamp, Johan C., «The historic fur trade and climate change», *Eos* 87, n° 52, 2006, pp. 593-6.

83. Rösener, Werner, *Peasants in the Middle Ages*, University of Illinois Press, Urbana (Illinois), 1992, pp. 79-81 [hay trad. cast. *Los campesinos en la historia europea*, Editorial Crítica, Barcelona, 1995].

84. Jütte, Robert, *Poverty and deviance in early modern Europe*, Cambridge University Press, Cambridge, 1994, p. 70.

85. Malanima, Paolo, *Pre-modern European economy*, Brill, Leiden; Boston (Massachusetts), 2009, p. 59.

86. Eriksdotter, Gunhild, «Did the Little Ice Age affect indoor climate and comfort?: Re-theorizing climate history and architecture from the early modern period», cit. en *Journal for Early Modern Cultural Studies* 13 , n° 2, 2013, p. 34 y 36.

87. Perlin, John, *A forest journey: The role of wood in the development of civilization*, W. W. Norton, New York, 1989, p. 245 [hay trad. cast. *Historia de los bosques: la importancia de la madera en el desarrollo de la civilización*, Gaia Proyecto 2050, Madrid, 1999].

88. Temple Kirby, Jack, *Poquosin: A study of rural landscape & society*, University of North Carolina Press, Chapel Hill (Carolina del Norte), 1995, p. 201.

89. *Ibid.*, p. 201.

90. Marks, Robert, *China: An environmental history*, Rowman & Littlefield, Lanham, Maryland, 2017, 2ª ed. p. 161.

91. Cho, Ji-Hyung, «The Little Ice Age and the coming of the Anthropocene», cit. en *Asian Review of World Histories* 2, n° 1, 2014, p. 12.

92. Atwell, William S., «Volcanism and short-term climatic change in East Asian and world history, c. 1200–1699», cit. en *Journal of World History*, 2001, pp. 29-98.

93. Steingrimsson, Jon, *Fires of the earth: The Laki eruption, 1783–1784*, Nordic Volcanological Institute, Reikiavik, 1998, p. 41.

94. Franklin, Benjamin y Sargent, Epes, *The select works of Benjamin Franklin: Including his autobiography*, Phillips, Sampson & Co., Boston, 1854, p. 294. Trigo, Ricardo M.; Vaquero, J. M. y Stothers, R. B., «Witnessing the impact of the 1783–1784 Laki eruption in the Southern Hemisphere», cit. en *Climatic Change* 99, n° 3-4, 2010, pp. 535-46.

95. Wood, Gillen D'Arcy, *Tambora: The eruption that changed the world*, Princeton University Press, Princeton (Nueva Jersey), 2013.

96. Klingaman, William K. y Klingaman, Nicholas P., *The year without summer: 1816 and the volcano that darkened the world and changed history*, St. Martin's Press, Nueva York, 2013, p. 192.

97. *Ibid.*, p. 192.

98. Brázdil, Rudolf *et al.*, «Climatic effects and impacts of the 1815 eruption of Mount Tambora in the Czech Lands», cit. en *Climate of the Past* 12, n° 6, 2016, pp. 1361-74.
99. Klingaman, *Year without summer*, p. 193.
100. Jürgen Osterhammel, *The transformation of the world: A global history of the nineteenth century*, Princeton University Press, Princeton (Nueva Jersey), 2014, p. 199.
101. Wood, *Tambora*, p. 67. [Traducción completa del poema disponible en: https://leereluniverso.blogspot.com/2013/07/poesia-oscuridad-lord-byron.html]
102. Perdue, Peter C., *China marches West: The Qing Conquest of Central Asia*, Belknap Press of Harvard University Press, Cambridge (Massachusetts), 2005, p. 283.
103. Backhouse, E. y Bland, J. O. P., *Annals and memoirs of the court of Peking (from the 16th to the 20th century)*, Ch'eng Wen Pub. Co., Taipei, 1970, p. 325. [Fuente: https://gt.ecotaf.net/491-qianlong-emperor.html.]
104. Cao, Shuji; Li, Yushang y Yang, Bin, «Mt. Tambora, climatic changes, and China's decline in the nineteenth century», *Journal of World History* 23, n° 3, 2012, pp. 587-607.
105. Wood, *Tambora*, p. 120.
106. Xiao, Lingbo; Fang, Xiuqi; Zheng, Jingyun y Zhao, Wanyi, «Famine, migration and war: Comparison of climate change impacts and social responses in North China between the late Ming and late Qing dynasties», cit. en *The Holocene* 25, n° 6, 2015, pp. 900-10.
107. Klein, Jørgen *et al.*, «Climate, conflict and society: Changing responses to weather extremes in nineteenth century Zululand», cit. en *Environment and History*, de próxima publicación.
108. Garstang, Michael; Coleman, Anthony D. y Therrell, Matthew, «Climate and the mfecane», cit. en *South African Journal of Science* 110, n° 5-6, 2014, pp. 1-6.

Capítulo 6

1. Ruddiman, W. F., «The anthropogenic greenhouse era began thousands of years ago», cit. en *Climatic Change* 61, 2003, pp. 261-93.
2. Walter, John; Schofield, Roger y B. Appleby, Andrew, *Famine, disease, and the social order in early modern society*, Cambridge University Press, Cambridge, 1989, p. 36. Lieberman, Victor y Buckley, Brendan, «The impact of climate on Southeast Asia, circa 950– 1820: New findings», cit. en *Modern Asian Studies* 46, 2012, pp. 1049-96.
3. Marks, Robert, *China: Its environment and history*, Rowman & Littlefield, Lanham (Maryland), 2012, p. 145.
4. Goldstone, Jack A., «Efflorescences and economic growth in world history: Rethinking the 'rise of the West' and the Industrial Revolution», cit. en *Journal of World History* 13, 2002, pp. 323-89.
5. Houston, R. A., «Colonies, enterprises, and wealth: The economies of Europe and the wider world», cit. en Cameron, Euan ed., *Early Modern Europe: An Oxford History*, Oxford University Press, Oxford, 1999, p. 147.
6. Levine, David, *Reproducing families: The political economy of English population history*, Cambridge University Press, Cambridge, 1987, p. 99.
7. Holland, Rupert Sargent, *Historic Inventions*, Macrae Smith Company, Filadelfia (Pensilvania), 1911, p. 76.
8. Weissenbacher, Manfred, *Sources of power: How energy forges human history*, vol. 1, Praeger, Santa Barbara (California), 2009, p. 202.

9. Mosley, Stephen, *The chimney of the world: A history of smoke pollution in Victorian and Edwardian Manchester*, Routledge, Londres, 2008, p. 17.

10. Dickens, Charles, *Hard Times*, Bradbury & Evans, Londres, p. 26 [la cita del texto corresponde a la edición de *Tiempos difíciles* disponible en https://freeditorial.com/es/books/tiempos-dificiles].

11. Sheehan, James J., *German history, 1770–1866*, Clarendon Press, Oxford, 1989, p. 742.

12. Jansen, Marius B., *The Cambridge History of Japan*, vol. 5, Cambridge University Press, Cambridge, 1989, p. 495 [Traducción de Ricardo Accurso. Disponible en http://geocities.ws/obserflictos/carta.html].

13. Kander, Astrid; Malanima, Paolo y Warde, Paul, *Power to the people: Energy in Europe over the last five centuries*, Princeton University Press, Princeton (Nueva Jersey), 2013, p. 140.

14. Burgess, E., «General remarks on the temperature of the terrestrial globe and the planetary spaces; by Baron Fourier», cit. en *American Journal of Science* 32, 1837, pp. 1-20; traducción del artículo, en francés, de Fourier, J. B. J., «Remarques générales sur les températures du globe terrestre et des espaces planétaires», cit. en *Annales de chimie et de physique* 27, 1824, pp. 136-67.

15. Callendar, G. S., «The artificial production of carbon dioxide and its influence on temperature», cit. en *Quarterly Journal of the Royal Meteorological Society* 64, 1938, pp. 223-40, doi: 10.1002/qj.49706427503.

16. Revelle, R. y Suess, H. E., «Carbon dioxide exchange between atmosphere and ocean and the question of an increase of atmospheric CO_2 during the past decades», cit. en *Tellus* 9, 1957, pp. 18-27.

17. Etheridge, D. M. *et al.*, «Natural and anthropogenic changes in atmospheric CO_2 over the last 1000 years from air in Antarctic ice and firn», cit. en *Journal of Geophysical Research* 101, 1996, pp. 4115-28.

18. Woodhouse, Connie A.; Lukas, Jeffrey J. y Brown, Peter M., «Drought in the western Great Plains, 1845–56: Impacts and implications», cit. en *Bulletin of the American Meteorological Society* 83, 2002, p. 1485. Cook, Edward R.; Seager, Richard; Cane, Mark A. y Stahle, David W., «North American drought: Reconstructions, causes, and consequences», cit. en *Earth-Science Reviews* 81, 2007, pp. 93-134.

19. Greenfield, Gerald Michael, «The great drought and elite discourse in imperial Brazil»," cit. en *Hispanic American Historical Review* 72, 1992, p. 376. Sedrez, Lise, «Environmental history of modern Latin America», cit. en Holloway, Thomas H., ed., *A Companion to Latin American History*, Blackwell, Malden (Massachusetts), 2008, p. 455.

20. Amrith, Sunil S., *Crossing the Bay of Bengal*, Harvard University Press, Cambridge (Massachussets), 2013, pp. 114. Davis, Mike, *Late Victorian holocausts: El Niño famines and the making of the third world*, Verso, Londres, 2002, p. 7 [hay trad. cast. *Los holocaustos de la era victoriana tardía: el niño, las hambrunas y la formación del tercer mundo*, Publicacions de la Universitat de València, Valencia, 2006].

21. Edgerton-Tarpley, Kathryn, *Tears from iron: Cultural responses to famine in nineteenth-century China*, University of California Press, Berkeley, 2008, pp. 26 y 40-1.

22. "Pictures to draw tears from iron," Visualizing Cultures, MITOPENCOURSEWARE, Massachusetts Institute of Technology, 2010, http://ocw.mit.edu/ans7870/21f/21f.027/tears_ from_ iron/tfi _ essay_ 06.pdf.

23. dgerton- Tarpley, *Tears from iron*, p. 28. Will, Pierre-Etienne; Bin Wong, Roy y

Lee, James Z., *Nourish the people: The state civilian granary system in China, 1650– 1850*, University of Michigan Center for Chinese Studies, Ann Arbor (Michigan), 1991, pp. 3, 14 y 21.

24. Edgerton-Tarpley, *Tears from iron*, pp. 31-2.

25. Will, Wong y Lee, *Nourish the people*, pp. 91-2.

26. *Ibid.*; Edgerton-Tarpley, *Tears from iron*, p. 91.

27. Edgerton- Tarpley, Tears from iron, pp. 101-2.

28. *Speeches by Babu Surendra Nath Banerjea, 1876– 80*, vol. 6, S. K. Lahiri, Calcutta, 1908, p. 268.

29. Silbey, David, *The Boxer Rebellion and the great game in China*, Hill and Wang, Nueva York, 2012, p. 66.

30. Preston, Diana, *The Boxer Rebellion: The dramatic story of China's war on foreigners that shook the world in the summer of 1900*, Berkley Books, Nueva York, 2000, p. 29.

31. Davis, Mike, *Late Victorian holocausts*, pp. 143 y 154.

32. *Ibid.*, pp. 27– 8, 31, 44, 51, 142, y 315.

33. *Ibid.*, p. 199.

34. *Ibid.*, pp. 188-94.

35. *Ibid.*, p. 201.

36. Cook, B. I.; Miller, R. L. y Seager, R., «Dust and sea surface temperature forcing of the 1930s 'Dust Bowl' drought», cit. en *Geophysical Research Letters* 35, 2008, L08710, doi: 10.1029/2008GL033486.

37. BBC, "On This Day, 20 July," http://news.bbc.co.uk/onthisday/hi/dates/stories/july/20/newsid_3728000/3728225.stm.

38. «Air conditioning: No sweat», publicado en *The Economist*, 5 de enero de 2013.

39. Dickens, Charles, *Oliver Twist*, Lea & Blanchard, Filadelfia (Pensilvania), p. 86 [la cita del texto corresponde a la edición disponible en Según la edición disponible en https://www.cjpb.org.uy/wp-content/uploads/repositorio/serviciosAlAfiliado/librosDigitales/Dickens-Aventuras-Oliver-Twist.pdf].

40. Pfeifer, David Allen, *Eating fossil fuels: Oil, food, and the coming crisis in agriculture*, New Society Publishers, Gabriola Island (Columbia Británica), 2006.

41. Instituto de Recursos Mundiales, «The history of carbon dioxide emissions», http://www.wri.org/blog/2014/05/history-carbon-dioxide-emissions.

Capítulo 7

1. NOAA [Oficina Nacional de Administración Oceánica y Atmosférica], «Global Climate Report-September 2016», para el Centro Nacional de Información Ambiental, https://www.ncdc.noaa.gov/sotc/global/201609.

2. Dean, Cornelia, «As Alaska glaciers melt, it's land that's rising», publicado en el *New York Times*, 17 de mayo de 2009.

3. Mack, Michelle C. *et al.*, «Carbon loss from an unprecedented Arctic tundra wildfire», *Nature* 475, nº 7357, 2011, pp. 489-92.

4. Thompson, Lonnie G.; Mosley-Thompson, Ellen; Davis, Mary E. y Brecher, Henry H., «Tropical glaciers, recorders and indicators of climate change, are disappearing globally», cit. en *Annals of Glaciology* 52, 2011, pp. 23-34.

5. Thompson, L. G. *et al.*, «Annually resolved ice core records of tropical climate variability over the past ~ 1800 years», cit. en *Science* 340, nº 6135, 2013, pp. 945-50.

6.   Carey, Mark, *In the shadow of melting glaciers: Climate change and Andean society*, Oxford University Press, Oxford, 2010.

7.   Cook, Simon J. *et al.*, «Glacier change and glacial lake outburst flood risk in the Bolivian Andes», cit. en *The Cryosphere* 10, 2016, p. 2399.

8.   Fraser, Barbara, «Melting in the Andes: Goodbye glaciers», cit. en *Nature* 491, 2012, pp. 180-2.

9.   Belmecheri, Soumaya *et al.*, «Multi-century evaluation of Sierra Nevada snow-pack», cit. en *Nature Climate Change* 6, 2016, pp. 2-3.

10.   Servicio Meteorológico Nacional del Reino Unido, «What caused the record UK winter rainfall of 2013-14?», 22 de junio de 2017, http://www.metoffice.gov.uk/news/releases/2017/record-uk-winter-rainfall-of-2013-14.

11.   Kristof, Nicholas, «Will climate get some respect now?», publicado en el *New York Times*, 1 de noviembre de 2012.

12.   Enwemeka, Zeninjor, «Boston's top 10 biggest snowstorms», emitido por WBUR, 28 de enero de 2015. Rosen, Andy, «Last 7 days were Boston's snowiest on record», publicado en el *Boston Globe*, 2 de febrero de 2015.

13.   Herring, Stephanie C.; Hoerling, Martin P.; Peterson, Thomas C. y Stott, Peter A., «Explaining extreme events of 2013 from a climate perspective», cit. en *Bulletin of the American Meteorological Society* 95, 2014, S1-S104.

14.   Rahmstorf, Stefan y Coumou, Dim, «Increase of extreme events in a warming world», cit. en *Proceedings of the National Academy of Sciences* 108, n° 44, 2011, pp. 17905-9.

15.   *Global Post*, «The biggest disaster you've probably never heard of», 14 de febrero de 2014.

16.   Wong, Edward, «Resettling China's 'ecological migrants'», publicado en el *New York Times*, 25 de octubre de 2016.

17.   Jones, Sam, «Bolivia after the floods: 'The climate is changing; we are living that change'», publicado en *Guardian*, 8 de diciembre de 2014.

18.   Associated Press, «Malawi fl oods kill 176 people», puvlicado en *Guardian*, 17 de enero de 2015.

19.   NASA, «Climate conditions determine Amazon fire risk», 7 de junio de 2013, http://www.nasa.gov/topics/earth/features/amazon-fire-risk.html#.V4Ub3ZMr-Lox.

20.   Lemonick, Michael, «The secret of sea level rise: It will vary greatly by region», en *Yale Environment360*, 22 de marzo de 2010, http://e360.yale.edu/features/the_secret_of_sea_level_rise_it_will_vary_reatly_by_region.

21.   *Fiji Times Online*, 16 de agosto de 2014, http://www.fijitimes.com/story.aspx-?id=277453.

22.   Understanding Risk, «Dealing with coastal risks in small island states», https://understandrisk.org/event-session/dealing-with-coastal-risks-in-mall-island-states-training-session-on-simple-assessments-of-coastal-problems-and-solutions-in-small-island-developing-states/.

23.   Joyce, Christopher, «Climate change worsens coastal flooding from high tides», NPR, 8 de octubre de 2014, http://www.npr.org/2014/10/08/354166982/climate-change-worsens-coastal-flooding-from-high-tides.

24.   Gertner, Jon, «Should the United States save Tangier Island from oblivion?», publicado en el *New York Times*, 6 DE Julio de 2016.

25.   *Surging Seas*, «Louisiana and the surging sea», Climate Central, http://sealevel.climatecentral.org/research/reports/louisiana-and-the-surging-sea.

26. McPherson, Poppy, «Dhaka: The city where climate refugees are already a reality», publicado en *Guardian*, 1 de diciembre de 2015.

27. Rhein, M. *et al.*, eds., *Climate change 2013: The physical science basis. Contribution of Working Group I to the Fifth Assessment Report of the Intergovernmental Panel on Climate Change*, Cambridge University Press , Cambridge; New York, 2013.

28. Milstein, Michael, «Unusual North Pacific warmth jostles marine food chain», para Northwest Fisheries Science Center, Septiembre 2014, https://www.nwfsc. noaa.gov/news/features/food_chain/index.cfm.

29. IPCC [Panel Intergubernamental del Cambio Climático], «2013: Summary for Policymakers», cit. en T. F., eds., *Climate Change 2013: The Physical Science Basis. Contribution of Working Group I to the Fifth Assessment Report of the Intergovernmental Panel on Climate Change*, Cambridge University Press, Cambridge; New York.

30. Feely, R. A.; Doney, S. C. y Cooley, S. R., «Ocean acidification: Present conditions and future changes in a high-CO2 world», cit. en *Oceanography* 22, 2009, pp. 36-47, doi: 10.5670/oceanog.2009.95.

31. «Durban Adaptation Charter for Local Governments», para la Convención Marco de las Naciones Unidas sobre el Cambio Climático, https://unfccc.int/files/meetings/durban_nov_2011/statements/application/pdf/111209_op17_hls_iclei_charter.pdf.

32. «Norway bets on global warming to thaw Arctic ice for oil and gas drive», en Reuters, 13 de mayo de 2014, http://www.reuters.com/article/us-energy-arctic-idUSK-BN0DT13220140513.

33. Adano, Wario R.; Dietz, Ton; Witsenburg, Karen y Zaal, Fred, «Climate change, violent conflict and local institutions in Kenya's drylands», cit. en *Journal of Peace Research* 49, 2012, pp. 65-80.

34. Hendrix, Cullen S. y Salehyan, Idean, «Climate change, rainfall, and social conflict in Africa», cit. en *Journal of Peace Research* 49, 2012, pp. 35-50.

35. Yale Environment360, «When the water ends: Africa's climate conflicts», para Yale School of Forestry and Environmental Studies, 26 de octubre de 2010, http://e360. yale.edu/features/when_the_water_ends_africas_climate_conflicts.

36. Observatorio de Derechos Humanos, «'There is no time left': Climate change, environmental threats, and human rights in Turkana County, Kenya», 15 de octubre de 2015, https://www.hrw.org/report/2015/10/15/there-no-time-left/climate-change-environmental-threats-and-human-rights-turkana.

37. Hall, Ethan L., *Conflict for resources: Water in the Lake Chad Basin*, School of Advanced Military Studies (US Army Command and General Staff College), Fort Leavenworth (Kansas), 2009, p. 36.

38. Gemenne, François; Barnett, Jon; Adger, W. Neil y Dabelko, Geoffrey D., «Climate and security: Evidence, emerging risks, and a new agenda», cit. en *Climatic Change* 123, 2014, p. 1-9.

39. Hsiang, Solomon M.; Meng, Kyle C. y Cane, Mark A., «Civil conflicts are associated with the global climate», cit. en *Nature* 476, 2011, pp. 438-41.

40. Werrell, Caitlin E.; Femia, Francesco y Slaughter, Anne-Marie, «The Arab Spring and climate change», para el Centro para el Progreso Estadounidense, 28 de febrero de 2013, https://www.americanprogress.org/issues/security/reports/2013/02/28/54579/the-arab-spring-and-climate-change/.

CAPÍTULO 8

1. Mann, Michael E.; Bradley, Raymond S. y Hughes, Malcolm K., «Global-scale temperature patterns and climate forcing over the past six centuries», cit. en *Nature* 392, 1988, pp. 779-87.
2. Trenberth, K. E. y Fasullo, J. T., «An apparent hiatus in global warming?», cit. en *Earth's Future* 1, 2013, pp. 19-32.
3. Karl, Thomas R. *et al.*, «Possible artifacts of data biases in the recent global surface warming hiatus», cit. en *Science* 348, 2015, pp. 1469-72.
4. Ramsayer, Kate, «2016 Hottest Year on Record», para la NASA Scientific Visualization Studio, 6 de febrero de 2017, https://svs.gsfc.nasa.gov/12468.
5. Roppolo, Michael, «Americans more skeptical of climate change than others in global survey», en CBS News, 23 de Julio de 2014, http://www.cbsnews.com/news/americans-more-skeptical-of-climate-change-than-others-in-global-survey/.
6. Stokes, Bruce; Wike, Richard y Carle, Jill, «Global concern about climate change», para el Centro de Investigaciones Pew, 5 de noviembre de 2015, http://www.pewglobal.org/2015/11/05/global-concern-about-climate-change-   road-support-for-limiting-emissions/.
7. Stocker, T. F. *et al.*, eds., *Climate change 2013: The physical science basis. Contribution of Working Group I to the Fifth Assessment Report of the Intergovernmental Panel on Climate Change , Summary for Policymakers*, Cambridge University Press, Cambridge; New York, 2013, p. 24.
8. http://earthobservatory.nasa.gov/IOTD/view.php?id=86027.
9. DeConto, Robert M. y Pollard, David, «Contribution of Antarctica to past and future sea-level rise», cit. en *Nature* 531, 2016, pp. 591-7.
10. Hansen, James *et al.*, «Ice melt, sea level rise and superstorms: evidence from paleoclimate data, climate modeling, and modern observations that 2 C global warming is highly dangerous», cit. en *Atmospheric Chemistry and Physics Discuss* 15, 2015, pp. 20059-179.
11. IPCC [Panel Intergubernamental del Cambio Climático], Summary for policymakers, 2013.
12. Schuur, E. A. G. *et al.*, «Climate change and the permafrost carbon feedback», *Nature* 520, 2015, pp. 171-9.
13. Schaefer, Kevin *et al.*, «The impact of the permafrost carbon feedback on global climate», cit. en *Environmental Research Letters* 9, 2014, pp. 1-9.
14. Van der Linden, Sander; Maibach, Edward y Leiserowitz, Anthony, «Improving public engagement with climate change five 'best practice' insights from psychological science», cit. en *Perspectives on Psychological Science* 10, 2015, pp. 758-63.
15. http://www.statista.com/statistics/263265/top-companies-in-the-world-by-revenue/.
16. Naciones Unidas, Convención Marco de las Naciones Unidas sobre el Cambio Climático, 1992, https://unfccc.int/resource/docs/convkp/conveng.pdf. [Fuente de la cita en el texto: https://es.wikisource.org/wiki/Convenci%C3%B3n_Marco_de_las_Naciones_Unidas_sobre_el_Cambio_Clim%C3%A1tico].
17. PBL Agencia Holandesa de Evaluación Medioambiental, *Trends in Global CO2 Emissions, 2015 Report*, Centro Común de Investigación, Comisión Europea, http://edgar.jrc.ec.europa.eu/news_docs/jrc-2015-trends-in-global-co2-emissions-2015-report-98184.pdf, pp. 28-9.

18. Carbon Brief, «Two degrees: The history of climate change's speed limit», 8 de diciembre de 2014, https://www.carbonbrief.org/two-degrees-the-history-of-climate-changes-speed-limit.

19. Hansen, J. *et al.*, «Assessing ' dangerous climate change': Required reduction of carbon emissions to protect young people, future generations and nature», *PLoS ONE* 8, nº 12, 2013, e81648, doi: 10.1371/journal.pone.0081648.

20. Young, Mike, «Two degrees warmer may be past the tipping point», Universidad de Copenhague, 11 de diciembre de 2009, https://uniavisen.dk/en/two-degrees-warmer-may-be-past-the-tipping-point/.

21. Naciones Unidas, Acuerdo de París, 2015, Convención Marco de las Naciones Unidas sobre el Cambio Climático, 3, https://unfccc.int/files/essential_background/convention/application/pdf/english_paris_agreement.pdf. [Fuente de la cita y documento completo disponible en: https://es.wikisource.org/wiki/Acuerdo_de_Par%C3%ADs].

22. CAIT, Explorador de Datos Climáticos, «Historical emissions», Instituto de Recursos Mundiales, http://cait.wri.org/historical.

23. Ge, Mengpin; Friedrich, Johannes y Damassa, Thomas, «6 graphs explain the world's top 10 emitters», Instituto de Recursos Mundiales, 25 noviembre de 2014, https://wri.org/blog/2014/11/6-graphs-explain-world%E2%80%99s-top-10-emitters.

24. Le Quéré, C. *et al.*, «Global carbon budget 2015», cit. en *Earth System Science Data* 7, 2015, pp. 349-96.

25. Zielinski, Sarah, «Iceland carbon capture project quickly converts carbon dioxide into stone», Smithsonian.com, 9 de junio de 2016, http://www.smithsonianmag.com/science-nature/iceland-carbon-capture-project-quickly-converts-carbon-dioxide-stone-180959365/.

26. Kunz, Tona, «Questions rise about seeding for ocean CO2 sequestration», 12 de junio de 2013, Laboratorio Nacional de Argonne, http://www.aps.anl.gov/News/APS_News/Content/APS_NEWS_20130612.php.

27. Klein, Naomi, *This changes everything: Capitalism vs. the climate*, Simon & Schuster, Nueva York, 2014 [hay trad. cast., *Esto lo cambia todo: el capitalismo contra el clima*, Ediciones Paidós Ibérica, Barcelona, 2015].

ÍNDICE ONOMÁSTICO Y CONCEPTUAL

4,2 ka, aridez del 98-105
8,2/8 ka, evento 86
2 °C 318, 324

A

Abásida 155
Abenaki 213-215
Aborígenes 53, 82
Aceitunas (olivos) 115-117, 126
Acondicionado, aire 263, 264, 269
Acueductos 116, 176, 234
Adaptación
  Calentamiento global 294-299
  PEH 224-226
Adriano, muro de 118
África 72, 117, 262, 311
  ACM 137-139, 231
  Agricultura 82-84
  Cambio climático 277, 284. 288, 320
  Conflicto 299-305
  Hidrometeorología 127, 250
  Homo sapiens 47-57
  Origen del Hombre 33, 36-40, 45, 63
  PEH 198-200

Sahara Verde 87-91
Sequía 248, 250-255
África central 90-91, 302
África, norte de 47-63, 262, 304
África Occidental 320
  Agricultura 83
  Aridez 89-90
  Cambio climático 291, 302
  PEH 198
Agassiz, lago 87
Agassiz, Louis 248
Agencia Federal para el Manejo de Emergencias (FEMA) 296
Agricultura 268
  ACM 150, 171
  Cambio climático 227, 297
  China 118-121
  Expansión 83-86, 91-96, 100-104
  Indo 99-101
  Orígenes 71-83
  PEH 181, 192-195
  Roma 112-128, 124-125
Alaska 299
  Cambio climático 272-275, 283, 286

Alberta 276, 324
Alemania (Germania) 58, 141, 252,
    318, 325
  ACM 194, 219, 222
  África suroccidental 255
  Emisiones 268-269, 325
  Industrialización 244, 256-257
  PEH 148, 151
  Roma 114, 121, 129
Alemania Occidental 257-258, 261,
    270
Alepo 102
Alpes 59, 116, 248, 277
Amarillo, río/valle del 83, 93, 119,
    121, 158, 209
Amazonas 66, 84, 284
América Central (Centroamérica)
    81, 165
Amundsen, Roald 298
Anatolia 125
  Edad del Bronce 104, 106
  ACM 153-155
Andes 66, 175-178
  Cambio climático 276-277
  Domesticación 80-81
Angkor 161-162, 196-197
Angkor, guerra 161, 197
Annapolis 289
Antártida 34, 44, 286, 312
Antigüedad tardía, pequeña Edad de
    Hielo de la 132
Árabe, primavera 303, 304
Arabia 258, 316
Arabia Saudí 258, 316
Árboles, anillos de los 127, 132, 154,
Aridez 24, 25, 36, 40, 63, 86, 89, 90,
    98, 101, 102, 108, 110, 134, 168,
    172, 173, 210, 211, 232, 253,
    282, 304
Arkwright, Richard 240
Arrhenius, Svante 27, 248
Arroz 79, 95, 158, 196, 230, 254
  Metano 106, 121
Ártico 58, 59, 61, 71, 147, 272, 298,
    299, 300, 313, 316
Asia central 111, 284
  Ávaros y hunos 126-129
  Dinastía Han 119
  ACM 157-158, 160, 178-179
Asiria 108, 110, 111
Áspero 80, 117
Atenas 107, 114
Atlántico, océano 18, 49-50, 71, 87,
  ACM 140, 144-145, 178-179
  Cambio climático 286-289
  PEH 181-182, 185, 187, 192
Augsburgo 206, 207
Australia 34, 53, 82, 138, 309, 316,
    322
  Cambio climático 282, 293
  Hidrometeorología 127
  Megafauna 53, 62
Australopiteco 41, 63
Ávaros 126, 127, 129, 131, 136
Ayutthaya 197

B

Babilonia 110
Bacalao 292
Bagdad 155, 160
Baja altura, estados insulares de 288
Balcanes 87, 117, 131, 154, 206
Balsas, valles del río 79, 80
Báltico 57, 148, 152, 188, 193
Banerjee, Surendranath 252
Bangladés 290, 306, 320
Bantúes 85, 90-91
Barents, sur del mar de 299
Behringer, Wolfgang 222
Bélgica 67, 150-151
Bengala, bahía de 101
Bering, estrecho de 60, 61, 146
Biomas 58
  Montaña 276-280
  Templado 280-284
  Tropical 40, 284-285
  Tundra 272-276

Birmania 161-163, 197
Birmingham 239-242
Bizantino, Imperio 118, 122, 131,
    132, 136, 148, 152-153, 155,
    206
    ACM 155
Bohemia 152, 201
Boko Haram 302-304
Bolivia 80-81, 176, 277
Bombay 291
Boreal, bosque 275, 293
Boston 281, 312
Botsuana 199
Boulton, Matthew 239-240
Bovina, peste 254-255
Bóxers, Rebelión de los 252
Bradley, Raymond 309
Brahmaputra, río 279
Brasil 51, 66, 277, 311, 316, 322
    Hidrometeorología 127
    Sequía 250, 253-254, 284
Bronce, Edad de 235
    Civilización 92, 99, 104-105, 133
    Crisis 102, 106-111, 134
Bronce Tardío, crisis del 106-111
Brujería 218-220
Bubónica, peste 136, 190-195, 202-
    203
Budismo 157, 162
Budj Bim 82

C

Cachemira 279
Cahokia 164, 171-172
Calabaza 79, 81, 174
Calakmul 165-167
Calidad del aire, índice de 265
California 173, 279
    Hidrometeorología 127
    Sequía 280-282, 292, 295, 300-301
Callendar, G. S. 248, 259
Cambio Climático, Convención
    Marco de las Naciones Unidas
    sobre el 317

Cambio Climático (IPCC), Panel
    Intergubernamental del 308-
    309
Camellos 156
Camerún 38, 90, 91, 302
    Bantúes 90-91
Canadá 214, 223, 309, 311
    Cambio climático 275-280, 298-
    299
    Dryas Reciente 71
    PEH 214, 226
    Producción petrolífera 316, 324
    Vikingos 140-141
Cancún 318
Cantón 264
Cantona 170
Cañón del Chaco, Sequía 164, 173,
    174, 175, 235
Captura 292, 293
Caral 80
Carbón 179, 258, 265, 316-317, 323
    Industrialización 242-245
    Inglaterra 225-226, 238-239
    Preindustrial 212, 226-228, 236
Carbón (vegetal) 91, 187, 237
Carbono, cuota de emisión 324
Carbono, huella de 37
    Captura 327
    Concentración en la atmósfera 20,
        23, 34-35, 45, 105, 121, 310,
        318-319
    Emisiones 105, 269-270, 322
    Gases de efecto invernadero 20,
        34, 247-248
    Industrialización 249, 256-259,
        265
    Océanos 277, 291-294
    PEH 183-185, 224
    Permafrost 273, 275, 313
Carbono, dióxido 264, 299, 326
Carbono, impuesto al 330
Cariaco, cuenca del 169
Carlomagno 123, 140, 148
Carolina del Norte 297

Cartago 113, 115
Castores 222, 223, 224
Cáucaso 68, 111, 127
Cazadores-recolectores 77-79, 82-85
  Orígenes de los humanos 40-42
  Tras el UGM 66-70
  Dryas Reciente 71-74
Cebada 70, 75-76, 78, 117, 219
Ceilán (Sri Lanka) 250
Celtas 141
Centeno 74-78
Centroamérica, Hidrometeorología
    79, 81, 82, 165, 168, 178, 288
César
  Augusto 129
  Julio 113
CFC, calentamiento 264
Chaco, cañón del 164, 173-175, 235
Chad, lago 88, 199, 302
Chăm 162,-163
Champlain, Samuel 212
Chang'an 156
Chavín de Huántar 81
Chesapeake, bahía de 289, 296
Chicle (*Manilkara zapota*) 167
Chile 62, 176
Chimpancés 34-39, 55
Chimú 175-176
China 25-26, 51, 93, 258, 311
  ACM 156-159, 234
  Cambio climático 283-284, 304
  Carbón 225, 236, 316
  Dinastía Han 118-125, 134
  Dinastía Yuan 159, 197
  Domesticación 786-77, 79, 92
  Edad de Bronce 99, 105
  Emisiones 270, 318, 322
  Hidrometeorología 126, 137
  Homo erectus 45-46
  Neolítico 93, 102
  PEH 182, 206, 209-211, 220, 229-
      230, 235, 250-253
  República Popular 259-267
  UMG 57-61, 70

Clima/climático, óptimo
  Holoceno 94
  Romano 112, 115-116, 120
Climática (UIC), Unidad de Investi-
    gación 308-311
Climático, cambio 282, 284, 291, 293,
    320-321
  ACM 138, 153, 160, 164, 171, 178-
    179
  Conflicto 299-305
  Egipto 102-104, 108
  El Niño 1870 250-251
  El Niño 1890 252-253
  Jemer 196-197
  Mayas 164-169
  PEH 196-200, 207-211
  Percepción 307-309, 314
  Tambora 228-231
Climático, forzamiento 19-21, 185,
    247
  Humano 178-179, 233, 256, 307
  Primeros humanos 105-106
  Volcánico 184
Clovis, cultura 66, 72-73
Cnosos 106
Cocodrilos 88
Cod, cabo 213, 292
Colapso 15, 23-24, 98, 122-123, 235
Colonia 117, 222
Colorado 173-174, 283
Colorado, río 301
Columbia Británica 283
Conflicto (climático) 299-305
Confucio 119
Connecticut, río 214, 223
Conocimiento 18, 149, 200, 244, 308,
    312, 314
Conselheiro 254
Constantinopla 122, 124, 131, 136,
    148, 194, 206, 207
Convergencia intertropical (ZCI),
    zona de 72, 89
  Y el Nilo 154
  PEH 196, 232

AMC 158, 168-169
Copán 166
Copenhague 318
Coral, arrecifes de 293
Corea 60, 209, 250
  Norte 260
  Sur 260
Cortés, Hernán 168
Corteza, escarabajos de la 282, 286, 299
Cortona 218
Creta 104, 106
Cristianismo 124, 140-141, 153, 156, 166, 252
Cruzadas 153,
Cuomo, Andrew 281

D

Daimler, Gottlieb 245
Dai Viet 161, 163, 197
Dansgaard-Oeschger (ciclos D-O) 48-52
Danubio, río 117, 129-130
Deerfield 214
Defoe, Daniel 237
Deforestación 101, 105, 121, 144, 167, 175, 196, 283-285
Delaware, río 223
Denali, Parque Nacional de 275
Denisovanos 46, 56
De Soto, Hernando 170-171
Dhaka 290, 312
Dickens, Charles 242, 266
Dinamarca 194, 201, 227, 300, 325
Dispersión 24-25, 33
  Homo erectus 45-46
  Homo sapiens 50-53, 58-59, 63
Domesticación 76-80, 82-84, 89, 96
Dordoña 68
Durban 297
Dust Bowl 255
Dryas reciente 22, 25, 67, 71-75, 85-86, 98, 185

E

Ebrios, bosques o árboles 275
Edison, Thomas 246
Edo 244
Egipto 137, 194, 250, 301
  ACM 153-155
  Crisis del Bronce Tardío 108-110
  Edad de Bronce 89-94, 99, 102-104
  Romano 115
Eiger 277
Electricidad 246, 301
Electrificación 246
Elfstedentocht 216
El Rojo, Erik 142
Emisiones 27, 314, 318, 320-322
  CO_2 105-106, 264-265, 269-270, 288, 297, 311-312, 318, 322-330
  Metano 105-106, 121
Escandinavia 57, 140, 143-144, 190
Escitas 111
Escocia 87, 118, 219, 221
  Hambruna 202, 204-205
  Industrialización 268
  Vikingos 141
España 68, 171, 201, 254
  América 172-174
Estados Unidos 60, 65, 248-249, 252, 269-270, 317
  Cambio climático 279, 285-288, 296-297
  Climatología 308-310
  Cultura Clovis 66, 72-73
  Cultura del Misisipí 164, 170-172
  Emisiones 269-270, 317, 321-323
  Hidrometeorología 127, 138, 178, 256
  Industrialización 244-245
  Producción de gas y petróleo 245-246, 258, 316, 325-326
  Tambora 229
  Urbanización 262, 266

Estados Unidos, Cuerpo de Ingenieros del Ejército de 289
Estados Unidos, Marina de los 244, 289
Etiopía 301-302
Éufrates, río 74, 92, 102
Europa 86-87, 122-123, 322
  ACM 137-141, 147-153, 179
  Agricultura 83-84
  Alta Edad Media 131, 133, 136
  Bronce Tardío 107-108, 111
  Dryas Reciente 71-73
  Edad de Hierro 107-108, 111
  Emisiones 269-270, 322,
  Fordismo 256-259
  Homo sapiens 54- 60
  Neandertales, Europa 54-57
  PEH 181-182, 185-195, 200-207, 212, 215-219
  Revolución Industrial 244-246
  Romana 112-117
  UMG 65-70

F

Fayún 103
Fenicia 110
Ferroviarias, vías 241, 252, 278, 317
Fértil, Creciente 76, 78, 81, 134
Filipinas 49, 254
Flamencos 150-152
Florida 170, 290
Ford, Henry 245, 257
Fordismo 256-258
Forzamiento antropogénico temprano, hipótesis del 105-106
Fourier, Joseph 247
Francia 68, 141, 252, 311
  ACM 148
  PEH 193, 201-202, 204, 218, 228
  Romana 116, 133
Francisco, papa 319
Frankenstein 229
Franklin, Benjamin 227

Frío (IAF), inversión antártica del 67
Frisia 216
Frobisher, Martin 298
Fukushima 327
Furtwängler, glaciar de 198

G

Gales 136, 150, 237, 267, 268
Galia 113-117, 131, 133, 147
Galilea, mar de 70
Ganges, río 279, 290
Gas, natural 246, 268, 316, 325-326
Genes 46-47, 83-84, 90, 141, 177
  Homo sapiens 52-53, 60-61, 70, 77
  Inuit 146, 188-189
  Neandertal 55-56
Gengis Kan (Genghis Khan) 159-160
Geoingeniería 327-329
Georgetown 289
Gibbon, Edward 125
Gilbert, islas 286
Glacial-interglacial, ciclos 21, 43, 48, 63, 249
  Periodos interglaciales 43, 48, 62-63, 67, 69, 106
Glaciares 86, 144-145, 248
  Alpes 133, 195
  Himalayas 278-279, 310
  Islandia 144, 226
  PEH 182, 196, 198
  Retroceso 272-277
  UMG 58, 66, 67
Glaciares, bahía de los 273
Global, calentamiento 27, 259, 313-314, 316
  Adaptación 294, 298
  Biomas 276-282
  CFC 264
  Ciencia 27, 308-310
  Objetivos 318-320
  Océanos 291-293
Glacial/isostático, rebote 273, 285-286
Globalización 259-270

Gobero 89
Godos 130
Golán, Altos del 126
Gonfotéridos 62
Gore, Al 308
Gorilas 34, 36-38
Gran Barrera de Coral 293
Gran Bretaña 105, 140, 267
　ACM 147-153
　Cambio climático 281, 298
　Dryas Reciente 73
　Fordismo 256
　PEH 194, 204, 226
　Revolución industrial 26, 240-245,
　　247
　Romana 114, 117-118, 140
　Sequía de El Niño 252, 254
　Tambora 228-230
　UGM 47-48
Gran Depresión 256, 258
Grandes Lagos 223
Grandes Llanuras 256
Gran Exposición 243
Gran Valle del Rift 33, 40
Gran Zimbabue 200
Groenlandia 18, 86, 139
　ACM 141-146
　Cambio climático 286, 298, 312
　PEH 185-192
Guatemala 165
Guinea-Bisáu 320

H

Haití 320
Habsburgo 201
Hambruna 16, 52, 104, 155, 261, 303
　El Niño 250-253
　PEH 193, 197, 202-207, 210-211,
　　214-215, 219
　Tambora 227-230
Hampton Roads 288
Han, dinastía 112, 118-125
Hangzhou 158-159

Hanói/Thang Long 163
Hansen, James 312, 319
Harappa 93, 98
Harbin 265
Hawái 66, 286-287
Heinrich, eventos 48,-50, 57, 64
Henan 210
Heraclio 131, 136
Herero 255
Herodoto 111
Hidráulica, fractura (fracking) 316,
　　325-326, 328
Hidroclorofluorocarbonos 264
Hidrometeorología 138, 178
　Asia 153-155
　Centroamérica 170
　Cultura del Misisipí 171-172
　Sudamérica 175-177
　Sudeste asiático 232
Hielo, capas de 35, 42-43, 57, 88
　Quelccaya 277
　Laurentino 65, 71
Hielo, feria de 216
Hielo, núcleos de 44, 86, 139, 145,
　　249, 259, 265
Hielo, Pequeña Edad de 138
　Abrupto cambio climático 226-
　　231
　Adaptación 220-226
　Atlántico Norte 185-192
　Causes 182-185
　Crisis del siglo XVII 200-211
　Cultura 215-220
　Europa 192-195
　Extremo Oriente 195-198
　Norteamérica 211-215
　Trópicos 198-200
Hielos, hombre de los 60
Hierro, Edad de 105-111, 119, 133,
　　235
Hierro, fertilización con 328
Himalaya 21, 35, 278-279, 310
Hindú Kush 279
Hinduismo 162-163

Hobbes, Thomas 200
Hoces, mar de 34, 70
Holanda, República de 151, 204, 223
Holoceno
  Agricultura 75-85, 95-96, 168,
    234-236
  Clima 21, 49, 75-83, 86, 88, 94, 102,
    104-105, 112, 134
  Homo erectus 40-42, 45-47, 52, 57, 63
  Homo floresiensis 46
  Homo heidelbergensis 46, 47
  Homo sapiens 24, 36, 38, 40, 45-50,
    52-64, 83
  Neandertales 54-57, 64
  UMG 58-62
Honduras 166
Hongshan 102
Hoover, presa 267
Huaca Prieta 66
Huari 177
Hudson, bahía de 87, 146, 223, 298
Hughes, Malcolm 309
Humano, climático 27, 33, 46, 57, 59,
    61, 105, 118, 121, 179, 275, 331
Hungría 152, 160
Hunos 126-127, 129-131
Hureyra, Abu 74

I

Incas 177-178
Incendio 275-276, 283
India, la 279, 316
  Emisiones 270, 318, 322
  PEH 206, 208
  Sequía 250-254
  Urbanización 262-264
Índico, océano 40, 209, 286-287
Indonesia 53, 260, 285, 316
  Emisiones 322
  Hidrometeorología 127
  Homo erectus 45-46
  Tambora 227
Indo, río 93, 98-101, 134

Industrialización 233, 236, 240, 243,
    244, 245, 247, 249, 256, 258,
    259, 260, 263, 266, 270, 315,
    322
Industrial, Revolución 179, 224, 226,
    233-245, 258-259, 267, 269
Inglaterra 151, 218-219, 225, 236-
    237, 309
  ACM 140-141, 147-149, 179
  Industrialización 241-243, 267-268
  PEH 192-193, 201-205, 220, 228
Inuit 146, 188- 189, 221
Inundación
  Cambio climático 281
  Dinastía Han 121
  Dinastía Yuan 197
Inundaciones, mapa de 296
Invernadero, efecto 20, 27, 247
Invernadero, gases de efecto 20-21,
    27, 268, 273, 320-321
Irán 153-155
Irlanda 109, 141, 151, 204-205, 228-
    229
Irlanda del Norte 205
Islam 137, 33
Islandia 141, 144, 190-191, 328
  PEH 192, 221, 226
Islas británicas 57, 141
Israel 69-70, 110
Italia 148, 311
  PEH 194, 201-202, 218
  Roma 112-113, 116-117, 133, 140
  UGM 151

J

Jacobo I (Jacobo VI) 205, 219
Jamestown 81, 212
Jammu 279
Japón 206, 209, 252, 327
  Emisiones 270, 321-322
  Homo sapiens 53, 60-61
  Industrialización 244, 260-262
Java 45-46

Jayavarman VII 162
Jemer, Imperio 161-162, 196-197, 232
Jerusalén 152-153
Jordania 70
José 94
Judíos 157, 217-218
Justicia, Corte Internacional de 302

K

Kaifeng 158, 225, 236
Karakórum 279
Kebara 69
Keeling, Charles 249
Kenia 42, 291, 302
Kenia, monte 40
Keystone XL 324
Kilimanjaro 40, 198
Kioto, protocolo de 318, 321, 323
Kiribati 286-287
Klamath, río 301
Kublai Kan 159
Kulluk 299
Kush 108, 279

L

Lacustres, lechos 40, 88, 198
Lagos 291
Lamb, Hubert 137
L'Anse aux Meadows 142, 143
Lascaux 68
Las Vegas 267
Laurentino, capa de hielo 65, 71
Legumbres 69, 76-78
Lena, río 222
Levante 52, 70, 75, 83, 86, 107-109, 137
Líbano 70
Libia 116, 117, 304
Liverpool 242
Lomonosov, dorsal de 299
Londres 136, 174, 263, 266, 288
    PEH 193, 202, 216, 226

Revolución Industrial 237, 242-243, 263
Long Island, estuario de 293
Lowell 244
Lucy 39
Luis XIV 201
Luisiana 109, 258, 289
Luoyang 121
Lutero, Martín 218

M

Macmillan, Harold 257
Magdaleniense, cultura 68-69
Maine 212-214, 292-293
Maine, golfo de 292-293
Maíz 79-81, 172, 174, 231, 298
Maldivas 287
Mali 199, 305
Mamuts 66-67, 94
Manchester 228, 241-243
Manchúes 209-210, 229
Manchuria 159
Mann, Michael 309
Mao Tse-Tung (Mao Zedong) 261
Mapungubwe 199-200
Mareas 287-289
Marino, sedimento 44, 49, 169, 187, 196
    Enfriamiento 34-35
    Groenlandia 187
    Heinrich, eventos 49
    Indo 101
    Mayas 110
    Sahara Verde 51, 88
Marinos (MIS), estadios isotópicos 48
Mar, pueblos del 107
Mar de Hoces 34
Massachusetts 81, 214, 220, 244, 281
Mauna Loa 249, 258
Mauritania 88
Mayas 158, 164-169, 173, 234-235
McMurray, Fort 276

Medas 110
Medieval (ACM), Anomalía Climática
   Expansión de la agricultura 148-153
   Hidroclimatología asiática 153-156
   Causas 138-139
   China 156-161
   Norteamérica 164-15
   Sudamérica 175-178
   Sudesteasiático 161-163
   Vikingos 140-147
Mediterráneo 50-51, 84, 93
   ACM 139, 141, 153-154
   Edad de Bronce 103, 109
   PEH 207
   Roma 112-113, 116-117, 125
   Tras el UGM 60, 70
Megafauna 53-54, 62-63, 67, 69, 72
Meiji, restauración 244
Melanesia 56
Merkel, Angela 319
Mesopotamia 86,
   Crisis del Bronce Tardío 108, 110
   Civilización 92-93, 99, 102, 104
Metano 20, 105, 106, 121, 224, 273, 313, 326
México 66, 138, 211, 316, 322
   Cambio climático 283
   Agricultura 79, 83
   ACM 164-171
México, Ciudad de 170
México, golfo de 71, 170, 285, 289
Mfecane (Difaqane) 231
Miami 290
Miami Beach 290, 296
Micenas 105, 107
Migraciones, Organización Internacional para las 290
Mijo 79, 82, 90, 199, 211
Milankovitch
   Ciclos 21, 24, 42-44, 88, 100
   Excentricidad 42-43
   Milutin 21, 43

Oblicuidad 42-44
   Precesión 42-43, 50-51, 88-89, 100
Ming, dinastía 197, 209-211, 220, 230, 232
Minos 107-108
Misisipí, cultura del 170-172
Mochicas 176
Modelos climáticos globales (MCG) 27, 51, 271, 311
Modelo T 245, 257
Mogol 208
Mohenjo-Daro 93, 98, 100
Molesta, inundación 288
Mombasa 291
Mongoles 159-161, 197, 209, 229
Mongolia 102, 120-121, 159-160
Monongahela, cuenca del río 172
Montana 277, 283
Monte Verde 62
Montreal 214, 223
Montreal, Protocolo de 264
Monzón (-ico) 21, 72
   Asia meridional 227, 253
   Extremo Oriente y sudeste asiático 157, 161, 163
   Indo 100-101
   Nilo 154
   Sahara Verde 50-51, 88-89
Mozambique 255
Mungo, lago 53

N

Namibia 255
NASA (Administración Nacional de Aeronáutica y el Espacio) 285, 310
Natufiense 70, 86
Naumann, elefante de 53
Nazca 176-177
Neandertales 46, 54-57, 64
Negación 308-311
Neolítico 59, 87
   Agricultura 75, 78-79, 85-86

China 93, 102
Gran Bretaña 105
Newcastle 226, 237
Newcomen, Thomas 238-239
Newport News 288
Nieve, manto de 214, 278
Nieve, raquetas para la 215
Níger 89-90,
Nigeria 291, 302
Nilo, río 89
  ACM 139, 154
  Crisis del Bronce Tardío 108
  Egipto 93, 103, 301
  Roma 115, 126
Nínive 110
Niña, La 126-127, 139, 154, 185, 195,
  255-256
Niño, El 22, 126-128, 185, 196, 250-
  253, 256, 271, 283, 285, 303
Niño-Oscilación del Sur (ENOS),
  El 22, 126-127, 139, 154, 179,
  196, 255
NOAA (Oficina Nacional de Admi-
  nistración Oceánica y Atmos-
  férica) 44, 128, 271, 292
Norfolk 288-289
Norteamérica 60, 66, 72-73, 81, 109,
  255
  ACM 138-139, 143, 146, 164, 171,
  179
  Cambio climático 281-283, 285-
  286, 288-290
  Industrialización 244-245, 249
  PEH 181, 189, 212-213, 225, 227-
  228
Noruega 142, 150, 186-190, 193, 299,
  316
Nubia 108
Nuclear, energía 325, 327
Nueva Guinea 82-83, 277
Nueva Inglaterra 212-213, 220, 228,
  244, 292-293
Nueva York 281, 312
Nuevo México 164, 173

O

Océano, acidificación del 293-294,
  329
Ohio, río 164, 170-172
Opio 230
  Guerra del 251
Organización Mundial de la Salud
  265
Ossa, lago 91
Otomano, Imperio 182, 206-208
Otto, Nikolaus 245
Oxford 281

P

Pagan, Reino de 161-163, 197, 289
Países Bajos 295
  ACM 151
  PEH 201, 215, 232, 236
Paleoesquimales 146, 189
Paleolítico/Paleolítico superior 58
Palestina 70, 126, 153
Palmira 116
«Palo de hockey» 309
París 141
  Acuerdo de, París 319, 323
Pastoreo (Pastoricia) 101, 116, 126,
  185
  África 81, 89-90, 197-198, 302
  Asia Central 155-156, 284
  China 102
  Groenlandia 187, 190
  Metano 105
  Próximo Oriente 302
Patagonia 67
Pechenegos 155
Pedra Pintada, caverna de 66
Pekín 45, 209, 210, 252, 261, 262, 265,
  284
Pensilvania 172, 245
Pepys, Samuel 202
Peregrinos 81, 212-213
Permafrost 273, 275, 277-278, 313-
  314

Perry, Matthew 244
Persia 108, 130-131, 136, 144, 155
Pérsico, golfo 92, 316
Perú 66, 80-81, 175-177, 278
Petróleo 245-246, 258, 299, 315-317,
   324-328
Pieles 221-224
Pleistoceno 42, 46, 50, 54, 66, 68, 76,
   88
   «Explosión» 50
Pluviselva 38-40, 67, 91, 285
Población
   Cuellos de botella 52, 54, 64
   Mundo 84-85, 268
Polonia 151-152
Potomac 289
Poverty Point 109-110
Powhatan 81
Precesión 42, 43, 50, 51, 88-89, 100
Primera Guerra Mundial 256
Procopio 118, 127, 130
Próximo Oriente 52, 138, 262, 311
   Dryas Reciente 74
   Homo sapiens 52, 55
   Primavera Árabe 303-304
Puget, estrecho de 294
Puncak Jaya 277
Púnicas, guerras 113

Q

Qianlong 229-230
Qing 119, 210, 229-230, 235-236,
   250-251, 266
Quebec 223
Quelccaya 277

R

Ramsés III 107
República holandesa 204-05
Retroalimentación 19, 22, 25, 127,
   248, 272
   ACM 138

Cambio climático 299, 307, 312-
   314, 319
   Enfriamiento 35
   Nubes 313
   PEH 184
   Permafrost 314
Revelle, Roger 249
Riga 152
Rin 114, 117, 129, 148, 218
Río de Janeiro 301
Roanoke 212
Ródano, río/valle del 133
Rojo, río 163
Roma 108, 156
   Declive 23, 122-132
   Óptimo climático 112-118
   Posrromano 136, 140, 148-151
Ropa 47, 58-60, 221-222, 240, 247
Ruddiman, William 105
Ruhr 244
Rusia 60, 203, 229, 252, 316
   Ártico 298-299
   Cambio climático 282, 298
   Comercio de pieles 222-224
   Emisiones 322
   Mongoles 160

S

Sabana/Sáhel 81-82, 199, 302
Sagadahoc, colonia 212
Sahara 50, 58
   Cambio climático 302
   Pastoreo 81, 89
   PEH 199
   Sahara Verde 50-51, 87-88
Saigón (Ciudad Ho Chi Minh) 291
Sajones 140, 147
Salmón 292, 301
Sami (lapones) 150
Sandy, huracán 281
San Francisco, río 301
San Joaquín, valle de 301
San Lorenzo, río 71, 223

Sao Paulo 283, 295, 301
Sapoaga, Enele 287
Schellnhuber, Hans Joachim 319
Schliemann, Heinrich (Calvert) 107
Seda, ruta de la 156-157, 160
Sedimento, núcleos de 101-102, 187
Segunda Guerra Mundial 152, 246,
    256-258, 261
  Fordismo 256-257
Senegal 291
Sequía 111, 135, 212
  Asia Central/Estepas 126, 129, 131,
    156
  Chaco, Cañón del 175
  China 156-158, 197-198, 210-211
Serbios 206
Shandong 210
Shang 93, 105, 119
Shanghái
  Cambio climático 291, 312
  PEH 210
  Sequía 250
  Urbanización 262, 264
Shanxi 250
Shelley, Mary Wollstonecraft 229
Shelley, Percy Bysshe 229
Siberia 111, 147, 159
  Cambio climático 275
  Expansión rusa 222
  Primeros humanos 46, 56, 61
  UGM 58, 61
Sicilia 113, 141, 194
Sierra Leona 320
Sierra Nevada 280
Simi Qian 121
Singapur 269
Sinkiang 267
Siria 131, 137, 153
  Crisis del Bronce Tardío 106, 110
  Edad de Bronce 102, 104
  Evento 8,2 K 87
  Natufienses 70, 74-75
  Roma 113, 116
  Sequía 304

Skraelings 189
Sochi 215
Solar, energía 269, 325
Solares, manchas 21, 26, 183, 184
Solar, radiación/variabilidad 21, 26,
    43, 88-89, 111, 139, 179, 183,
    259, 329
Song del Sur, dinastía 159, 160, 225,
    236
Steingrimsson, Jon 226-227
Sudamérica 34, 92
  ACM 138, 175-177
  Agricultura 79-81
  Cambio climático 283-284, 288
  Llegada los humanos 62, 66-67
Sudán 301, 320
Sudán del Sur 320
Sudeste, asiático 60, 85, 235, 279
  ACM 161-162
  PEH 196, 198, 209, 232
Suecia 84, 150, 201, 203
Suess, Hans 249
Sui, dinastía 118, 156-157
Suiza 114
  Cambio climático 278
  PEH 194, 219
  Tambora 229
  UGM 58
Sujiawan 102
Sulfatos, aerosoles de 139
Supe, río 80

T

Tácito 117
Tailandia 197
Taiping, Rebelión de los 251
Tambora 49, 227-231
Támesis, río 216
Tanganica 255
Tang, dinastía 156-158
Tangier, isla 289, 296
Tanzania 42, 91, 198, 255
Termohalina, circulación 71, 185

Terranova 143, 146, 212
Terrestres, pasos 19, 21, 22, 45, 51, 60, 63, 88
Texas 258, 300
Thule 145-147, 188-189
Tiahuanaco 175, 177
Tiananmén, plaza de 261
Tiempos difíciles 242
Tierras Medias Occidentales 237-238, 242
Tikal 165-167
Titicaca, lago 80, 175-177
Toba 50, 52
Togo-Dahomey, corredor 91
Tokio 244
Treinta Años, guerra de los 201
Trigo 117, 219, 256, 304
    Domesticación 70, 78
Trópicos, Pequeña Edad de 38, 82, 198, 284, 285
Trotha, Lothar von 255
Trump, Donald 323
Tse-Tung, Mao 261
Tsunami 108, 227, 278
Tuberculosis 95
Tundra 58, 83, 272-273, 275
Tungús 222
Tungús, lengua 159
Turbera/turba 62, 111, 151, 179, 237, 275
Turcos 122, 136, 153, 155-157, 206
Turkana, lago 302
Turquesa 173
Turquía 70, 95
Tuvalu 287

U

Uganda 198
Úlster 205
Unión Soviética 270
Urbanización
    África 291

China 262, 266
    Edad de Bronce 92, 133
    Estados Unidos 267
    Global 262, 265
    Londres 237, 266
    Maya 167
Uruk 93
Uvas 115-116, 219, 279

V

Vapor, máquina de 238-241, 243, 245, 247-248
Vatnajökull, Glaciar de 226
Verano, año sin 228-229
Verde, Monte 62
Viena 206, 208
Vikingos 186
    ACM 140-146
Virginia 225, 288-289
Viruela 95, 203
Visigodos 129-131
Volcanes/volcánica, actividad 132, 144, 259, 329
    Ignimbrita Campaña 50
    Laki 1226-227
    PEH 183-184, 192
    Pinatubo 49
    Tambora 49 , 227-231
    Tera (Santorini) 107
    Toba 50, 52

W

Washington D. C. 289
Washington, estado de 281
Watt, James 239
Wexler, Harry 249
Wharram Percy 194, 195
Williams, Eunice 214
Williams, John 214
Wisconsin 65
Wudi 120

X

Xia, dinastía 105
Xiaoping, Deng 261

Y

Yakutsk 222
Yana, río 61
Yangtsé, río/valle del 79, 83, 93, 95,
    209
York (Inglaterra) 143
Yuan, dinastía 159, 197, 209

Yucatán 80, 165, 168, 169
Yucca, cordillera 327
Yunnan 196, 230
Yurchen 159, 160, 209

Z

Zaña 80
Zheng He 209
Zhou 119
Zhu Yuanzhang 197
Zimbabue 199, 200, 231, 255
Zulú 231

BIBLIOTECA NUN

NUN

SALIMA IKRAM

ANTIGUO EGIPTO

INTRODUCCIÓN A SU HISTORIA Y CULTURA

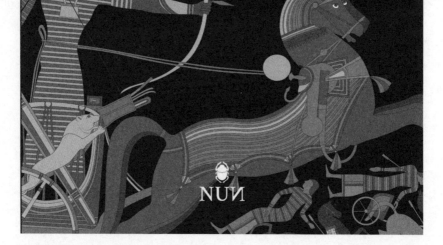

nun

TREVOR BRYCE

HITITAS

HISTORIA *de los* GUERREROS *de* ANATOLIA

Fotografía sobre el Dust Bowl

Dos anomalías climáticas desataron uno de los desastres ecológicos de mayor magnitud del siglo XX: el Dust Bowl, anormales temporadas de lluvia, primero; y una década de sequía, después. Las grandes llanuras de Estados Unidos de América, que hasta entonces habían sido pastizales milenarios donde se congregaban las grandes manadas de bisontes, fueron ocupadas gracias a las leyes de asentamientos rurales por colonos ávidos de labrarse un futuro como agricultores. Al principio, fabulosas cosechas llenaron los graneros y mercados, pero cuando las nubes se fueron llegó el polvo; colosales muros de arena levantados desde la tierra desnuda por el viento que, sin barreras naturales, arrasaban todo a su paso. Millones de personas tuvieron que abandonar sus granjas en un éxodo sin precedentes, millones de muertos, una catástrofe humanitaria y ecológica que marcaría para siempre las tierras americanas. Estos parias, extraños en su propio país, fueron bautizados como okis, por provenir en gran número de Oklahoma. Nadie los retrató tan bien como la célebre fotorreportera Dorothea Lange.

 Fotografía de Dorothea Lange. Un campo de algodón abandonado por las tormentas de polvo del Dust Bowl en Childress County, Texas. Junio de 1938. Publicada en *Great Photographs from the Library of Congress*, 2013.

Antonio Cuesta